Android
智能家居系统
项目教程

江　帆　杜梓平　主　编
张玉冰　史旭丹　袁　铭　副主编

清華大学 出版社
北　京

内 容 简 介

本书主要阐述运用 Android Studio 开发环境、MySQL 数据库管理系统和智能家居套件实现 Android 智能家居系统,共分为 5 个教学项目:项目 1 智能家居项目规划、分析与设计,主要阐述智能家居项目的功能设计、架构设计、数据库设计、资源设计;项目 2 智能家居项目界面设计,主要阐述登录界面设计、主界面设计、环境数据监测界面设计、视频监控界面设计、系统设置界面设计、设备控制界面设计;项目 3 智能家居系统登录及注册功能的设计与实现,主要阐述登录及注册功能的实现过程,包括事件处理、用户注册、系统登录;项目 4 智能家居环境监测功能的设计与实现,主要阐述网络通信、云平台数据监测、ZigBee 数据监测、视频监控功能;项目 5 智能家居设备控制功能的设计与实现,主要阐述多媒体效果处理、系统参数设置、设备控制的方法。

本书主要面向三年制高职高专院校、应用型本科院校,以及五年制高职院校。每个项目拆分为若干任务,每个任务按照"任务目标→任务描述→任务分析→任务实施→任务评价"的顺序展开,环环相扣,层层递进。每个项目结束前,设置项目总结与评价,给出了详细的评分标准,教师可以引导学生根据测评标准进行自我测评与小组互评。

图书在版编目(CIP)数据

Android 智能家居系统项目教程:微课视频版/江帆,杜梓平主编. —北京:清华大学出版社,2024.3
ISBN 978-7-302-65912-9

Ⅰ. ①A… Ⅱ. ①江… ②杜… Ⅲ. ①住宅-智能化建筑-系统设计-教材 Ⅳ. ①TU241-39

中国国家版本馆 CIP 数据核字(2024)第 061321 号

责任编辑:张 玥
封面设计:常雪影
责任校对:徐俊伟
责任印制:刘海龙

出版发行:清华大学出版社
　　　　　网　　　址:https://www.tup.com.cn,https://www.wqxuetang.com
　　　　　地　　　址:北京清华大学学研大厦 A 座　　　　　邮　　编:100084
　　　　　社 总 机:010-83470000　　　　　邮　　购:010-62786544
　　　　　投稿与读者服务:010-62776969, c-service@tup.tsinghua.edu.cn
　　　　　质量反馈:010-62772015, zhiliang@tup.tsinghua.edu.cn
　　　　　课件下载:https://www.tup.com.cn,010-83470236
印 装 者:三河市天利华印刷装订有限公司
经　 销:全国新华书店
开　 本:185mm×260mm　　　　印　 张:17.75　　　　字　 数:435 千字
版　 次:2024 年 3 月第 1 版　　　　印　 次:2024 年 3 月第 1 次印刷
定　 价:59.80 元

产品编号:100981-01

前 言

PREFACE

1. 本书缘起

国务院于 2019 年 1 月颁布了《国家职业教育改革实施方案》(简称"职教 20 条"),对职业学校的教材建设、教学方法、师资队伍提出了明确的要求。其中,第 1 条"健全国家职业教育制度框架"明确提出"建立健全学校设置、师资队伍、教学教材、信息化建设、安全设施等办学标准";第 4 条"完善高层次应用型人才培养体系"明确提出"发展以职业需求为导向、以实践能力培养为重点、以产学研用结合为途径的人才培养模式";第 5 条"完善教育教学相关标准"明确提出"专业设置与产业需求对接、课程内容与职业标准对接、教学过程与生产过程对接"。

我国现阶段已经进入智能化时代,智能家居作为物联网技术的典型应用场景,是我国重点发展的战略性新兴产业领域,发展前景十分广阔。本书是为了帮助读者有效地掌握物联网应用开发能力而编写的。本书结合北京新大陆时代教育科技有限公司等企业的物联网工程实践经验,精心挑选典型的物联网项目——智能家居系统,按照项目化课程的理念,基于工作过程,以任务驱动的方式展开编写,注重学生的自主学习能力与团队协作能力的训练,符合职业院校学生的认知规律和职业成长规律。

2. 教学内容

基于岗、课、赛、证,对接物联网应用开发工程师和物联网软件开发岗位,落实人才培养方案和课程标准,本书共分为 5 个教学项目,每个项目拆分为若干任务,每个任务按照"任务目标→任务描述→任务分析→任务实施→任务评价"的顺序展开,环环相扣,层层递进。每个项目结束前,设置项目总结与评价,给出了详细的评分标准,教师可以引导学生根据测评标准进行自我测评与小组互评。教学内容建议安排 80 学时,教学项目与建议学时见表 0.1。

表 0.1 教学建议学时

序号	教 学 项 目	建 议 学 时
1	项目 1 智能家居项目规划、分析与设计	16
2	项目 2 智能家居项目界面设计	16
3	项目 3 智能家居系统登录及注册功能的设计与实现	16
4	项目 4 智能家居环境监测功能的设计与实现	16
5	项目 5 智能家居设备控制功能的设计与实现	16

3. 本书特色

(1) 体现课程思政的教育理念。本书内容针对"物联网应用开发工程师"的岗位能力要求而设定，融合了物联网职业能力要求和职业素养。在课程教学过程中，将思政教育元素与教学环节紧密结合，在项目实践过程中培养学生精益求精的工匠精神，激发学生为成为"大国工匠"而努力学习的情怀。

（2）遵循"任务驱动，项目导向"的原则。本书以物联网工程项目开发流程为指导组织章节内容，引领技术知识与实验实训，并嵌入职业核心知识点与技能点，改变知识与技能相分离的传统实训教材的组织形式。读者在完成任务的过程中总结并学习相关技术知识与开发经验。以智能家居系统项目为主线，串联各个典型的物联网技术应用场景，便于教师采用项目教学法引导学生展开自主学习与探索。

（3）突出物联网技术应用的特色。本书的编写参考了大量北京新大陆时代教育科技有限公司的项目案例，项目的开发过程中有产品经理与工程师的参与，使得本书在内容组织上打破了传统教材的知识结构，充分借鉴了企业工程师的项目实践经验，着重突出物联网技术应用的特点。

（4）创新测评方式，制定任务测评表。本书在每个项目中都设置有测评模块，根据各项目在整本书中的权重，为每个项目分配合适的分值，项目最后设置测评表，对评分标准进行了详细的标注。整个智能家居系统项目评价总分为 100 分，分解到各项目中的分值各不相同。教师可以根据测评表来考评学生的实训完成情况，同时读者也可以根据完成的情况进行自评或互评。本书设置的测评表直观、完善，读者可以在实训过程中清晰地了解自己的学习情况与技能水平。

（5）配套资源完善，代码完整细致。本书附带的教学资源内容详尽，组织结构分明，层层递进，环环相扣。在本书的配套资源中，详细阐述了 Android 端 APP 设计与开发方法，读者可以根据自己的实际情况，选择从任务的任意阶段直接开始进行针对性的练习，而不必从项目最开始的部分学起，也可以直接浏览项目的完整代码。

4. 本书使用

本书适合作为职业院校物联网专业的教学用书，也可作为物联网项目技能大赛的参考用书。在教学中，建议采取团队协作的方式完成项目实训。将学生分成学习小组，每个小组 2~3 名学生，对应不同的岗位完成项目实施。在每个项目完成后，参考测评表对学生的实训完成情况进行评价，也可以采取组内自评、组间互评、教师点评等多种方式进行评价。

5. 致谢

本书由江帆主编，负责教学项目的整体规划、设计，并完成项目 1 的编写工作。杜梓平负责项目 2 与项目 3，袁铭负责项目 4，张玉冰、史旭丹负责项目 5。在本书的编写过程中，苏州工业园区服务外包职业学院和江苏南京新大陆时代教育科技有限公司提供了许多宝贵的意见与建议，在此一并感谢。Android 智能家居项目涉及多种物联网技术，要将这些技术融合到教学过程中，需要在实践中不断摸索和积累，逐步提高自身的教学水平。由于编者水平有限，书中难免有疏漏和不足之处，恳请读者批评指正。

作 者

2023 年于苏州

目 录

CONTENTS

智能家居项目规划、分析与设计

【项目概述】

当前,我国已进入数字经济时代,智慧小区的数量与日俱增,对于智能家居系统硬件与软件的需求也日渐增加。2022 年 10 月 16 日,党的第二十次全国代表大会顺利召开。二十大会议报告明确提出:"加强城市基础设施建设,打造宜居、韧性、智慧城市"。在此背景下,提出智能家居系统的设计方案。

本项目要求运用 Android Studio 集成开发环境,设计智能家居系统的整体架构,包括新建项目,新建 Activity 界面,设置图片、文本、界面样式等项目资源,以及导入 MySQL 数据库、云平台、ZigBee 无线传感网 3 类驱动程序。学习本项目的思维导图如图 1.1 所示。

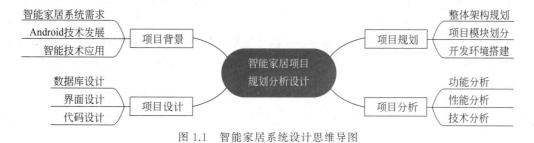

图 1.1　智能家居系统设计思维导图

【学习目标】

本项目的总体目标是,运用 Android Studio 集成开发环境和 Java 程序设计语言,建立智能家居系统的框架结构,设置软件开发所需要的项目资源,并导入 MySQL 数据库、云平台、ZigBee 无线传感网的驱动程序文件。本项目的知识、能力、素质三维目标如下。

1. 知识目标

(1)掌握智能家居系统规划、分析、设计的方法。
(2)掌握 Android Studio 开发环境的使用方法。
(3)掌握构建智能家居项目工程的方法。

2. 能力目标

(1)能建立 Activity 界面及对应的 XML 文件。

（2）能正确设置图片、文本、界面样式等项目资源。

（3）能正确导入 MySQL 数据库、云平台、ZigBee 无线传感网等 jar 文件。

3. 素质目标

（1）培养良好的专业沟通能力。

（2）培养移动软件项目架构的分析、设计能力。

1.1 智能家居系统功能设计

1.1.1 智能家居项目背景

随着 Android 软件开发技术与物联网技术的快速发展，家居智能化越来越普及，基于 Android 系统的智能家居 APP 已成为主流的智能化软件产品，在目前的智能产品市场中占有较大的比例。对于智能家居产品而言，其最大的优势就是管理方便、使用快捷。通过 Android 终端设备，用户可以随时随地掌握房屋内外的人员、设施、安全情况，可以远程操控智能化家居设备，如空调、水电表、燃气阀门等。可见，基于 Android 系统的智能家居产品依然是未来的发展趋势。

本项目针对房屋智能化管理与控制的需求，运用 Android Studio 开发环境和 MySQL 数据库管理系统，设计、开发智能家居系统 APP，要求：能通过密码方式、指纹方式、人脸识别登录智能家居系统；能够通过无线网络、有线网络或 4G/5G 方式读取传感器数据，获取温湿度信息、二氧化碳含量、烟雾火焰状态，以及人体运动状态；能够通过网络方式控制照明设备、报警灯、风扇、门禁；能够通过蓝牙控制多媒体音响设备；能够通过智能摄像头实现家居环境监控。

1.1.2 智能家居系统功能设计

1. 总体功能设计

根据智能家居的开发背景，确定智能家居系统功能。本项目的主要功能可以划分为系统登录、数据采集、设备控制 3 个模块，功能结构如图 1.2 所示。其中：系统登录功能可划分为密码验证登录、指纹识别登录、人脸检测登录 3 个子功能；数据采集功能采用云平台数据

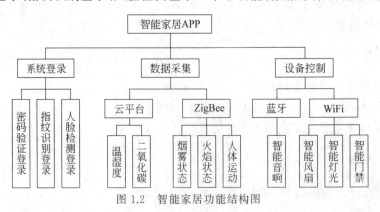

图 1.2　智能家居功能结构图

采集和 ZigBee 无线传感网数据采集两种方式,云平台方式实现获取温度、湿度、二氧化碳含量功能,ZigBee 方式实现获取烟雾、火焰、人体运动状态功能;设备控制功能采用蓝牙和 WiFi 两种方式,通过蓝牙打开或关闭智能音响,通过 WiFi 连接到云平台,利用执行器控制智能风扇、智能灯光与智能门禁。

2. 智能家居功能模块

（1）系统登录功能。智能家居系统登录包括 3 种方式：密码验证登录、指纹识别登录、人脸检测登录。其中,密码验证登录是指验证用户名及密码,只有两者同时正确才能进入系统主界面。当用户名或密码错误累计达到 3 次时,将关闭并退出系统。指纹识别登录是指通过验证用户在 Android 系统中注册的指纹信息,判断用户的身份,通过验证则进入系统主界面。人脸检测登录是指 Android 设备通过摄像头扫描用户的面部特征,验证用户的身份信息。

（2）数据采集功能。智能家居数据采集包括物联网云平台和 ZigBee 两种方式。物联网云平台方式采集数据须在 Android Studio 中导入云平台的驱动包文件,通过将注册的传感器设备的标识符引入到 Android 代码中,获取传感器采集的数据,例如,温湿度、二氧化碳含量等。ZigBee 方式采集数据须在 Android Studio 中导入 ZigBee 传感网的驱动包文件,通过在 Android 代码中写入 ZigBee 传感器所在网络的 IP 地址获取数据,例如,烟雾状态、火焰状态、人体运动等。

（3）设备控制功能。智能家居的设备控制功能包括蓝牙和 WiFi 两种方式。蓝牙方式是指通过 Android 设备的蓝牙模块与终端设备匹配,控制设备（如智能音箱）打开、运行、关闭。WiFi 方式是指通过无线路由器,将 Android 设备与终端设备连接于同一网段,控制设备工作,例如,智能风扇、智能灯光、智能门禁等。

1.1.3　Android Studio 开发工具

1. Android Studio 开发环境概述

1）Android Studio 的优势

智能家居项目 APP 基于 Android 操作系统,使用 Android Studio 4.1 和 MySQL 5.7 作为开发工具,可运行于载有 Android 系统的手机、平板电脑、穿戴设备、Android TV 等移动终端设备。作为 Android 移动软件开发工具,Android Studio 主要用于程序代码设计,实现智能家居 APP 的各项功能。Android Studio 对于 Java 语言的支持非常良好,可以高效地开发移动应用软件,其优势如下。

（1）开发软件稳定快速。与 Eclipse 相比,Android Studio 很好地解决了程序设计时假死、卡顿、内存占用高等一系列影响开发效率的问题,使软件性能非常稳定。此外,Android Studio 使用了单项目管理模式,使得软件运行速度比 Eclipse 快。

（2）功能强大的 UI 编辑器。Android Studio 融合了"Eclipse＋ADT"方式的优点,并且做了进一步优化,能够更实时地展示界面布局效果。

（3）完善的插件管理。Android Studio 支持多种开发平台的插件,可以直接在插件管理中下载并安装所需的插件,使开发效率进一步提高。

（4）完善的代码管理工具。Android Studio 无须复杂的操作，支持 SVN、GitHub 等主流的代码管理工具。

（5）先进的 Gradle 构建工具。使用 Gradle 构建移动应用程序是 Android Studio 与 Eclipse 的主要区别，Gradle 方式继承了 Ant 的灵活性和 Maven 在生命周期管理方面的优势，采用 DSL 作为配置文件格式，使得程序设计更加灵活简洁。

（6）智能化的编辑工具。Android Studio 的代码编辑工具具有智能保存、智能补齐、智能提示等功能，只需简单的系统设置，即可极大地提高代码编写效率。

2）Android Studio 的特色功能

根据谷歌官方文献的阐述，Android Studio 是专门为 Android 系统打造的 IDE 开发环境，可以加快 APP 开发速度，为每款 Android 设备构建最高品质的应用。Android Studio 的内核基于 IntelliJ IDEA 而构建，可以提供较短的编码和运行工作流周转时间，其特色功能如下。

（1）针对所有 Android 设备优化。Android Studio 提供一种统一的开发环境，用户可以在此环境中开发用于 Android 手机、平板电脑、Android Wear、Android TV 以及 Android Auto 的应用。用户可以利用结构化代码模块将项目划分成可独立构建、测试和调试的若干个功能单元。

（2）运行中更改功能。借助 Android Studio 的运行中更改功能，可以将代码和资源更改推送到正在运行的应用中，而无须重启应用（在某些情况下，甚至无须重启当前 Activity）。当需要部署和测试小范围的增量更改，同时保持设备的当前状态时，这种灵活性可以控制应用的重启范围。

（3）智能代码编辑器。Android Studio 的代码编辑器提供了高级代码补全、重构和代码分析功能，可以编写更好的代码，加快工作速度并提高工作效率。在输入代码内容时，Android Studio 会以下拉列表的形式提供建议，用户只需按 Tab 键或使用鼠标双击建议项目即可插入代码。

（4）丰富的 APP 应用模板。Android Studio 包含项目和代码模板，能够轻松地添加已有的功能，例如，抽屉式导航栏和 ViewPager。用户可以从代码模板着手，或在编辑器中用右键单击某个 API 并选择 Find Sample Code 命令来搜索示例。此外，用户还可以直接通过 GitHub 导入功能全面的应用。

2. Android Studio 的构建系统

Android Studio 的构建系统会编译应用资源和源代码，然后将它们打包成 APK 或 Android App Bundle 文件，以便于测试、部署、签名和分发。Android Studio 使用高级构建工具包 Gradle 来自动执行和管理构建流程，同时也允许用户自行指定灵活的 build 配置。每项 build 配置均可定义各自的一组代码和资源，同时重复利用所有应用版本共用的部分。Android Plugin for Gradle 与该构建工具包搭配使用，提供专用于构建和测试 Android 应用的流程和设置。

Gradle 和 Android 插件独立于 Android Studio 运行。这意味着，用户可以在 Android Studio 内、计算机上的命令行或未安装 Android Studio 的计算机（如持续集成服务器）上构建 Android 应用，构建过程的输出都相同，步骤如下。

第 1 步：编译器将源代码转换成 DEX 文件,该文件为 Dalvik 类型的可执行文件,其中包括在 Android 设备上运行的字节码,并将其他所有内容转换成编译后的资源。

第 2 步：打包器将 DEX 文件和编译后的资源组合成 APK 或 AAB(具体取决于所选的 build 目标)。必须先为 APK 或 AAB 签名,然后才能将应用安装到 Android 设备或分发到 Google Play 等商店。

第 3 步：打包器使用调试或发布密钥库为 APK 或 AAB 签名。如果构建的是调试版应用,打包器会使用调试密钥库为应用签名,Android Studio 会自动使用调试密钥库配置新项目;如果构建的是打算对外发布的发布版应用,则打包器会使用发布密钥库为应用签名。

第 4 步：在生成最终 APK 之前,打包器会使用 zip align 工具对应用进行优化,以减少其在设备上运行时所占用的内存。

3. Android Studio 使用

(1)菜单栏和工具栏。进入 Android Studio 开发环境,其上方为菜单栏,主要用于 Android 程序设计,以及项目工程管理。Android Studio 开发环境常用的菜单如下。

① File 菜单。该菜单主要用于新建、打开、关闭项目工程,设置项目参数,导入及导出现有项目。

② Edit 菜单。该菜单主要用于程序代码编辑,查找、替换代码文本,设置程序标签等操作。

③ Build 菜单。该菜单主要用于构建程序、编译程序代码、检测语法、代码跟踪调试等操作。

④ Run 菜单。该菜单主要用于运行项目工程,具有 Debug 和 Release 两种方式。其中,Debug 为调试运行方式,Release 为发布运行方式,此时的项目为最终的、可用于发布的版本。

⑤ Tools 菜单。该菜单中提供了设计、开发 Android 软件所需的各类工具,如 SDK 配置工具、Android 模拟器配置工具,以及适合于 Android Studio 开发环境的各种插件等。

在菜单栏的下方为工具栏,提供了常用功能的快捷按钮,以便用户快速开发 Android APP。在工具栏的下方,左侧显示 Android 项目工程的结构,包括工程包、资源、配置文件等;右侧是程序设计的主要区域,用户可以根据实际需求,设计开发 Android APP,包括界面布局设计、组件设计、代码编辑、配置文件编辑等。Android Studio 开发环境的下方为状态栏,主要显示当前程序设计状态、语法检测结果、程序调试状态,以及操作日志等。

(2)使用 Android 模拟器。Android 模拟器是一个可以运行于 Windows 操作系统环境下的虚拟设备,是 Android Studio 开发环境的 SDK 自带的移动设备模拟器。Android 模拟器无须使用物理设备即可预览、开发和测试 Android 应用程序。Android 模拟器的优点如下。

① 下载安装速度快。通过计算机下载 apk 文件后,直接将 apk 压缩包拖动到安卓模拟器内就可以安装,一般几秒就能完成安装,大大节省了 APP 安装的时间。

② 操作更加简单快捷。由于 Android 模拟器的界面都是在真实设备的基础上简化的,只需单击鼠标即可实现手机操作,使用非常方便。使用 Android 模拟器的步骤如下。

第 1 步：单击 Android Studio 开发环境工具栏中的■按钮,启动 Android 模拟器。

第 2 步：模拟器启动后，将出现模拟设备列表，单击 Create device 按钮，创建新的模拟设备。

第 3 步：在弹出的模拟设备对话框左侧的 Category 列表中，选择一种设备类型。最新版本的 Android Studio 提供了 5 种模拟设备：Phone（手机）、Tablet（平板）、Wear OS（穿戴设备操作系统）、TV（Android 系统的电视）、Automotive（车载显示器）。

第 4 步：以选择 Phone（手机）为例，在中间的列表中选择具体的模拟设备，包括手机型号、屏幕尺寸、分辨率等。单击 Next 按钮继续至下一步。

第 5 步：在 Select a system image 对话框中，选择模拟手机的开发环境（类似于 SDK）。例如，选择 Tiramisu，对应 Android API 33。单击 Next 按钮继续至下一步。

第 6 步：为模拟手机设备起名字，可以使用系统默认的名字。在下方的 Startup orientation 中，选择模拟手机启动时的屏幕方向，Portrait 为竖屏，Landscape 为横屏。勾选 Enable Device Frame，启用系统框架。单击 Finish 按钮完成模拟设备创建。

（3）连接真实的 Android 设备。Android 模拟器使用方便，但占用计算机资源（尤其是内存资源）较多，容易使操作系统出现卡顿现象。Android Studio 开发环境连接真实的 Android 设备，可以准确、有效地调试 APP 程序，其优点如下。

① APP 操作真实、完整。与 Android 模拟器简化的 UI 界面相比，真实的 Android 设备具有完整的操作界面，使用手势动作实现功能操作。

② 功能调试全面。Android 模拟器无法调用 Android 设备自带的外部设备和内置传感器，扫描二维码、手机定位等功能无法准确调试。连接至真实的 Android 设备可以全面调试各种功能。

连接 Android 设备有两种方式，一是通过 USB 数据线连接，二是通过 WiFi 方式连接。USB 方式连接 Android 设备的步骤如下。

第 1 步：在 Android Studio 主界面中，单击 SDK Manager，进入 Android SDK 管理界面，在 SDK Tools 中勾选 Google USB Driver，单击 Apply 按钮下载并安装。

第 2 步：使用 USB 数据线将 Android 设备连接到计算机的 USB 端口，在设备中打开"开发者模式"，并开启"USB 调试"，在弹出的对话框中勾选"一律允许使用这台计算机进行调试"，并单击"允许"按钮。

第 3 步：进入 Android Studio 开发环境，观察工具栏上是否出现了 Android 设备的名称。单击 ▶ 按钮，将 Android 程序发布到 Android 设备中，即可调试运行。

USB 方式连接 Android 设备需要经常插拔 USB 数据线，可能造成 Android 设备接口磨损，从而导致连接失败。采用无线方式连接 Android 设备，只需在第 1 次连接时使用 USB 数据线，连接成功后即可通过 WiFi 连接到 Android 设备，操作步骤如下。

第 1 步：在 Android Studio 开发环境中选择菜单 Files|Settings，在弹出对话框的左侧选择 Plugins，在 Marketplace 选项卡下的界面中搜索 WiFi。

第 2 步：在搜索结果中选择 Android WiFi ADB 和 ADB WiFi Connect 两项，将其下载并安装，如图 1.3 所示。Android WiFi 插件安装完成后，重新启动 Android Studio 开发环境。

第 3 步：使用 USB 数据线将 Android 设备连接到计算机的 USB 端口，在 Android Studio 开发环境中选择菜单 Tools|Android|ADB WiFi|ADB USB to WiFi，观察工具栏上

图 1.3   安装 Android WiFi 插件

是否出现了 Android 设备的名称。断开 USB 连接,单击 ▶ 按钮,将 Android 程序发布到 Android 设备中,即可调试运行。

1.1.4   任务实战:Android Studio 安装、配置

1. 任务描述

本任务需要在 Windows 操作系统中安装并配置 Android Studio(64 位),以及安装 MySQL 5.7 并设计智能家居数据库系统,具体任务如下。

(1) 在谷歌的官网 https://developer.android.google.cn/studio 下载 Android Studio 的 64 位版本,将其安装到 Windows 操作系统中。

(2) 配置 Android Studio 开发环境的 JDK、SDK、NDK。其中,JDK 使用 Android Studio 自带的开发环境,SDK 须包含 API21、API32、API33。Android Studio 的 SDK 工具须包含 NDK 工具、C 语言编译工具、USB 调试工具。

2. 任务分析

根据任务描述,下载 Android Studio 时应注意选择版本,安装时应注意路径中不要包含中文字符。配置 JDK 时,应选择内置的 JDK,即 Embedded 方式。配置 SDK 时,在 SDK Platforms 中勾选与 API21、API32、API33 对应的选项,在 SDK Tools 中勾选 NDK、CMake、Google USB Driver 3 个选项。

3. 任务实施

(1) 下载及安装 Android Studio 软件。进入谷歌官网 https://developer.android.google.cn/studio,下载安装包,其最新版本为 2021.3.1 版本,下载安装包需要勾选同意下载安装的相关条款。该版本的安装包为 64 位的 .exe 文件,应安装于 64 位的 Windows 操作系统中,建议使用 Windows 10 及以上的操作系统。安装过程根据系统提示单击相应的按钮,单击 Next 按钮进入下一步。需要注意的是,Android Studio 的开发环境中没有中文语言,也不支持中文插件,故在安装路径中不要包含中文,否则在安装完成后会出现某些功能无法使用的现象。此外,SDK 默认的安装路径是在 C 盘的系统用户目录下,若硬盘空间有限,建议更换其他安装路径。

(2) 配置 Android Studio 开发环境。在 Android Studio 开发环境中选择菜单 File|

Project Structure,在弹出的对话框中配置 JDK、SDK、NDK,如图 1.4 所示。

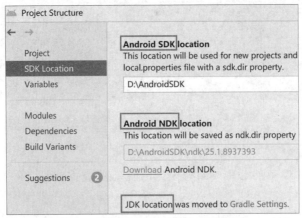

图 1.4　配置 Android Studio 开发环境

① JDK 配置。智能家居 APP 的代码设计采用 Java 语言,需要配置 JDK 开发环境。JDK(Java Development Kit)是 Java 语言的软件开发工具包,主要用于移动设备、嵌入式设备上的 Java 应用程序。JDK 是整个 Java 开发的核心,它包含 Java 运行环境和 Java 工具。JDK 配置有以下两种方式。

方式 1：使用第三方 JDK 开发环境。此方式需要下载并安装 JDK 开发环境,并配置 path 环境变量。JDK 的安装包可在网站 https://www.oracle.com/java/technologies/downloads/中下载并安装,目前的最新版本为 Java 19 版本。使用第三方的 JDK 安装包,需要安装 JDK 和 JSE 两类开发环境,并且在操作系统的环境变量中添加"JAVA_HOME"变量,将其值设置为 jdk 的安装目录,例如"C:\Program Files\Java\jdk-19.0.2";再添加"CLASSPATH"变量,将其值设置为".;%JAVA_HOME%\lib\tools.jar;%JAVA_HOME%\lib\dt.jar;",注意字符串最前面的小数点符号和分号;再设置系统变量"PATH",将其值修改为 JDK 安装目录中的 bin 文件夹的路径。环境变量配置完成后,使用"java -version"命令验证 JDK 安装是否成功。

方式 2：使用 Android Studio 自带的 JDK 开发环境。Android Studio 在安装过程中,会让用户选择 JDK 所在的目录,若不选择第三方 JDK 开发环境,则默认使用 Android Studio 自带的 JDK,如图 1.5 所示。

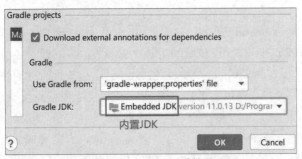

图 1.5　Android Studio 默认的 JDK

② SDK 配置。Android SDK 即"Android Software Development Kit",意为安卓软件

开发包。Android SDK 的主要作用是在 Windows 平台下,为开发智能家居 APP 提供应用程序的 API,以及与嵌入式硬件通信。Android SDK 可在 https://android-sdk.en.softonic. com/download 网站中,根据不同的操作系统,选择对应的版本下载及安装。Android SDK 也可以在 Android Studio 中在线安装,选择菜单 Tools|SDK Manager,打开 SDK 的管理界面,在 SDK Platforms 页面中可以选择不同版本的 SDK 开发环境,如图 1.6 所示。本项目使用的最小 SDK 版本为 Android 5.0(API21),开发 SDK 版本为 Android 12L(API32)。

③ NDK 配置。NDK(Native Development Kit,原生软件开发包)是 Android Studio 提供的一系列工具的集合。Android 系统是基于 Linux 的,而 Linux 系统的内核是 C 语言编写的,因此,Android Studio 可以较好地支持 NDK 编程。在智能家居系统功能中,包含二维码扫描、RFID 感知、短距离通信等功能,这些功能需要 Android Studio 支持 C 语言及 C++ 语言开发,在程序设计时需要导入.so 或 arm 类型的链接库,因此需要配置 NDK 开发环境。与 Android SDK 类似,NDK 的配置也可以采用第三方软件包安装或在 Android Studio 开发环境中下载两种方式。在 Android Studio 开发环境中,选择菜单 Tools|SDK Manager,打开 SDK 的管理界面,在 SDK Tools 页面中勾选 NDK 和 CMake 两个选项,如图 1.7 所示。

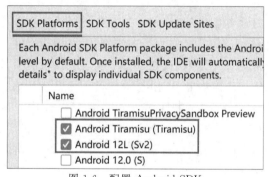

图 1.6　配置 Android SDK

图 1.7　配置 Android NDK

1.1.5　任务拓展:IP 地址方式连接 Android 设备

Android Studio 以无线方式连接到 Android 设备,除了使用 Android WiFi ADB 插件以外,还可以使用 IP 地址方式,通过指定的端口将 Android Studio 开发环境连接到 Android 设备,步骤如下。

第 1 步:将 Android 设备与 Android Studio 所在的计算机连接到同一个局域网中。打开 Android 设备的开发者模式和 USB 调试,用数据线将 Android 设备连接至计算机的 USB 端口。

第 2 步:打开 Android Studio 开发环境的 Terminal 终端,输入命令 adb devices,观察结果的列表中是否有 Android 设备的序列号。

第 3 步:若检测到存在 Android 设备,输入命令 adb -s [设备号] tcpip 5555。其中,参数 -s 后面的是检测到的 Android 设备的序列号,5555 表示用于连接的网络端口,可以任意指定。此处需要注意的是,连接端口不能被其他应用程序占用,否则设备将无法连接。

第 4 步:拔掉数据线,在 Android 设备的 WiFi 详情页面中查看当前连接的 IP 地址。输入命令 adb connect [IP 地址]:5555,若在 Android Studio 开发环境的工具栏中出现

Android 设备的名称，则表示连接成功，如图 1.8 所示。图中显示了华为手机的型号，此时，可以单击"运行"按钮调试 APP 程序。

图 1.8　Android Studio 连接 Android 设备

上述通过 WiFi 连接 Android 设备的方法中，采用默认的连接端口 5555。Android 设备的连接端口是可以更改的，前提是该端口未被其他应用程序占用。读者可以使用"netstat -ano"命令查看端口是否被占用，若未被占用，即可使用其他的连接端口号。

1.2　智能家居项目架构设计

1.2.1　智能家居项目结构

1. 新建智能家居项目工程

本项目中，运用 Android Studio 开发工具构建智能家居项目工程。一般来说，一个完整的 Android 项目包括界面布局文件、代码文件、资源文件、应用清单文件、程序构建文件 5 个部分。其中，界面布局文件用于设计智能家居项目界面，代码文件用于实现智能家居项目的各项功能，资源文件用于呈现智能家居应用的各类效果，应用清单文件用于配置 Android APP 开发过程中的各类信息，程序构建文件用于构建并生成 Android 应用程序。运用 Android Studio 新建智能家居项目的步骤如下。

第 1 步：在 Android Studio 开发环境中选择菜单 File|New|New Project，或单击向导界面中的 New Project 按钮，开始新建 Android 工程。

第 2 步：在 New Project 对话框中，选择一种 Android 设备类型，并选择一种项目模板。该对话框提供了适合于手机、平板电脑、穿戴设备、Android 电视、车载屏幕等 Android 设备类型，并提供了无界面、空白界面、登录界面等多种模板套件，用户可以选择一种合适的模板开发 Android 应用。

第 3 步：选择一种项目模板后，输入项目信息，包括项目名称、工程包名称、项目保存路径、开发语言、最低 Android 版本等。输入完成后单击 Finish 按钮。Android Studio 开发环境将根据项目信息，从官网上自动下载所需的文件，并检验程序的配置信息，最终完成项目创建。

2. 智能家居工程结构

智能家居项目工程新建完成后，在 Android Studio 开发环境的左侧显示本项目工程的文件结构，主要分为两大类：一是程序设计类文件，如 Java 代码编辑文件、界面设计文件；二是配置类文件，如资源文件、AndroidManifest.xml 文件、gradle 文件等，如图 1.9 所示。智能家居项目工程主要的文件结构如下。

（1）Java 目录。该目录中主要存放 Java 代码类文件，包括工程包文件、Activity 文件（.java 格式）。

图 1.9　智能家居项目工程结构

（2）Layout 目录。该目录中主要存放 Android 项目的界面文件，该文件主要用于设计 Android 软件的界面布局，格式为.xml。Android 界面文件对应 Java 目录中的 Activity 文件，例如，"MainActivity.java"文件对应"activity_main.xml"文件。一般而言，一个 Android 项目包含多个界面文件。

（3）res 目录。该目录中主要存放各种类型的资源文件，包括图片、音频、视频、字符串、界面样式等。其中，图片文件位于 drawable 目录中，音频及视频文件位于 assets 目录中，字符串及界面样式文件位于 values 目录中。用户在程序设计时，从不同的目录中获取所需资源。

（4）libs 目录。该目录中主要存放外部导入的各类链接库文件，如 jar 文件、so 文件、arm 文件等。需要注意的是，导入的外部文件需要在 Gradle 中进行相关设置后才能正常使用。

（5）Gradle 目录。该目录中包含一个 wrapper 文件夹，其中存放与构建 Android 项目相关的配置文件。Gradle 是 Android Studio 相比于 Eclipse 新增的项目自动化构建的开源工具，其主要作用是管理项目中的各类依赖，打包、编译 Android 应用程序。

1.2.2　Android 界面文件

1. XML 布局文件设计界面

XML 即可扩展标记语言，是一种非常流行的文件格式，通常用于网络中的数据解析，其优点如下。

（1）XML 改进了各种平台之间的数据交换，使传输和共享数据变得容易。

（2）XML 简化了平台更改过程，提高了数据的可用性。

（3）XML 将数据与 HTML 页面分开，可跨系统和应用程序传输。

Android Studio 提供了三种类型的 XML 解析器，分别是 DOM、SAX 和 XMLPullParser。其中，XMLPullParser 的效率高且易于使用，故在大多数情况下用其解析 XML 文件，例如，以下 XML 代码：

```
<?xml version="1.0"?>
```

```
<current>
    <city id="2643743" name="London">
        <coord lon="-0.12574" lat="51.50853"/>
        <country>GB</country>
        <sun rise="2013-10-08T06:13:56" set="2013-10-08T17:21:45"/>
    </city>
    <temperature value="289.54" min="289.15" max="290.15" unit="kelvin"/>
    <humidity value="77" unit="%"/>
    <pressure value="1025" unit="hPa"/>
</current>
```

一个 XML 文件通常包括序言、活动、文本、属性四个部分。XML 文件以序言开头，包含文件信息的第一行，例如，上述代码中的"＜? xml version＝"1.0"? ＞"，该行表示 XML 文件的版本信息。XML 文件包含许多事件，包括文档、标签、文本等。上述代码中，整体代码表示一个 XML 文档，＜＞…＜/＞为标签，标签中间描述相关事件，代码"＜country＞GB＜/country＞"中的 GB 表示文本，即 country 标签中的文字。除此以外，XML 文件还包括属性部分，例如，上述代码"＜humidity value＝"77" unit＝"％"/＞"中，value 和 unit 表示标签 humidity（湿度）的两个属性"数值"和"单位"，77 和％表示这两个属性的值。

在多数情况下，Android Studio 使用 XML 布局文件控制界面布局，这种方式能够有效地将界面中布局的代码和 Java 代码隔离，使程序的结构更加清晰。XML 布局文件通常与 Activity 文件对应，存放在 res\layout 文件夹中。例如，MainActivity 文件对应的 XML 布局文件为"activity_main.xml"。用户可以使用 XML 的语法编写 XML 布局文件，例如，以下代码展示了一个相对布局（RelativeLayout）。

```
<?xml version="1.0" encoding="utf-8"?>
<RelativeLayout xmlns:android="http://schemas.android.com/apk/res/android"
    xmlns:tools="http://schemas.android.com/tools"
    android:layout_width="match_parent"
    android:layout_height="match_parent"
    tools:context=".MainActivity">
    <TextView
        android:id="@+id/textView1"
        android:layout_width="wrap_content"
        android:layout_height="wrap_content" />
</RelativeLayout>
```

上述代码中，粗体字部分代码表示在相对布局中定义了一个标签组件。第 1 行粗体字代码为该标签组件的类型，第 2 行粗体字代码设置该标签组件的名称为 textView1，第 3 行和第 4 行粗体字代码表示该标签组件水平方向和垂直方向的宽度与高度，wrap_content 表示自动适应。

2. Java 代码方式设计界面

使用 XML 方式设计 Android APP 界面较为方便，且 XML 容易学习。但使用 XML 方式处理 Android 界面需要额外的应用程序支持，并且 XML 只能使用固定的标签处理页面，不允许用户创建新的标签，或自定义标签格式，应用灵活性较差。此外，如果多次使用同一个组件,XML 很难做到这样的操作。因此,Android 系统提供了纯 Java 代码设计界面的方式——Java Swing,该方式具有以下优点。

(1) 丰富的组件类型。Java Swing 提供了非常广泛的标准组件,具有良好的可扩展性。Java Swing 还提供了大量的第三方组件,可用于商业或开源的 Android 软件开发。

(2) 良好的 API 模型支持。Java Swing 遵循 MVC 模式,是一种非常成熟的设计模式,也是目前被认为最成功的界面 API 之一,具有非常强大的灵活性和可扩展性。

(3) 良好的平台无关性。Java Swing 从本质上讲,属于 Android 开发环境中的标准库,与具体的操作系统平台无关,同时具有良好的兼容性。

在 Android Studio 中,使用 Java 代码设计界面须在.java 文件中编写代码。该文件是 Java 类文件,Android Studio 通过初始化 Java 类文件生成界面,Java 代码如下。

```java
public class FirstFrame extends Frame{
    public static void main(String[] args) {
        FirstFrame fr = new FirstFrame("Hello");   //构造方法
        fr.setSize(240,240);                        //设置 Frame 的大小
        fr.setBackground(Color.blue);               //设置 Frame 的背景色
        fr.setVisible(true);                        //设置 Frame 为可见,默认不可见
    }
}
```

上述代码定义了 Java 类 FirstFrame,该类继承自 Frame 类。第 1 行粗体字代码表示定义一个窗体 fr,并实例化该窗体,标题为 Hello;第 2 行粗体字代码表示将 fr 窗体的宽度与高度均设置为 240;第 3 行粗体字代码表示将窗体的背景色设置为蓝色;第 4 行粗体字代码将窗体显示出来。运行 FirstFrame 类中的 main 函数,可以看到程序的运行结果,如图 1.10 所示。

图 1.10　Java 代码生成的窗体

3. Java 代码与 XML 混合方式设计界面

Java Swing 具有丰富的组件类型和 API 模型接口,采用该方式设计 Android 界面效率较高。但 Java Swing 须实现所有的组件,在运行时加载了大量的类文件,导致消耗的内存较高。在显示界面时,Java 在内存中创建了众多小型对象,而这些对象难以有效地被垃圾回收机制回收,从而导致性能下降。因此,在设计 Android 界面时,通常采用 XML 和 Java 代码混合的方式,以达到最优的程序运行效率。

实例:界面横屏设置。设置界面为线性布局,组件在界面中垂直方向排列。在界面中添加一个文本标签组件,设置字体大小为 20sp,颜色为红色。操作步骤如下。

第 1 步:打开 activity_main.xml 文件,修改布局代码,添加一个 TextView 组件,代码如下。

```xml
<?xml version="1.0" encoding="utf-8"?>
<LinearLayout xmlns:android="http://schemas.android.com/apk/res/android"
    xmlns:tools="http://schemas.android.com/tools"
    android:layout_width="match_parent"
```

```
    android:layout_height="match_parent"
    android:screenOritation="LandScape"
    android:gravity="center"
    tools:context=".MainActivity">
    <TextView
        android:id="@+id/txtSmart"
        android:layout_width="wrap_content"
        android:layout_height="wrap_content" />
</LinearLayout>
```

上述 XML 代码定义了一个线性布局（LinearLayout）的界面。第 1 行粗体字代码表示界面横屏；第 2 行粗体字代码表示组件在该布局的水平方向和垂直方向均为居中显示；第 3 行粗体字代码为标签组件（TextView）起名为"txtSmart"，以便在 Java 代码中关联该组件。关于布局及组件的详细用法，请参照项目 2 中的阐述，此处仅做简要说明。

第 2 步：打开 MainActivity.java 文件，修改原有代码，设置标签的字体属性，代码如下。

```
TextView smarthome;
@Override
protected void onCreate(Bundle savedInstanceState) {
    super.onCreate(savedInstanceState);
    setContentView(R.layout.activity_main);
    smarthome = findViewById(R.id.txtSmart);
    smarthome.setText("智能家居");
    smarthome.setTextColor(Color.RED);
    smarthome.setTextSize(20);
}
```

上述代码中，第 1 行粗体字代码表示定义一个名为"smarthome"的标签类型的组件；第 2 行粗体字代码表示根据 XML 文件中定义的标签组件的 id 名称（txtSmart），将其与 Java 代码中的 smarthome 标签组件相关联；第 3 行粗体字代码表示设置 smarthome 标签的文字为"智能家居"；第 4 行粗体字代码表示设置标签的文本颜色为红色；第 5 行粗体字代码表示设置字体大小为 20sp。关于 Java 代码的响应事件、语法规则，以及组件的代码实现方法等，请参照项目 2 中的说明，此处仅做简要说明。

1.2.3 Android 中的 R 文件

1. R 文件的概念

在 Android 系统中，当应用程序被编译时，Android Studio 会自动生成一个 R.java 文件，该文件是一个 Java 类，其中包含所有 res 目录下的资源文件的 ID，如布局、组件、图片等。当在 Java 代码中需要关联 XML 文件中定义的组件时，通过子类＋资源名或者直接使用资源 ID 来访问资源。Android 程序设计过程中定义的所有资源的 ID，在 R 文件中都有对应的定义代码。例如，1.2.2 节的实例在 XML 文件中定义了名为"txtSmart"的标签组件，该组件的 ID 在 R 文件中的代码如图 1.11 所示。

```
int id triangle 0x7f0801c5
int id txtSmart 0x7f0801c6
int id unchecked 0x7f0801c7
```

图 1.11　R 文件中对应的资源代码

由图 1.11 可以看出，XML 文件中定义的资源，其 ID

是一个整数类型的编号，以十六进制表示。此处需要注意的是，R 文件中的内容是不可修改的，否则将引起编译错误。

2. R 文件的使用

Android Studio 中可以使用 R 文件中已经定义的各类资源，包括文字、图片、颜色、样式等。使用 R 文件包括两种方式：在 Java 文件中使用和在 XML 文件中使用。

（1）在 Java 文件中使用 R 文件。在 Java 代码中，通过"R.［资源类型］.［资源 id］"的形式访问已经定义的资源。例如，1.2.2 节中设置标签文字是采用"硬编码"的方式，直接赋值为"智能家居"字样。设置标签文字也可以采用代码"smarthome.setText(R.string.title);"，其中的"title"是指在 Android Studio 开发环境的 values\strings.xml 文件中设置好的标题文字（即"智能家居"），其类型为 string，如图 1.12 所示。关于各类资源文件的具体使用方法，请参照本项目 1.3 部分，此处仅做简要说明。

图 1.12　文本类资源

（2）在 XML 文件中使用 R 文件。在 XML 文件中，通过 android:［组件属性］="@［资源类型］/资源 ID"的形式，使用 R 文件中组件的资源 ID 设置组件的属性。例如，为 TextView 组件添加背景图片，可以使用代码 android:background="@drawable/img_back"。其中，background 表示标签组件的背景属性，drawable 表示资源的类型为 Drawable，img_back 为 drawable 目录中已经添加好的图片资源。

1.2.4　配置文件

1. Android 应用清单文件

（1）AndroidManifest.xml 的概念。Android Studio 的文件结构中有一个名为 AndroidManifest.xml 的程序清单文件。该文件位于 Android 项目的根目录下，文件名不能修改，主要用于描述整个应用程序的信息。AndroidManifest.xml 文件中包含 Android 系统的四大组件 Activity、Service、ContentProvider、BroadcastReceiver 的组件信息。Android 应用清单文件主要具有以下作用。

① 为 Android 应用程序的 Package 包命名，该包的名字作为应用程序的唯一标识符。

② 描述 Android 应用程序中的每个程序组件，指定在 Android 操作系统中启用这些组件的条件，并决定哪些进程用来运行这些组件。

③ 明确 Android 应用程序所需调用的开发库，确定运行 Android 应用程序所需的最低 Android API 的版本，以及运行应用程序所需的权限。

（2）AndroidManifest.xml 的结构。Android Studio 的文件结构中，AndroidManifest.xml 文件的层次较多，包括<application>、<permission>等标签，每个标签中包含若干元素，每个元素具备若干属性。完整的 AndroidManifest.xml 文件结构如下。

```
<manifest xmlns:android="http://schemas.android.com/apk/res/android">
    <application>
        <activity
            android:name=".LoginActivity"
            android:exported="true">
            <intent-filter>
                <action android:name="android.intent.action.MAIN" />
                <category android:name="android.intent.category.LAUNCHER" />
            </intent-filter>
        </activity>
    </application>
    <uses-permission android:name="android.permission.INTERNET" />
</manifest>
```

上述 AndroidManifest.xml 文件包含以下四个层次。

第 1 层是＜manifest＞…＜/manifest＞，也是整个文件的根结点。该层以"xmlns：android"方式定义了 Android 程序的命名空间，使得各种标准属性能在文件中使用，并且提供了大部分元素中的数据。

第 2 层是 ＜ application ＞ … ＜/application ＞ 和 ＜ uses-permission/＞，也是 AndroidManifest.xml 文件中必须具备的标签。该层声明了每一个应用程序的组件及其属性，包括 icon、label、permission 等，以及所需的权限。例如，上述代码中 android.permission.INTERNET 声明了网络访问权限。

第 3 层是＜activity＞…＜/activity＞，表示 Android 应用中的活动组件。该层主要以"android：[属性名]＝属性值"的方式定义 Activity 组件的属性，包括名称、标题、主题、加载模式等。例如，上述代码中 android：name＝".LoginActivity" 表示该 Activity 的名称为 LoginActivity。

第 4 层是＜intent-filter＞…＜/intent-filter＞，表示 Activity 的过滤器，即哪些活动可以最终被执行，通常包括 action、category、data 三个标签。其中，action 用于声明过滤活动的操作字符串，上述代码中 android.intent.action.MAIN 中的"action.MAIN"表示过滤的活动为主界面组件。category 用于声明过滤的活动类别，定义活动类型的字符串，上述代码中 android.intent.category.LAUNCHER 中的"category.LAUNCHER"表示过滤的活动类型为启动项。data 用于使用一个或多个指定数据，匹配＜intent-filter＞标签中指定的 URI 字符串。

2. Android 项目构建文件 build.gradle

（1）build.gradle 的概念。不同于 Eclipse 使用内置模块构建 Android 项目的方式，Android Studio 是采用 build.gradle 方式构建项目。build.gradle 是一种构建工具，主要用于构建 Android APP，构建包括程序编译、项目打包等过程。Gradle 使用了一种基于 Groovy 的领域特定语言（DSL）来声明项目设置，代替传统基于 XML 的配置方法，其配置过程简单且易于操作。

（2）build.gradle 文件的使用。在 Android Studio 中，build.gradle 位于 Gradle Scripts 目录下，包括工程类（Project）和模块（Module）类两种类型，可以双击打开并修改。工程中的 build.gradle 文件比较简单，指定了 Gradle 构建工具的版本，目前最新版本为 7.3，如图 1.13

所示。该文件中的内容是 Android Studio 自动生成的,一般不需要修改。

```
plugins {
    id 'com.android.application' version '7.3.0' apply false
    id 'com.android.library' version '7.3.0' apply false
}
```

图 1.13　工程中的 build.gradle 文件

模块中的 build.gradle 文件则比较复杂,包括 plugins、android、dependencies 三个部分。

① plugins 部分。plugins 描述了构建项目所需的插件,指定了插件的 ID,例如 "id 'com.android.application'"。

② android 部分。该部分是 build.gradle 文件的主体,包括以下 3 个部分。

- defaultConfig 部分。该部分是项目的默认配置,描述了项目的命名空间、编译 SDK 版本、最小 SDK 版本、项目版本代码等。
- buildTypes 部分。该部分是项目的构建类型,描述了生成项目的方式,包括 release 和 debug 两种形式。其中,release 是指正式构建项目,debug 是指以调试的方式构建项目。
- compileOptions 部分。该部分是项目代码的编译选项,描述了编译代码的 JDK 的版本,包括源程序代码编译和目标程序代码编译两种方式。编译所用的 JDK 版本取决于 Android Studio 开发环境配置时的 JDK 版本,一般情况下不建议修改。

③ dependencies 部分。该部分主要管理各类项目依赖,当项目需要导入第三方库文件 (例如,数据库连接库文件)时,需要使用"implementation"关键字,在 dependencies 中添加库文件的声明。例如,导入连接 MySQL 数据库的库文件,需要添加语句:implementation files('libs\\mysql-connector-java-5.1.49.jar'),并重新运行 Android Studio 开发环境。

1.2.5　第三方库文件

1. Android 第三方库文件概述

在 Android 程序设计过程中,需要开发一些特殊功能,例如,调用外部传感器、扫描二维码、连接远程数据库等。此时,Android Studio 提供的内部库文件无法实现这些功能,需要使用第三方库文件。Android 中常见的第三方库包括 .so、.jar、.aar。一般来说,.so 是 C 或 C++ 语言的内容打包成的库文件,.jar 是通过 Java 语言打包而成的归档类型的库文件,.aar 是 Android 项目的二进制归档文件,包含所有资源、类,以及 res 资源文件。三种库文件的说明如下。

(1) so 文件。从本质上说,so 文件是 Linux 系统下共享库文件,是由 C 语言编译生成的 ELF 格式的文件。由于 Android 操作系统的底层基于 Linux 系统,所以 so 文件可以运行在 Android 平台上。在 Android 系统中,当生成 apk 文件的时候,lib 目录下的 so 文件会被解压至 Android 应用的原生库目录,通常是 \data\data\package-name\lib 目录下。

(2) jar 文件。在 Android 系统中,jar 文件是由 Java 语言编译形成的归档类型的文件,其中包含大量的 Java 类文件、相关的元数据,以及资源文件(如文本、图片等),以便开发 Java 平台应用软件或库。jar 文件以 ZIP 格式构建,以 .jar 为文件扩展名,用户可以使用 JDK 自带的 jar 命令创建或提取 jar 文件,也可以使用其他 ZIP 压缩工具,其文件内容是

Unicode 格式的文本。

（3）aar 文件。aar 即 Android Archive 包，是一个 Android 库项目的二进制归档文件，其主要作用是将 Android 开发过程中常用的功能代码抽取出来，打包形成功能模块，分发给开发者使用。与 jar 文件类似，aar 文件也是以 ZIP 格式构建，但以 .aar 为扩展名。打包形成的 aar 文件中不仅包含 Java 代码，还包括 AndroidManifest.xml、classes.jar、res、R.txt 等，存放于 module 项目的 libs 文件夹中。

2. Android 第三方库文件的使用

（1）so 文件的使用。在 Android Studio 中，使用 so 库文件需首先将文件复制到 Android 项目中，然后修改 build.gradle 文件中的相关内容，操作步骤如下。

第 1 步：打开 Android Studio 开发环境，新建一个与 src 文件夹同级别的文件夹，命名为 libs。

第 2 步：将 so 库文件复制到 libs 文件夹中，需要注意的是，对于不同系统架构的 so 文件，如果是同名文件，应放置于不同文件夹中，Android 系统在调用时会自动选择。

第 3 步：修改 build.gradle 文件，增加如下代码。代码的作用是告知 Android Studio 调用 .so 文件的路径，若未添加此代码，编译程序时将出现错误。

```
sourceSets {
    main {
        jniLibs.srcDirs = ['src/main/libs']
    }
}
```

（2）jar 文件的使用。与使用 so 文件类似，使用 jar 库文件同样需要首先将文件复制到 Android 项目中，不同的是，需要将 jar 文件转换成 Android Studio 支持的库文件，操作步骤如下。

第 1 步：导入 jar 包。在 Android Studio 开发环境中，以 Project 视图方式打开 Android 项目，新建一个 libs 目录，将 jar 文件复制到该目录中。

第 2 步：将 jar 包设置为 Android 库文件。在 jar 包文件上右击，在弹出的快捷菜单中选择 Add As Library 选项，将 jar 文件设置为 Android 系统支持的库文件。

第 3 步：在 build.gradle 文件中添加 jar 包的声明。打开 Android 项目中模块的 build.gradle 文件，在 dependencies 部分添加依赖 jar 包文件的声明。例如，以下代码声明了使用 jackson 方法的依赖。

```
dependencies {
    implementation files('libs/jackson-core-asl-1.9.8.jar')
    implementation files('libs/jackson-mapper-asl-1.9.8.jar')
}
```

（3）aar 文件的使用。与 so 文件和 jar 文件的使用方法类似，在 Android Studio 中使用 aar 文件，首先也需要将 aar 文件复制到 libs 目录中，然后在模块的 build.gradle 文件中添加依赖，操作步骤如下。

第 1 步：将 aar 文件（例如 testlibraryfilename.aar）放入 libs 目录里面，如果项目中没有

libs 目录,可以在 Project 视图下创建一个。

第 2 步:在 Android 项目的模块 build.gradle 文件中的 android 部分添加 aar 文件的依赖。例如,以下代码指定了将 aar 文件添加到 app\libs 目录下。

```
android{
    repositories {
        flatDir {
            dirs '../app/libs'}
    }
}
```

第 3 步:在 Android 项目的模块 build.gradle 文件中的 dependencies 部分添加声明。例如,以下代码声明了 testlibraryfilename.aar 文件作为扩展库文件添加到 Android 项目中。

```
dependencies {
    implementation (name:'testlibraryfilename', ext: 'aar')
}
```

1.2.6　任务实战:搭建智能家居项目框架结构

1. 任务描述

运用 Android Studio 4.1 建立智能家居系统项目工程,项目要求如下。

(1) 项目信息。名称为"SmartHome",工程包名为"com.android.smarthome",保存路径自定义。开发语言选择 Java,JDK 采用系统默认版本,最小的 SDK 为 Android 5.0,开发 SDK 和目标 SDK 均为 Android 12L。

(2) 项目界面。新建用户登录界面(LoginActivity)、智能家居主界面(MainActivity)、系统设置界面(SetupActivity)、数据采集界面(DataCollectActivity)、设备控制界面(DevControlActivity),各界面文件包括.java 文件和.xml 文件。其中,LoginActivity 为启动界面。

(3) 设置智能家居文本资源。在 strings.xml 文件中,设置智能家居项目的标题文字。标签为 app_name,显示文字为"智能家居"。

(4) 添加 jar 文件包。将配套资料中的"hardware.jar""hardware-sources.jar""ipcamera.jar""mysql-connector-java-5.1.49.jar""nlecloudII.jar"5 个 jar 包文件添加到智能家居项目的 libs 目录中,并将其设置为 Android Studio 支持的库文件。

(5) 配置应用清单。在 Android Studio 的应用清单文件中,将程序的标题设置为"智能家居",并添加访问网络的权限,以及读写内存卡的权限。

(6) 配置构建文件。第三方库文件声明、最小 SDK、目标 SDK 需在构建文件中设置。

2. 任务分析

根据任务描述,新建 Android 项目工程时,选择 Empty Activity 界面,Name 指定为"SmartHome";Package name 指定为"com.android.smarthome";Save location 即保存路

径，可自行指定；Language 选择 java；Minimum SDK 指定为 API21：Android5.0（Lollipop）。打开模块的 build.gradle 文件（注意不是工程的 build.gradle 文件），将 compileSdk 和 targetSdk 均设置为 32（即 Android 12L）。

在添加系统界面时，选择新建 Empty Activity 界面，并勾选包含 XML 布局文件的选项。本任务要求添加 6 个界面，在新建项目时，已经包含 MainActivity，需再新建 5 个 Activity。界面添加完成后，在 AndroidManifest.xml 文件中将 LoginActivity 设置为 LAUNCHER，即为启动项，删除原 MainActivity 的启动项，并添加"INTERNET""ACCESS_WIFI_STATE""READ_EXTERNAL_STORAGE""WRITE_EXTERNAL_STORAGE"四类权限。在"values\strings.xml"文件中，将 app_name 设置为"智能家居"。

3. 任务实施

（1）新建智能家居项目。运用 Android Studio 建立智能家居系统项目工程的步骤如下。

第 1 步：运行 Android Studio 开发环境，在向导界面中单击 New Project 按钮。

第 2 步：在 New Project 对话框中，选中左侧的 Phone and Tablet，在右侧选择 Empty Activity 界面，单击 Next 按钮。

第 3 步：在 New Project 对话框中，按照任务描述中的项目信息，输入项目名称、保存路径、SDK 版本等，单击 Finish 按钮。

第 4 步：Android Studio 开始构建项目工程，并从 Google 官网下载配置文件，需要等待一段时间。构建完成后的项目结构如图 1.14 所示。

（2）在新建完成的智能家居工程项目中，添加 Activity 文件和 XML 界面文件，操作步骤如下。

第 1 步：在项目的工程包文件 com.android.smarthome 上右击，在弹出的快捷菜单中选择 New|Activity|Empty Activity 选项。

第 2 步：在弹出的对话框中，Activity Name 输入"LoginActivity"，勾选 Generate a Layout File 复选框，该复选框的作用是与 Activity 同时生成一个 XML 界面布局文件。此时，可以看到 Layout Name 已经自动变为"activity_login"。再勾选 Launcher Activity 复选框，使该界面成为启动界面，选择开发语言为 Java，单击 Finish 按钮，完成新界面添加，如图 1.15 所示。

图 1.14　项目结构

图 1.15　新建 LoginActivity

第3步：按照第2步，添加系统主界面、环境监测界面、参数设置界面、视频监控界面，以及设备控制界面，此处不再赘述。

（3）设置智能家居项目标题文字。Android 项目新建完成后，标题为默认文字。设置标题文字需修改 strings.xml 文件中的标题内容，操作步骤如下。

第1步：在智能家居项目工程中，打开 values\strings.xml 文件，将<resources>…</resources>标签中的代码修改为：<string name="app_name">智能家居</string>，并保存文件。

第2步：打开 AndroidManifest.xml 文件，找到 android:label="@string/app_name"代码，此代码用于显示智能家居项目标题。将光标悬停在代码上，查看标题是否显示"智能家居"字样，如图 1.16 所示。

图 1.16　智能家居项目标题

（4）添加网络访问权限和内存卡读写权限。智能家居项目需要通过计算机网络访问 MySQL 数据库、连接传感器、控制外部设备工作，因此，需要在应用清单文件中添加相应的权限，操作步骤如下。

第1步：在 Android Studio 开发环境中，打开 AndroidManifest.xml 文件。

第2步：在 AndroidManifest.xml 文件中，与<application>标签同级别处，添加以下代码。

```
<uses-permission android:name="android.permission.INTERNET" />
<uses-permission android:name="android.permission.ACCESS_WIFI_STATE" />
<uses-permission android:name="android.permission.READ_EXTERNAL_STORAGE"/>
<uses-permission android:name="android.permission.WRITE_EXTERNAL_STORAGE"/>
```

上述代码中的第1行代码表示添加访问 Internet 的权限，第2行代码表示访问无线网络的权限，第3行代码表示读取外部存储卡的权限，第4行表示写入外部存储卡的权限。

（5）配置构建文件。智能家居项目工程的版本、构建方式、编译 SDK、目标 SDK、最小 SDK、第三方库文件等配置信息，均位于模块的 build.gradle 文件中，如图 1.17 和图 1.18 所示。其中，SDK 信息位于 android 部分，导入的库文件信息位于 dependencies（依赖）部分，用户可以根据实际的系统需求，修改 SDK 信息，但声明的库文件信息无法修改，否则会引起编译错误。

1.2.7　任务拓展：jar 库文件的制作与打包

智能家居项目开发过程，需要连接外部设备，其库文件均是由设备厂商提供的，功能局限性较大，且不利于二次开发。为此，可以运用 Android Studio 开发环境，自定义设备的 jar 包文件，将常用的功能代码打包在该 jar 文件中，方便程序调用，灵活性和可移植性较好。下面以传感器数据十进制和十六进制相互转换功能为例，将 Java 代码打包成 jar 文件，操作

```
android {
    namespace 'com.android.starthome'
    compileSdk 32 编译SDK

    defaultConfig {
        applicationId "com.android.starthome"
        minSdk 21 最小SDK
        targetSdk 32 目标SDK
        versionCode 1
        versionName "1.0"
```

图 1.17   SDK 设置

```
dependencies {
    implementation 'androidx.appcompat:appcompat:1.4.1'
    implementation 'com.google.android.material:material:1.5.0'
    implementation 'androidx.constraintlayout:constraintlayout:2.1.3'
    implementation files('libs\\ipcamera.jar') 导入的第三方
    implementation files('libs\\hardware.jar') 库文件
    implementation files('libs\\hardware-sources.jar')
    implementation files('libs\\mysql-connector-java-5.1.49.jar')
    implementation files('libs\\nlecloudII.jar')
    testImplementation 'junit:junit:4.13.2'
    androidTestImplementation 'androidx.test.ext:junit:1.1.3'
    androidTestImplementation 'androidx.test.espresso:espresso-core:3.4.0'
}
```

图 1.18   第三方库文件

步骤如下。

第 1 步：在 Android Studio 开发环境中打开智能家居项目工程，选择菜单 File|New|New Module，在弹出的对话框的左侧选择"Android Library"，新建库文件模块，如图 1.19 所示。

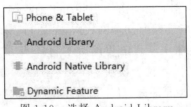

图 1.19   选择 Android Library

第 2 步：在对话框的 Module name 中输入"misc"，表示该模块用于进制转换，可以看到 Package name 已经随之变化了，单击 Finish 按钮完成模块新建。完成创建后的模块如图 1.20所示，可以看到，misc 模块与 app 模块是同级别的。

第 3 步：依次展开 misc 模块，在 com.android.misc 包下新建一个 java 类文件，命名为 Misclibrary.java，如图 1.21 所示。

第 4 步：打开 Misclibrary.java 文件，在"public class Misclibrary"类中，定义两个方法 int2hex(int data)和 hex2int(byte[] data)，输入以下代码。

图 1.20　新建 misc 模块

图 1.21　新建 Misclibrary.java 文件

```
public static byte[] int2hex(int data) {
    data = (data & '\uff00') >> 8 | (data & 255) << 8;
    byte high = (byte)(data & 255);
    byte low = (byte)((data & '\uff00') >> 8);
    return new byte[]{high, low};
}
public static int hex2int(byte[] data) {
    byte high = data[0];
    byte low = data[1];
    return high * 255 + low;
}
```

第 5 步：打开 misc 模块中的 build.gradle 文件，在 dependencies 部分的后面输入 task makeJar(type：Copy)方法，用于打包生成 jar 文件，代码如下。

```
task makeJar(type: Copy) {
    delete 'build/libs/jarsdk.jar'
      from('build/intermediates/aar_main_jar/release/')
    into('build/libs/')
    include('classes.jar')
    rename ('classes.jar', 'jarsdk.jar')
}
makeJar.dependsOn(build)
```

第 6 步：在 Android Studio 开发环境中，进入 Terminal 终端，输入命令"gradlew makeJar"，经过编译，将生成名为"jarsdk.jar"的 jar 文件，位于 misc 模块中的 release 目录下。将该文件复制到智能家居项目(smarthome)目录下，并将其转换为 Android 系统支持的库文件，即可形成由用户自定义的库文件。

在智能家居项目中，连接 MySQL 数据库、连接传感器、读取传感器数据等功能需要频繁使用。用户可以参照上述制作 jar 包文件的方法，将这些常用功能打包到 jar 文件中，以提高代码复用的效率。

1.3　智能家居项目数据库设计

1.3.1　MySQL 数据库安装、配置与使用

1. MySQL 数据库软件安装

进入 MySQL 官网的下载页面 https://dev.mysql.com/downloads/installer/，下载 MySQL Installer 5.7.40 安装包，选择名为"mysql-installer-community-5.7.40.0.msi"的安装文件（大小约为 500MB）。下载完成后，双击安装包开始安装 MySQL 数据库管理系统。MySQL 安装程序将检测计算机的软硬件配置是否符合安装条件，若不符合，将提示用户先安装必要的软件。选择安装类型为 Full，表示将客户端和服务器均安装于同一台计算机中。安装过程中，设置服务器端口为 3306，最大连接数为 200，字符编码格式为 UTF-8。此外，还须设置数据库管理员的账户和密码，一般来说，可以使用根账户 root，也可以再添加其他管理员账户。

2. 配置 MySQL 数据库

MySQL 数据库管理系统安装完成后，是不能立刻使用的，还需要配置环境变量，以及启用 MySQL 数据库服务。进入控制面板，打开"系统"，在环境变量的"系统变量"中，双击 Path 变量，其变量值为 MySQL 软件安装目录中的 bin 文件夹，例如，"C:\Program Files\MySQL\MySQL Server 5.7\bin"。如果 Path 变量中已经存在其他数值，则需要在新加入的变量值前添加分号。Path 环境变量值添加完成后，仍无法连接 MySQL 数据库，还需要按以下两种方式启用 MySQL 服务。

方式 1：打开 MySQL Notifier 1.1.7 程序，该程序启动后，以图标运行于操作系统右下角的托盘区域。程序启动时的服务状态为 Stopped，右击图标，选择状态 Start，当图标转变为时，表示 MySQL 服务启动成功，此时可以连接数据库管理系统。

方式 2：打开控制面板，进入 Windows 工具，打开服务，在服务列表中找到 MySQL57 服务。双击该服务项，在弹出的对话框中，单击"启动"按钮，开启 MySQL 服务。此外，可以将启动类型设置为自动，使 MySQL 服务在计算机启动时自动开启。

3. 使用 MySQL 数据库管理系统

运用 MySQL 数据库管理系统创建智能家居数据库。创建数据库有 Command 命令和图形化界面两种方式。

（1）Command 命令方式创建数据库。该方式使用 MySQL 数据库管理系统软件中的控制台程序，以 SQL 命令语句创建 MySQL 数据库，操作步骤如下。

第1步：启动 MySQL Notifier,使其处于运行状态。

第2步：运行 MySQL 5.7 Command Line Client 程序,打开命令窗口,输入密码(root 用户的密码),按回车键确认。若输入的密码正确,则显示 MySQL 的命令提示符。

第3步：在 MySQL 命令提示符后,输入 SQL 语句"Create database <数据库名>",完成数据库创建。

(2) 图形化界面方式创建数据库。该方式使用 MySQL 数据库管理系统软件中的 Workbench 创建数据库,操作步骤如下。

第1步：启动 MySQL Notifier,使其处于运行状态。

第2步：运行 MySQL Workbench 6.3 CE 软件,进入 Workbench 数据库。

第3步：右击 Local instance MySQL57,在弹出的快捷菜单中选择 Open Connection 选项,输入用户名"root",输入密码,单击 OK 按钮进入 MySQL 数据库管理系统。

第4步：在左下方的 SCHEMAS 面板中右击,在弹出的快捷菜单中选择 Create Schemas 选项,在右侧的 Name 文本框中输入"smarthome",单击 Apply 按钮创建数据库。

第5步：数据库创建完成后,在左下方的 SCHEMAS 面板中,单击 🔄 按钮,刷新数据库。

1.3.2　设计智能家居系统数据库

1. 智能家居数据库设计

智能家居数据库的名称为 smarthome。在智能家居系统中,采用 MySQL 数据库管理系统,用于存储、处理各类智能家居系统中的数据,如用户信息数据、设备信息数据、传感器阈值数据等。智能家居数据库设计的步骤如下。

第1步：启动 MySQL 数据库服务。MySQL 数据库管理系统安装完成后,在"开始"菜单中运行 MySQL Notifier 程序,当程序呈现🔲图标时,表示服务处于启动状态。

第2步：登录 MySQL 数据库管理系统。登录 MySQL 可采用命令方式或图形化界面方式。命令方式在"开始"菜单中运行 MySQL Command Line Client 程序,输入 MySQL 登录密码,出现"msql>"提示符,则表示成功登录 MySQL 数据库管理系统。图形化界面方式在"开始"菜单中运行 MySQL Workbench 6.3 CE 程序,双击 Local instance MySQL57 图标,输入登录密码,进入 MySQL 数据库管理系统。

第3步：建立智能家居数据库。建立 MySQL 数据库可采用命令方式或图形化界面方式。命令方式在"msql>"提示符后输入"create database smarthome"命令语句新建数据库 smarthome。图形化界面方式需在 SCHEMAS 的空白处右击,在弹出的快捷菜单中选择 create schema 选项,输入数据库名称"smarthome",单击 Apply 按钮完成数据库创建。由于数据库的新建过程并非本书阐述的主要内容,具体操作请参考配套资料中的说明,此处不再赘述。

2. 智能家居数据表设计

智能家居数据库中包含用户信息表、设备信息表、参数设置表、阈值表,其数据表名称分别为 users、devices、settings、threshold,分别用于存储用户身份信息、硬件设备信息、系统运行参数信息、传感器阈值信息。智能家居数据表设计的步骤如下。

第 1 步：进入数据库。在 MySQL 中，以命令方式首次进入数据库须使用命令"use ＜数据库名称＞"。在"msql＞"提示符后输入"use smarthome"命令语句，进入 smarthome 数据库。图形化界面方式只需展开 SCHEMAS 处的 smarthome 数据库前的结点，即表示进入该数据库。

第 2 步：新建数据表。命令方式新建数据表的语句为"create table ＜数据表名＞(字段名 字段类型)"。以用户信息表 users 为例，在"msql＞"提示符后输入"create table users()"命令语句。图形化命令方式在 smarthome 数据库结点下的 Tables 处右击，在弹出的快捷菜单中选择 create table 选项，输入数据表名称，再输入字段信息即可。由于数据表的新建过程并非本书阐述的主要内容，具体操作请参考配套资料中的说明，此处不再赘述。

1.3.3 使用智能家居数据库 smarthome

1. 添加 MySQL 数据库连接包文件

在智能家居系统中，Android Studio 项目工程连接 MySQL 数据库管理系统，需要导入对应的 jar 包文件，并转换为 Android 库文件，操作步骤如下。

第 1 步：在 Android Studio 开发环境中，新建一个与 src 目录同级别的 libs 目录，将配套资料中的 mysql-connector-java-5.1.49.jar 文件复制到 libs 目录中。

第 2 步：在 Android Studio 工程项目中，在 mysql-connector-java-5.1.49.jar 文件上右击，在弹出的快捷菜单中选择 Add As Library 选项，将导入的 jar 包文件转换为 Android 系统支持的库文件。在弹出的对话框中单击"确定"按钮，转换完成后，可以看到 mysql-connector-java-5.1.49.jar 已生成下级文件。

2. Android Studio 连接智能家居数据库

在智能家居系统中，实现用户登录、注册，系统参数设置等功能需要使用 Android Studio 连接 MySQL 数据库管理系统，其操作步骤如下。

第 1 步：添加权限。由于本项目中需要远程访问 MySQL 数据库管理系统，故需添加使用数据库连接文件 mysql-connector-java-5.1.49.jar 的权限。在 AndroidManifest.xml 文件中加入以下权限代码。

```
<uses-permission android:name="android.permission.INTERNET" />
<uses-permission android:name="android.permission.ACCESS_NETWORK_STATE" />
```

第 2 步：编辑连接 smarthome 数据库的代码。在 Activity 文件中，实现连接 MySQL 数据库管理系统的功能，程序代码如下。

```
private final static String driver = "com.mysql.jdbc.Driver";
private final static String url = "jdbc:mysql://10.8.186.95:3306/journey_reform?
useUnicode=true&characterEncoding=UTF-8&useSSL=false";
private final static String username = "root";
private final static String password = "123456";
static {
    try {
        Class.forName(driver);
```

```
    Connection connection= DriverManager.getConnection(url,username,password);
} catch (ClassNotFoundException e) {
    System.out.println("加载驱动错误");
}
}
```

上述代码中：第 1 行粗体字代码表示连接 MySQL 数据库管理系统的驱动程序；第 2 行粗体字代码定义了连接 MySQL 的字符串，其中，10.8.186.95 表示数据库服务器所在的 IP 地址，3306 表示 MySQL 默认的访问端口；第 3 行和第 4 行粗体字代码表示访问 MySQL 数据库管理系统的账户和密码；第 5 行粗体字代码表示加载连接 MySQL 的驱动程序；第 6 行粗体字代码调用 getConnection()方法连接 MySQL，其参数为连接字符串、用户名、密码，并赋值给数据库连接对象 connection，该对象表示连接状态。

1.3.4　任务实战：智能家居数据库设计

1. 任务描述

运用 MySQL 数据库管理系统设计智能家居数据库和数据表，具体要求如下。

（1）数据库名称：smarthome。

（2）用户信息表（users）的结构见表 1.1。

表 1.1　用户信息表结构

字段名称	字段类型	主键	外键	非空	唯一	自动增加	字段说明
ID	INT(11)	是	否	是	是	是	唯一编号
username	VARCHAR(20)	否	否	是	是	否	用户名
password	VARCHAR(20)	否	否	是	否	否	密码
userauth	VARCHAR(10)	否	否	是	否	否	用户权限
logintime	VARCHAR(30)	否	否	否	否	否	最近登录时间
loginip	VARCHAR(20)	否	否	否	否	否	最近登录 IP 地址
userimage	BLOB	否	否	否	否	否	用户头像

（3）参数信息表（settings）的结构见表 1.2。

表 1.2　参数信息表结构

字段名称	字段类型	主键	外键	非空	唯一	自动增加	字段说明
ID	INT(11)	是	否	是	是	是	唯一编号
setname	VARCHAR(20)	否	否	是	是	否	参数名称
setvalue	VARCHAR(20)	否	否	是	否	否	参数值
settype	VARCHAR(10)	否	否	是	否	否	参数类型

（4）运用 Android Studio 在用户信息表和参数信息表中添加数据，见表 1.3 和表 1.4。

表 1.3 用户信息表数据

ID	username	password	userauth	logintime	loginip	userimage
1	admin	12345678	super	2022-12-01 10：01：23	192.168.0.101	null
2	user1	123456	user	2022-12-21 11：11：23	192.168.1.10	null
3	user2	123456	user	2022-11-22 12：11：25	192.168.1.100	null

表 1.4 参数信息表数据

ID	setname	setvalue	settype
1	115200	false	波特率
2	38400	false	波特率
3	9600	false	波特率
4	温湿度	com1	端口
5	光照度	com2	端口
6	烟雾	com3	端口
7	火焰	com4	端口
8	二氧化碳	com5	端口
9	人体	com6	端口
10	自动登录	false	登录
11	短信登录	false	登录
12	微信登录	false	登录
13	QQ 登录	false	登录
14	云平台	192.168.0.1	云平台

2. 任务分析

根据任务描述，在 MySQL 数据库管理系统中设计 smarthome 数据库可采用命令方式（Command Line）或图形化界面方式（Workbench）。命令方式使用 create database 语句创建数据库 smarthome，使用 create table 语句创建用户信息表和参数信息表，在创建数据表的过程中添加字段约束。图形化界面方式使用 Workbench 软件的菜单项创建数据库和数据表，在数据表结构中勾选相应的字段约束。在用户信息表和参数信息表中添加数据，需要将 SQL 语句运用于 Java 代码之中。

3. 任务实施

根据任务描述，首先需在 MySQL 数据库管理系统中建立 smarthome 数据库，以及用户信息表和参数信息表，然后使用 Android Studio 连接 smarthome 数据库，并使用 SQL 语句在用户信息表和参数信息表中添加数据。操作步骤如下。

（1）建立 smarthome 数据库。使用命令方式建立 smarthome 数据库，在"开始"菜单中启动 MySQL 5.7 Command Line Client 程序，输入登录密码。在"msql＞"提示符后输入以下代码。

```
create database smarthome;
```

（2）建立用户信息表和参数信息表。使用命令方式建立用户信息表和参数信息表，smarthome 数据库创建完成后，在"msql＞"提示符后输入以下代码。

```
use smarthome;
create table users(
    ID int(11) primary key not null unique auto_increment,
    username varchar(20) not null unique,
    password varchar(20) not null,
    userauth varchar(10) not null,
    logintime varchar(30) not null,
    loginip varchar(20) not null,
    userimage blob
);
```

上述代码根据表 1.1，使用 create table 语句创建了用户信息表 users，包含 7 个字段，其中，ID 字段为主键、自动增加属性。参数信息表的创建过程类似，此处不再赘述。

（3）输入用户信息数据和参数信息数据。使用 Android Studio 开发环境，在 Java 代码中使用 SQL 语句输入用户信息数据和参数信息数据，程序代码如下。

```
Class.forName("com.mysql.jdbc.Driver");
Connection connection= DriverManager.getConnection("jdbc:mysql://192.168.0.1:
3306/smarthome? useUnicode=true&characterEncoding=utf8","root","123456");
String sql = "insert into users(username, password, userauth, logintime, loginip,
userimage) values (?,?,?,?,?,?)";
PreparedStatement ps= connection.prepareStatement(sql);
ps.setString(1,username);
ps.setString(2,password);
ps.setString(3,userauth);
ps.setString(4,logintime);
ps.setString(5,loginip);
ps.setBlob(6,userphoto);
ps.executeUpdate();
```

上述代码中，第 1 行代码表示加载 MySQL 数据库的驱动程序。第 2 行代码表示通过网络地址 192.168.0.1:3306 连接 smarthome 数据库，并赋值给数据库连接对象 connection。第 3 行代码表示在数据表中插入数据的 SQL 语句，其中的"?"表示占位符，即要插入的数据值。需要注意的是，users 数据表中的 ID 字段为自动增加属性，无须手动指定数值，故只需插入 6 个字段的数据。第 4 行代码表示定义 PreparedStatement 类型的对象 ps，并执行插入数据的 SQL 语句。第 5～10 行代码表示按照 users 数据表中字段的顺序（ID 字段除外），依次添加用户信息数据。第 11 行代码表示执行数据插入操作。至此，用户信息表中的数据就添加完成了。由于参数信息表中添加数据的方法类似，此处不再赘述。

1.3.5 任务拓展：Android Studio 动态管理智能家居数据库

在智能家居项目中，除了使用 MySQL 数据库管理系统提供了命令方式及图形化界面方式管理数据库外，还可以在 Android Studio 开发环境中，以代码的方式对数据库进行动态管理。例如，修改数据表的结构，新建、删除数据表等。在 Java 代码中写入 SQL 语句，即可实现数据库的动态管理，程序代码如下。

```
SQLiteDatabase db;
/*以下 SQL 语句表示创建数据库 smarthome*/
String createdbSql = "create database smarthome";
/*以下 SQL 语句表示创建数据表 param*/
String createtableSql = "create table param (id int primary key, pname varchar
(20))";
/*以下 SQL 语句表示在数据表 param 中增加一行*/
String insertSql = "insert into param values(10, "传感器参数")";
/*以下 SQL 语句表示在数据表 param 中删除 id 为 2 的行*/
String delSql = "delete from param where id=2";
/*以下 SQL 语句表示在数据表 param 中更新 id 为 3 的记录*/
String updateSql = "update param set pname = "登录参数" where id = 3";
/*以下 SQL 语句表示在数据表 param 中查询 id 为 1 的记录*/
String querySql = "select * from param where id=1";
/*以下 SQL 语句表示在数据表 param 中将列名 pname 修改为 sname*/
String modifySql = "alter table param change pname sname varchar(30)";
/*以下 SQL 语句表示删除数据表 param*/
String dropSql = "drop table if exists param";
db.execSQL();
```

上述代码首先定义了数据库对象 db，然后创建了对数据库动态管理的 SQL 语句，最后调用 execSQL()方法执行对应的 SQL 语句。关于管理 MySQL 数据库的 SQL 语句还有其他较多类型，此处不再赘述。

1.4 智能家居系统项目资源设计

1.4.1 Android 资源类型及使用方法

1. Android 资源类型

Android 应用程序资源包括 assets 和 res 两大类。assets 类资源位于 Android 工程根目录的 assets 子目录下，其中保存的是原始形态的资源文件，可以以任何方式来进行组织。assets 类资源可以是任意类型的，这些资源不会被编译，也不会在 R 类中生成资源 ID。当 Android 应用发布时，这些资源文件将以原始形态被打包到 APK 文件中。

res 类资源放在与 assets 目录同级别的 res 子目录下，包括 values、xml、layout、drawable、anim、menu、raw 七种资源类型。res 类资源均在 R 类中生成资源 ID，便于访问资源。除 raw 类型外，其余资源都会被编译，从而减小生成的应用程序。各种 res 资源的描述如下。

(1) values 类型。该类资源位于 res\values 目录中,包括字符串、颜色、尺寸、数组、主题等资源。

(2) xml 类型。该类资源位于 res\xml 目录中,可以是任意类型的 XML 文件,在程序运行时读取。

(3) layout 类型。该类资源位于 res\layout 目录中,是 Android 系统的布局文件,包括线性布局(LinearLayout)、相对布局(RelativeLayout)、帧布局(FrameLayout)、表格布局(TableLayout)、绝对布局(AbsoluteLayout)、网格布局(GridLayout)、约束布局(ConstraintLayout)7 种布局类型。

(4) drawable 类型。该类资源位于 res\drawable 目录中,主要为图片类型的资源,包括 bmp、png、gif、jpg 等格式。

(5) anim 类型。该类资源位于 res\anim 目录中,是 XML 格式的动画资源,包括帧动画和补间动画。

(6) menu 类型。该类资源位于 res\menu 目录中,是 Android 系统中的菜单,包括选项菜单(Option Menu)、上下文菜单(Context Menu)、子菜单(Sub Menu)3 种菜单类型。

(7) raw 类型。该类资源位于 res\raw 目录中,是 Android 系统的原生资源。raw 目录不允许再有下级子目录,可以存放任意类型的资源文件,通常为较大的音频、视频、图片、网页、脚本等文件。raw 类型的资源不会被 Android Studio 编译成二进制文件,从而使得生成的应用程序较大。

2. Android 系统资源的访问方式

在 Android 应用中,资源访问的方式有两种:第一种是在 Java 源代码中访问资源,这种方式既可以访问 res 资源,也可以访问 assets 原生资源;第二种是在 XML 文件中访问资源。

(1) Java 代码访问 res 资源。在 Android 系统中,每个 res 资源都会在项目的 R 类中自动生成一个代表资源编号的静态常量,在 Java 代码中通过 R 类可以访问这些 res 资源。例如,代码"android.R.drawable.ic_delete"表示访问 drawable 目录下名为"ic_delete"的图片资源。

(2) Java 代码访问 assets 原生资源。该方法通过 Resources 类的 getAssets()方法获得 assets 原生资源的对象,该对象的 open()方法可以打开指定路径的 assets 资源的输入流,从而读取到对应的原生资源。例如,代码 getResources().getAssets().open("android.jpg");表示获取 assets 文件中名为"android.jpg"的图片文件。

(3) XML 方式访问资源。在 XML 文件中,访问资源包括两种方式:一是引用现有资源,该方式使用"@"符号;二是新建资源,该方式使用"@+"方式。

① 引用现有资源。现有资源包括用户自定义资源和系统资源,其引用方式如下。

- 引用用户自定义资源。引用格式为 android:[组件属性]=@[package:]type/name。例如,代码 android:text="@string/hello"表示引用名为"hello"的字符串,该字符串在 values\strings.xml 文件中定义,将其内容赋值给某组件的 text 属性。

- 引用系统资源。引用格式为:android:[组件属性]=@android:type/name。与引用用户自定义资源不同的是,"android:type/name"是指从 Android 系统的类中引用资源。例如,代码 android:textColor="@android:color/red"表示将某组件的字体颜色设置为红色，"@android：color/red"表示从 Android 系统的 Color 类中获取红色资源。

② 新建资源。格式为：android：id＝@ ＋id/资源 ID 名。一般而言，该方式用于为 Android 组件起名。例如，代码 android：id＝"@＋id/selectdlg"表示为某组件起名为"selectdlg"，并将其作为常量添加到 R.java 文件中，以便在其他代码中引用。

1.4.2 智能家居项目各类资源的使用

1. 字符串资源

1）定义字符串资源

字符串资源文件位于\res\values 目录下的 strings.xml 文件中，字符串资源文件的根元素是＜resources＞。该元素中的每个＜string＞子元素表示定义一个字符串常量，其中的 name 属性指定该常量的名称，＜string＞…＜/string＞元素开始标签和结束标签之间的内容代表字符串值。例如，以下 4 行粗体字代码定义了水星、金星、地球、火星的字符串。

```
<?xml version="1.0" encoding="utf-8"?>
<resources>
    <string name="Mercury">水星</string>
    <string name="Venus">金星</string>
    <string name="Earth">地球</string>
    <string name="Mars">火星</string>
</resources>
```

上述 XML 文件中，定义了 4 个字符串资源，其 name 属性分别是"Mercury""Venus""Earth""Mars"，对应的文字内容分别是"水星""金星""地球""火星"。

2）使用字符串资源

在 Android 工程中，可能会使用到大量的文字作为提示信息。这些文字都作为字符串资源声明在配置文件中，从而避免了采用"硬编码"方式而导致的可读性及灵活性较差的问题，实现程序的可配置性。在 Android Studio 开发环境中，使用字符串资源分为 XML 和 Java 代码两种方式。

（1）XML 方式。在 XML 文件中，按照格式@［＜package_name＞：］＜resource_type＞/＜resource_name＞引用字符串资源。例如，下列代码将文本框组件中的文字设置为"地球"。

```
<EditText
    android:layout_width="wrap_content"
    android:layout_height="wrap_content"
    android:text="@string/Earth"/>
```

上述代码中，粗体字部分代码表示将 EditText（文本框）组件的 text 属性设置为文字"地球"。代码"@string/Earth"表示按照 XML 引用字符串的格式，根据 values\strings.xml 文件中定义的"＜string name＝"Earth"＞地球＜/string＞"，将文字内容显示为"地球"。

（2）Java 代码方式。在 Java 代码中，按照格式［＜package_name＞］.R.＜resource_type＞.＜resource_name＞引用字符串资源。例如，下列代码将标签组件中的文字设置为"火星"。

```
TextView mars = findViewById(R.id.textView);
```

```
mars.setText(R.string.Mars);
```

上述代码中,第 1 行代码表示定义一个 TextView(标签)类型的组件 mars,并与 XML 布局文件中的 textView 组件相关联。第 2 行代码表示将组件 mars 的文本设置为"火星", 其中,代码"R.string.Mars"表示获取 R 类文件中 Mars 常量的文本,即"火星",将其显示在 mars 组件中。

2. 颜色资源

1) 定义颜色资源

在 Android 应用开发中,颜色资源分为两类:一是用户自定义的颜色,二是 Android 系统自带的颜色。Android 系统中颜色值是由透明度 alpha 和 RGB(红、绿、蓝)三原色的数值来定义的,其格式为:♯Alpha-Red-Green-Blue。透明度及红、绿、蓝三种颜色的数值分别由两位十六进制的数字表示,每一位的十六进制数值范围为 0～F。其中,透明度 Alpha 默认为 FF,即不透明,可以省略。例如,在 values\colors.xml 文件中定义红色,代码如下。

```
<? xml version="1.0" encoding="utf-8"?>
<resources>
    <color name="blue">#FF0000FF</color>
</resources>
```

上述代码中的粗体字代码部分以 XML 方式定义了红色资源,其 name 属性为 blue,值为♯FF0000FF。其中,"♯FF0000FF"中的第 1、2 位的数值为 FF,表示不透明,第 3、4 位表示 RGB 中的红色数值为 00,表示不显示红色,同理,第 5、6 位的绿色也没有显示,第 7、8 位的数值是 FF,表示正蓝色。因此,该颜色资源最终将显示为正蓝色。

在 Android 系统中,预先设置了部分颜色常量,均在 android.graphics.Color 类下,包括 BLACK(黑色)、DKGRAY(深灰)、GRAY(灰色)、LTGRAY(浅灰)、WHITE(白色)、RED (红色)、GREEN(绿色)、BLUE(蓝色)、YELLOW(黄色)、CYAN(青色)、MAGENTA(玫瑰红)、TRANSPARENT(透明)等,这些颜色常量可以在 Java 代码中调用。

2) 使用颜色资源

在 Android 工程中,需要设计一些相对比较漂亮的界面效果。例如,需要修改文本颜色、设置组件背景色,此时,就需要使用 Android Studio 提供的颜色资源。Android Studio 提供了用户自定义和系统自带两种类型的颜色资源,可以使用 XML 和 Java 代码两种方式引用颜色资源。

(1) XML 方式。在 XML 文件中,按照格式 android:[组件的颜色属性]=@[<package_name>:]<resource_type>/<resource_name>引用颜色资源。例如,下列代码将标签组件中的文字颜色设置为蓝色。

```
<TextView
    android:id="@+id/txtcolor"
    android:layout_width="match_parent"
    android:textColor="@color/blue"
    android:textSize="24sp" />
```

上述代码中,定义了一个名为 txtcolor 的标签。粗体字代码部分表示设置该标签的

txtColor（文本颜色）属性为颜色资源文件中定义的蓝色。

（2）Java 代码方式。在 Java 代码文件中，按照格式 getResources().getColor(R.[颜色标签].[颜色值])引用颜色资源。例如，下列代码同样将标签设置为蓝色。

```
TextView txtcolor = findViewById(R.id.textView);
txtcolor.setTextColor(getResources().getColor(R.color.blue));
```

上述第 1 行代码表示定义一个 TextView（标签）类型的组件 txtcolor，并与 XML 布局文件中的 textView 组件相关联。第 2 行代码表示调用 txtcolor 组件的 setTextColor()方法将标签设置为蓝色。粗体字部分代码表示 setTextColor()方法的参数，其中，"R.color.blue"表示根据颜色资源文件中的定义 android:textColor="@color/blue"，将标签设置为蓝色。

在 Java 代码中，除了可以使用在 XML 文件中自定义的颜色资源，还可以使用 Android Studio 提供的系统自带的颜色资源，按照格式[颜色类].[颜色常量]调用系统颜色。例如，将上述标签的背景色设置为绿色，可以使用代码"txtcolor.setBackgroundColor(Color.GREEN);"来表示。

上述代码调用设置标签背景的方法 setBackgroundColor，Color.GREEN 表示该方法的参数。其中，Color 为 Android 系统自带的颜色类，该类是 android.graphics.Color，其中的常量 GREEN 表示绿色。

3. 尺寸资源

1）定义尺寸资源

（1）尺寸的度量单位。在 Android 界面中，获取屏幕的宽度与高度是通过尺寸资源设置的。Android 系统的尺寸数值是由屏幕的度量单位来决定的，常用的度量单位如下。

① px（pixels，像素）。该度量单位表示 Android 设备的像素或分辨率，不同设备的显示效果相同。一般来说，HVGA 代表 320×480px，此像素也是使用较多的分辨率。

② dp（Density-independent Pixels，设备独立像素）。该度量单位表示一种与屏幕密度无关的尺寸单位，也可以写作 dip。在每英寸 160 点的显示设备上，1dp＝1px。当程序运行在高分辨率的屏幕上时，此度量单位就会按比例放大；当运行在低分辨率的屏幕上时，则会按比例缩小。

③ sp（scaled pixels，比例像素）。该度量单位主要处理字体大小，用户可以根据需求使用字体大小首选项进行缩放。sp 与 dp 比较相似，都会在不同像素密度的设备上自动适配，但 sp 还会随着用户对系统字体大小的设置进行比例缩放，能跟随用户系统字体大小变化而变化。

④ in（inches，英寸）。该度量单位是标准长度单位，1in＝2.54cm，通常用来表示 Android 设备屏幕大小。例如，4in 的手机的屏幕（可视区域）对角线长度是 $4 \times 2.54 = 10.16$（cm）。

⑤ pt（points，磅）。该度量单位是标准的长度单位，1pt＝1/72in，用于表示屏幕的物理长度。

对于 Android 设备的度量单位总结如下：对于布局的像素设置，一般要用 dp，这样在更大或者更小的屏幕下展示可以自动适配。对于字体的大小设置,建议始终使用 sp 作为文字大小的单位,可以使用户界面能够在现在和将来的显示器类型上正常显示。

（2）尺寸资源定义。Android Studio 开发环境中,定义尺寸资源在 res\values\文件夹的 dimens.xml 文件中,其操作步骤如下。

第 1 步:在 res\values 文件夹上右击,在弹出的快捷菜单中选择 New|XML|Values XML File 选项,输入文件名"dimens",单击"确定"按钮。

第 2 步:打开 dimens.xml 文件,在<resources>…</resources>标签中输入以下粗体字代码。

```
<resources>
    <dimen name="activity_horizontal_margin">16dp</dimen>
    <dimen name="activity_vertical_margin">16dp</dimen>
</resources>
```

上述代码以"dimen"关键字开头定义了两个尺寸资源,其 name 属性均表示组件到界面边框的距离。第 1 行粗体字代码表示水平方向的间隔,第 2 行粗体字代码表示垂直方向的间隔,数值均为 16dp。

2）使用尺寸资源

在 Android 程序设计过程中,为界面更加美观、整洁,需要设计自适应屏幕大小的效果,以及组件相对于边界的距离效果,例如,距离上、下、左、右边框的空白距离。此时,就需要使用 Android 系统提供的尺寸资源。Android Studio 提供了 XML 和 Java 代码两种方式引用颜色资源。

（1）XML 方式。在界面布局文件中,按照格式 android:[布局中的距离属性]＝@[<package_name>:]<resource_type>/<resource_name>使用尺寸资源。例如,下列代码设置了标签组件与界面顶端之间的空白距离,代码如下。

```
<TextView
    android:id="@+id/textView"
    android:layout_width="match_parent"
    android:layout_marginTop="@dimen/activity_vertical_margin"/>
```

上述代码中,粗体字代码中的"android:layout_marginTop"表示了标签组件(TextView)与界面顶端之间的距离属性;"@dimen/activity_vertical_margin"表示引用 values\dimens.xml 文件中定义的 name 属性"activity_vertical_margin",其数值为 16dp。

（2）Java 代码方式。在 Java 代码文件中,按照格式 getResources().getDimension(R.<resource_type>.<resource_name>)引用尺寸资源。例如,下列代码设置了组件与布局在水平方向上的空白距离。

```
float hmargin = getResources().getDimension(R.dimen.activity_horizontal_margin);
```

上述代码调用了 Android 系统的 getResources()方法中的 getDimension()方法,R.dimen.activity_horizontal_margin 是该方法的参数,表示引用 dimens.xml 文件中定义的 name 属性"activity_vertical_margin",其数值为 16dp,并将该数值赋值给 float 类型的变量

hmargin。

4. 数组资源

1）定义数组资源

（1）Android 数组资源元素。Android 系统中，可以在 Java 代码中定义数组，但该方式只能定义字符串类型和数值类型的数组。Android Studio 提供了通过资源文件来定义数组资源的方式，该资源文件为 arrays.xml，位于 res\values 目录下。Android 系统的数组资源定义于 arrays.xml 文件的根元素＜resources＞…＜/resources＞之内，包括 Drawable 类型、字符串类型、整数型 3 种类型的子元素。

① ＜array＞…＜/array＞子元素。该类子元素用于定义 Drawable 类型的数组，其元素包括图片、颜色、样式等。

② ＜string-array＞…＜/string-array＞子元素。该类子元素用于定义字符串数组，字符串可以自定义，也可以在 strings.xml 文件中读取。

③ ＜integer-array＞…＜/integer-array＞子元素。该类子元素用于定义整数型数组。

（2）数组资源定义。Android Studio 开发环境中，定义尺寸资源在 res\values\文件夹的 arrays.xml 文件中，其操作步骤如下。

第 1 步：在 res\values 文件夹上右击，在弹出的快捷菜单中选择 New｜XML｜Values XML File 选项，输入文件名"arrays"，单击"确定"按钮。

第 2 步：打开 arrays.xml 文件，在＜resources＞…＜/resources＞标签中输入以下代码。

```xml
<resources>
    <array name="plain_arr">
        <item>@color/black</item>
        <item>@color/white</item>
    </array>
    <string-array name="string_arr">
        <item>@string/app_name</item>
        <item>@string/welcome</item>
    </string-array>
    <integer-array name="dev_no">
        <item>1001</item>
        <item>1002</item>
    </integer-array>
</resources>
```

上述代码定义了 3 种类型的数组资源，分别对应 3 种类型的数组元素。第 1 行和第 2 行粗体字代码表示定义 drawable 类型的数组元素，在 colors.xml 文件中读取颜色资源，分别显示黑色和白色。第 3 行和第 4 行粗体字表示定义字符串类型的数组元素，在 strings.xml 文件中读取字符串资源，分别显示应用程序标题和欢迎文字。第 5 行和第 6 行粗体字表示定义整数类型的数组元素，其数值为用户直接写入。

2）使用数组资源

在 Android 程序设计过程中，经常需要使用列表框、组合框、图片列表等组件，以增强数据组织与显示效果,此时就需要使用 Android 系统提供的数组资源。Android Studio 提供了 XML 和 Java 代码两种方式引用数组资源。

（1）XML 方式。在界面布局文件中,按照格式 android:＜组件的数组属性＞＝@[＜package_name＞:]＜resource_type＞/＜resource_name＞使用尺寸资源。例如,下列代码在列表框(ListView)组件中引用了上述定义中的字符串数组,代码如下。

```
<ListView
    android:layout_width="match_parent"
    android:layout_height="wrap_content"
    android:entries="@array/string_arr"/>
```

上述代码表示以 arrays.xml 文件中定义的字符串数组填充 ListView 组件的各个列表项,粗体字代码中的"android:entries"表示了 ListView 组件的列表项属性;"@array/string_arr"表示引用 values\arrays.xml 文件中定义的 name 属性"string_arr"对应的数组元素,包括程序标题和欢迎词。

（2）Java 代码方式。在 Java 代码文件中,按照格式 getResources().＜数组资源类型的方法＞(R.＜resource_type＞.＜resource_name＞)引用数组资源。例如,下列代码设置了设备编号的数组。

```
int[] devno = getResources().getIntArray(R.array.dev_no);
```

上述代码调用了 Android 系统的 getResources()方法中的 getIntArray()方法。其中,R.array.dev_no 是该方法的参数,表示引用 arrays.xml 文件中定义的 name 属性"dev_no"对应的数组元素,其数值分别为 1001 和 1002,并将该数值赋值给 int 类型的数组 devno。

5. Drawable 资源

1）定义 Drawable 资源

Drawable 资源是 Android 应用开发过程中最常见的一种资源,目前 Android 系统支持的图片格式有 gif、png、jpg 等。一般情况下,开发者只需要把图片资源放置到\res\drawable 目录中,程序在编译后的 R.java 类中就会生成图片资源的资源 ID。Drawable 资源包括以下 5 种类型。

（1）StateListDrawable 资源。StateListDrawable 内可以分配一组 Drawable 资源,该资源定义在一个 XML 文件中,以＜selector＞标签元素起始。其内部的每一个 Drawable 资源内嵌在＜item＞元素中。当 StateListDrawable 资源作为组件的背景或者前景时,可以随着组件状态的变更而自动切换相对应的资源,当组件的状态变更时,会遍历 StateListDrawable 对应的 XML 文件来查找第一个匹配的 item 元素。例如,下列代码展示了按钮组件的按下状态,以及对应的背景图片。

```
<selector xmlns:android="http://schemas.android.com/apk/res/android">
    <item android:state_pressed="true"
        android:drawable="@drawable/btn_off" />
</selector>
```

上述代码中,第 1 行粗体字代码中的"state_pressed="true""表示按钮组件处于按下状态。第 2 行粗体字代码表示按钮的背景为 drawable 目录下的名为"btn_off"的图片。

（2）ShapeDrawable 资源。ShapeDrawable 可以理解为通过颜色来构造直线、圆形、矩形等几何图形。ShapeDrawable 资源既可以是纯色的图形，也可以是具有渐变效果的图形，可以在 XML 文件的 selector、layout 等标签中使用，有 5 个子标签。

① shape 标签。该标签位于根标签下，以 android:shape 表示形状属性。shape 标签中具有四种形状，分别是：rectangle（矩形）、oval（椭圆）、line（横线）、ring（圆环）。其中，矩形是默认形状。

② corners 标签。该标签仅适用于 shape 中的矩形，其主要作用是在矩形的四周设置角度。corners 标签可以设置矩形四个角的弧度，利用这一个特点，可以很方便地实现圆角矩形的效果。

③ stroke 标签。该标签表示 shape 形状的边框样式，包括实线和虚线两种边框。需要注意的是，在设置虚线样式时，android:dashWidth 或 android:dashGap 不可以为 0，否则虚线效果将不会生效。

④ solid 标签。该标签以 android:color 表示 shape 形状的填充颜色，例如，矩形内部的填充颜色。

⑤ gradient 标签。该标签以 android:type 设置 shape 形状的颜色渐变效果。渐变模式有三种，分别为 linear（线性渐变）、sweep（扫描渐变）、radial（径向渐变）。其中，linear 为默认渐变模式。

从本质上来说，ShapeDrawable 是一个继承自 Shape 的类，以 corners 标签为例，在 XML 文件中定义 ShapeDrawable 资源的代码如下。

```
<shape xmlns:android="http://schemas.android.com/apk/res/android">
    <corners
        android:radius="10dp"
        android:topLeftRadius="12dp"
        android:topRightRadius="12dp"
        android:bottomLeftRadius="12dp"
        android:bottomRightRadius="12dp" />
</shape>
```

上述代码定义了组件的圆角形状，第 1 行粗体字代码表示直接指定 4 个圆角的半径，第 2～5 行粗体字代码表示矩形 4 个角的圆角弧度。

（3）ClipDrawable 资源。在 Android 系统中，ClipDrawable 是一个可以控制图片显示区域的 Drawable 类资源，对应于 XML 文件中的＜clip＞标签。ClipDrawable 资源包含一个 setLevel()方法，其主要作用是根据自己当前的等级（level）来裁剪另一个 Drawable 资源。该方法通过 level 属性控制裁剪范围，其取值范围为[0,10 000]，level 的值越大，裁剪的内容越少，当 level 为 10 000 时完全显示，而 0 表示完全裁剪，即图片不可见。该方法还可以控制资源显示的方向，可以从左、右、中间展开显示，也可以从水平方向和垂直方向展开显示。在 Android Studio 中定义 ClipDrawable 资源的步骤如下：

第 1 步：在 res\values 文件夹上右击，在弹出的快捷菜单中选择 New | XML | Values XML File 选项，输入文件名"clipdrawable"，单击"确定"按钮。

第 2 步：打开 clipdrawable.xml 文件，以剪裁图片 image1 为例，修改文件内容，输入以下代码。

```
<?xml version="1.0" encoding="utf-8"?>
<clip xmlns:android="http://schemas.android.com/apk/res/android"
    android:drawable="@drawable/image1"
    android:clipOrientation="horizontal"
    android:gravity="right" >
</clip>
```

上述代码剪裁图片 image1，并设置剪裁后的显示方向及位置。第 1 行粗体字代码表示剪裁的图片来自于 drawable 目录下的名为 image1 的图片。第 2 行粗体字代码表示剪裁后的显示方向为水平方向。第 3 行粗体字代码表示图片靠右显示。

（4）AnimationDrawable 资源。在 Android 系统中，AnimationDrawable 是可以加载 Drawable 资源的帧动画。AnimationDrawable 是实现 Drawable animations 的基本类，既支持传统的逐帧动画（图片连续切换），也支持通过平移、变换计算出来的补间动画。定义补间动画以＜set…/＞元素作为根元素，该元素内可以指定如下四个元素。

① alpha：设置图片的透明度，可改变其数值。

② scale：设置图片的缩放比例，可改变其数值。

③ translate：将图片进行位移变换。

④ rotate：将图片进行旋转。

Android Studio 推荐使用 XML 方法实现 Drawable 动画，XML 文件存放在工程中 res\drawable\目录下，以＜animation-list＞元素为根结点，通过＜item＞结点定义每一帧，表示一个 Drawable 资源的帧和帧间隔，代码如下。

```
<animation-list xmlns:android=http://schemas.android.com/apk/res/android
    android:oneshot="true">
    <item android:drawable="@drawable/rocket_thrust1" android:duration="200" />
</animation-list>
```

上述代码定义了一个火箭发射场景的动画资源。第 1 行粗体字代码将 android:oneshot 属性设置为 true，表示此次动画只执行一次，并停留在最后一帧。若该属性设置为 false，则表示动画循环播放。第 2 行粗体字代码表示为动画资源添加 Image 背景，在触发的时候播放，间隔为 0.2s(200ms)。

（5）LayeredDrawable 资源。在 Android 系统中，LayerDrawable 与 StateListDrawable 类似，也包含一个 Drawable 类型的数组。在程序设计过程中，Android 系统会根据 Drawable 数组的索引大小重新绘制该对象，索引最大的 Drawable 对象将会被绘制在最上面。Android 系统推荐在 XML 文件中定义 LayerDrawable 对象，并可以指定如下属性。

① android:drawable 属性。该属性为 LayerDrawable 元素之一的 Drawable 对象。

② android:id 属性。该属性为 Drawable 对象的唯一标识符。

③ android:bottom 属性。该属性为一个度量值，用于指定将该 Drawable 对象放到目标组件底端的位置。

④ android:top 属性。该属性为一个度量值，用于指定将该 Drawable 对象放到目标组件顶端的位置。

⑤ android:left 属性。该属性为一个度量值,用于指定将该 Drawable 对象放到目标组件左侧的位置。

⑥ android:right 属性。该属性为一个度量值,用于指定将该 Drawable 对象放到目标组件右侧的位置。

运用 Android Studio 开发环境定义 LayeredDrawable 资源,其根元素为<layer-list>,该元素可以包含多个<item>元素,代码如下。

```xml
<?xml version="1.0" encoding="utf-8"?>
<layer-list xmlns:android="http://schemas.android.com/apk/res/android">
    <item>
        <bitmap
            android:src="@drawable/ic_launcher"
            android:gravity="center" />
    </item>
    <item android:top="25dp" android:left="25dp">
        <bitmap
            android:src="@drawable/ic_launcher"
            android:gravity="center" />
    </item>
    <item android:top="50dp" android:left="50dp">
        <bitmap
            android:src="@drawable/ic_launcher"
            android:gravity="center" />
    </item>
</layer-list>
```

上述代码中的粗体字代码部分表示在 layer-list 中定义了 3 个 item,每个 item 中包含一个 bitmap 类型的图片,该图片来自于 drawable 目录下的名为 ic_launcher 的图片,形成了包含 3 个元素的 drawable 数组。这 3 张图片层叠显示,Android 系统将根据图片所在数组的索引号,将第 3 个 item 中的图片显示在最上方,然后依次是第 2 张图片、第 1 张图片。

2）使用 Drawable 资源

Android Studio 开发环境中,使用 Drawable 资源包括 XML 文件和 Java 代码两种方式。XML 文件方式是指在 Android 项目的界面布局文件中引用 drawable 目录或 values 目录下的 XML 文件中已经定义好的各种类型的资源,包括图片资源、样式资源、主题资源等。下面将通过一个 StateListDrawable 资源的实例,详细阐述 Drawable 资源在 Android Studio 开发环境中的使用方法。

实例：使用 StateListDrawable 资源

在 Android Studio 开发环境中新建一个 Android 项目,将配套资源中的 title_button_red.png、title_button_green.png、title_button_blue.png 3 个图片文件复制到 res\drawable\目录下,并在该目录中新建一个 Drawable Resource file 文件,命名为"selector.xml",并输入以下代码。

```xml
<?xml version="1.0" encoding="utf-8"?>
<selector xmlns:android="http://schemas.android.com/apk/res/android">
    <item
```

```
        android:state_pressed="false"
        android:drawable="@drawable/title_button_red">
    </item>
    <item
        android:state_pressed="true"
        android:drawable="@drawable/title_button_green">
    </item>
    <item
        android:state_window_focused="false"
        android:drawable="@drawable/title_button_blue">
    </item>
</selector>
```

上述代码中,第 1 行、第 2 行粗体字代码表示当 ImageButton 组件抬起时,其背景显示 title_button_red 图片;第 3 行、第 4 行粗体字代码表示当 ImageButton 组件按下时,其背景显示 title_button_green 图片;第 5 行、第 6 行粗体字代码表示当离开 ImageButton 组件时,即窗体获得焦点时,按钮背景显示 title_button_blue 图片。接下来,编写 activity_main.xml 布局文件,在其中添加一个 ImageButton(图片按钮)组件,并将其背景设置为 selector.xml 文件中定义的内容,代码如下。

```
<?xml version="1.0" encoding="utf-8"?>
<RelativeLayout xmlns:android="http://schemas.android.com/apk/res/android"
    android:layout_height="wrap_content"
    android:layout_width="match_parent"
    android:layout_gravity="center">
    <ImageButton
        android:id="@+id/title_IB"
        android:layout_height="wrap_content"
        android:layout_width="wrap_content"
        android:background="@drawable/selector"
        android:layout_centerHorizontal="true"/>
</RelativeLayout>
```

上述代码在一个相对布局中定义了一个 ImageButton(图片按钮)组件,粗体字代码表示该按钮的初始状态的背景设置为 drawable 目录下的 selector.xml 文件中定义的按钮抬起状态。接下来,在 MainActivity.java 文件中编写 Java 代码,设置 ImageButton 按钮组件的三种状态。由于程序较长,此处仅给出 onCreate() 方法和 drawable 对象初始化方法。

```
@Override
protected void onCreate(Bundle savedInstanceState) {
    super.onCreate(savedInstanceState);
    setContentView(R.layout.activity_main);
    ImageButton button = (ImageButton) findViewById(R.id.title_IB);
    button.setBackground(initStateListDrawable());
}
```

在 onCreate() 方法中,第 1 行粗体字代码定义了一个名为 button 的图片按钮,并将其与 activity_main.xml 文件中定义的名为 title_IB 的 ImageButton 组件相关联。第 2 行粗体字代码表示调用 initStateListDrawable() 方法设置按钮的背景,表现为抬起、按下、离开三种状态。

```
private StateListDrawable initStateListDrawable() {
    StateListDrawable stalistDrawable = new StateListDrawable();
    int pressed = android.R.attr.state_pressed;
    int focused = android.R.attr.state_focused;
    stalistDrawable.addState(new int []{-pressed}, getResources().getDrawable
(R.drawable.title_button_red));
    stalistDrawable.addState(new int []{pressed}, getResources().getDrawable(R.
drawable.title_button_green));
    stalistDrawable.addState(new int []{-focused }, getResources().getDrawable
(R.drawable.title_button_blue));
     stalistDrawable.addState(new int []{}, getResources().getDrawable(R.
drawable.title_button_red));
    return stalistDrawable;
}
```

在 initStateListDrawable() 方法中，第 1~3 行粗体字代码表示 ImageButton 组件处于抑起、按下、离开三种状态时，该按钮背景分别为红色、绿色、蓝色。第 4 行粗体字代码表示，当 ImageButton 组件没有任何操作时，其背景默认显示红色。

6. 菜单资源

1）菜单的定义

为使 Android 软件的界面设计组件更加丰富，Android Studio 提供并支持三种类型的菜单：选项菜单、上下文菜单、子菜单。各菜单说明如下。

- 选项菜单（Option Menu）。当用户单击 Android 设备上的菜单按钮时触发该菜单，触发事件弹出的菜单就是选项菜单。该菜单最多显示 6 个菜单项，超过该数量即显示"更多"字样来展示菜单。
- 上下文菜单（Context Menu）。当用户长按 Activity 界面时触发该菜单，触发事件弹出的菜单称为上下文菜单。上下文菜单类似于 Windows 操作系统中用鼠标右击弹出的菜单。
- 子菜单（Sub Menu）。Android 系统中，子菜单就是将相同功能的分组进行多级显示的一种菜单。Android 系统的子菜单类似于 Windows 操作系统中的"文件"菜单的下一级"新建""打开""关闭"等。

（1）定义选项菜单。在 Android 系统中，创建选项菜单主要使用 XML 文件方式，需要在 Android Studio 开发环境中创建菜单资源的目录，其操作步骤如下。

第 1 步：在 Android Studio 开发环境的 res 目录上右击，在弹出的快捷菜单中选择 New|Android resource directory 选项，在弹出的对话框中设置菜单资源的名称，将 Resource type 选项设置为 menu，单击 OK 按钮进入下一步操作。

第 2 步：此时，Android Studio 开发环境的 res 目录下已经生成了 menu 菜单目录，在该目录上右击，在弹出的快捷菜单中选择 New|Menu resource directory 选项，在弹出的对话框中输入菜单的名称，例如 optionmenu，单击 OK 按钮，可以看到 menu 目录下面生成了 optionmenu.xml 菜单文件。

第 3 步：打开 optionmenu.xml 文件，输入以下代码，生成具体的菜单项。

```
<menu xmlns:android="http://schemas.android.com/apk/res/android">
    <item android:id="@+id/query_item"
        android:title="查询"/>
    <item android:id="@+id/refresh_item"
        android:title="刷新"/>
</menu>
```

上述代码定义了两个菜单项"查询"和"刷新"。第 1 行和第 2 行粗体字代码表示设置菜单项的名称为"query_item"，菜单项文字显示"查询"。第 3 行和第 4 行粗体字代码表示设置菜单项的名称为"refresh_item"，菜单项文字显示"刷新"。至此，选项菜单就定义好了。

（2）定义上下文菜单。Android 系统中，长按住某个组件（View），在该组件中间弹出的菜单即上下文菜单（ContextMenu）。一个 Activity 组件只可能有一个选项菜单（OptionMenu），但 Activity 中可能包含多个 View 组件，这些 View 组件可以根据实际需求设置多个上下文菜单，操作步骤如下。

第 1 步：在 Android Studio 开发环境的 res\menu 目录下新建一个 XML 文件，命名为"contextmenu.xml"。

第 2 步：打开 contextmenu.xml 文件，输入以下代码，创建上下文菜单。

```
<?xml version="1.0" encoding="utf-8"?>
<menu xmlns:android="http://schemas.android.com/apk/res/android">
    <item android:title="增加"
        android:id="@+id/add_item" />
    <item android:title="删除"
        android:id="@+id/del_item" />
</menu>
```

上述代码定义了"增加"和"删除"两个上下文菜单项。第 1 行粗体字代码表示设置菜单项文字为"增加"，第 2 行粗体字代码表示设置菜单项文字为"删除"。

第 3 步：在 MainActivity.java 文件中，重写 onCreateContextMenu（）方法，将 contextmenu 设置为上下文菜单，代码如下。

```
@Override
public void onCreateContextMenu(ContextMenu menu, View v, ContextMenu.ContextMenuInfo menuInfo) {
    getMenuInflater().inflate(R.menu.contextmenu,menu);
    super.onCreateContextMenu(menu, v, menuInfo);
}
```

上述代码中，粗体字代码部分表示生成上下文菜单。其中，getMenuInflater()方法用于实例化菜单对象，inflate()方法用于生成菜单项，该方法包含两个参数，第 1 个参数是 menu 目录下的 contextmenu.xml 文件，该文件对应 R 类中的 contextmenu 常量。

（3）定义子菜单。Android 系统中，子菜单就是将相同功能的菜单分组，并进行多级显示的一种菜单。需要注意的是，Android 系统的子菜单中是不能再添加下一级子菜单的，定义子菜单的步骤如下。

第 1 步：在 Android Studio 开发环境的 res\menu 目录下新建一个 XML 文件，命名为

"submenu.xml"。

第 2 步：打开 submenu.xml 文件，输入以下代码，创建子菜单。

```
<menu xmlns:android="http://schemas.android.com/apk/res/android">
    <item
        android:id="@+id/file"
        android:title="文件">
        <menu>
            <item
                android:id="@+id/create_new"
                android:title="新建"/>
            <item
                android:id="@+id/open"
                android:title="打开"/>
        </menu>
    </item>
</menu>
```

上述代码中，外层的<item>…</item>标签中定义了第 1 级菜单，其菜单组件名称为 file，显示文字为"文件"。该层内部的<menu>…</menu>标签中定义了 file 菜单的子菜单，包括两个菜单项。第 1 行和第 2 行粗体字代码表示第 1 个子菜单项的名称为"create_new"，文字显示为"新建"。第 3 行和第 4 行粗体字代码表示第 2 个子菜单项的名称为"open"，文字显示为"打开"。

第 3 步：重写 Activity 的 onCreateOptionMenu()方法，调用 Menu 的 addSubMenu()方法添加子菜单项(Sub Menu)，代码如下。

```
@Override
public boolean onCreateOptionsMenu(Menu menu) {
    SubMenu file = menu.addSubMenu("文件");
    file.add(0, ITEM1,0,"新建");
    file.add(0, ITEM2, 0, "打开");
    return true;
}
```

上述代码重写了 onCreateOptionsMenu()方法，添加了一个菜单项和两个子菜单项。第 1 行粗体字代码表示添加菜单项"文件"，第 2 行和第 3 行粗体字代码表示在"文件"菜单中增加"新建"和"打开"两个子菜单项，并指定子菜单项不包含下一级菜单。

2）菜单的使用

(1) 使用选项菜单。一般情况下，在 Android 系统中使用选项菜单需在 Java 代码文件中重写菜单的相关方法。例如，响应菜单单击事件等，代码如下。

```
@Override
public boolean onOptionsItemSelected(@NonNull MenuItem item) {
    int v = item.getItemId();
    if (v==R.id. query_item){
        Toast.makeText(this, "单击查询菜单", Toast.LENGTH_SHORT).show();
    }else if (v==R.id.refresh_item){
        Toast.makeText(this, "单击刷新菜单", Toast.LENGTH_SHORT).show();
```

```
    }
    return super.onOptionsItemSelected(item);
}
```

上述代码重写了 menu 菜单的单击事件,第 1 行粗体字代码表示重写 onOptionsItemSelected()方法,该方法用于响应选择菜单项时的单击事件。第 2 行和第 3 行粗体字代码分别表示单击了 menu 菜单中的"查询"菜单项和"刷新"菜单项。

(2) 使用上下文菜单。在 Android 系统中,使用上下文菜单需在 Java 代码中重写相关方法,当长按某组件时,弹出 XML 文件中定义好的菜单项。例如,当长按标签组件时,弹出上述定义的"增加"菜单或"删除"菜单,程序代码如下。

```
@Override
public void onCreateContextMenu(ContextMenu menu, View v, ContextMenu.ContextMenuInfo
menuInfo) {
    MenuInflater inflater=new MenuInflater(this);    //实例化 MenuInflater 对象
    inflater.inflate(R.menu. contextmenu ,menu);     //解析菜单文件
    menu.setHeaderTitle("选择操作:");                  //为菜单头设置标题
}
```

上述代码重写了菜单组件的 onCreateContextMenu()方法,用于生成上下文菜单项。第 1 行粗体字代码表示根据 contextmenu.xml 文件中定义的两个菜单项("增加"和"删除")显示菜单项的内容。第 2 行粗体字代码表示为弹出的菜单设置一个标题。上下文菜单项生成后,需响应其单击事件,代码如下。

```
@Override
public boolean onContextItemSelected(MenuItem item) {
    switch (item.getItemId()){
        case R.id.add_item:
            Toast.makeText(this, "单击增加菜单", Toast.LENGTH_SHORT).show();
            break;
        case R.id.del_item:
            Toast.makeText(this, "单击删除菜单", Toast.LENGTH_SHORT).show();
            break;
        default:
            Toast.makeText(this, "请选择菜单项", Toast.LENGTH_SHORT).show();
    }
    return true;
}
```

上述代码重写了选择上下文菜单时的响应事件,第 1 行粗体字代码中的"onContextItemSelected"表示重写的方法名称。第 2~4 行粗体字代码采用"switch…case"结构,在 R 文件中获取在 XML 文件中定义好的菜单项的 ID,并弹出对应的消息框。

(3) 使用子菜单。在 Android 系统中,子菜单根据已经定义好的选项菜单,生成下一级菜单项。使用子菜单需在 Java 代码文件中重写 onOptionsItemSelected()方法,响应各菜单项的单击事件,代码如下。

```
@Override
public boolean onOptionsItemSelected(MenuItem item) {
```

```
if(item.getItemId()==R.id.file)
    Toast.makeText(this, "一级菜单【文件】", Toast.LENGTH_SHORT).show();
else{
    if(item.getGroupId()==R.id.group1){
        if(item.getGroupId()==1)
            Toast.makeText(this, "【打开】菜单", Toast.LENGTH_SHORT).show();
        else
            Toast.makeText(this, "【新建】菜单", Toast.LENGTH_SHORT).show();
    }
}
return true;
}
```

上述代码根据 XML 文件中定义的 file 菜单（一级菜单），在其下级生成"打开"与"新建"两个子菜单项。第 1 行粗体字代码表示，判断当前菜单项是否为第一级菜单。第 2 行粗体字代码判断当前菜单是否为第二级子菜单，其中，"item.getGroupId"表示获取子菜单项的 id，若为 1 表示"打开"菜单，若为 2 表示"新建"菜单。

7. 样式和主题资源

1）Android 样式资源

（1）样式（Style）资源的概念。在 Android 系统中，样式是一种简单的资源类型，是指为 View 类型的组件或窗口指定外观和格式的属性集合。样式资源定义了 Android 应用的格式和 UI 外观，一个样式文件能够应用于一个独立的 View 对象，或是整个 Activity，甚至是整个应用程序。样式资源包含以下两个重要属性。

① name 属性。该属性用于指定样式的名称，被用作资源 ID，是样式资源的唯一标识符。

② parent 属性。是指该样式继承的父样式。当某个样式继承父样式时，该样式将获得父样式中定义的全部格式，同时该样式自身的属性也可以覆盖父样式。

（2）样式资源的定义。在 Android 系统中，样式资源保存在 res\values\styles.xml 中。在该样式文件中，使用 name 属性提供的值来引用样式资源，通过＜resources＞…＜/resources＞标签元素，指定高度、填充、字体颜色、字号、背景色等多种属性。通过＜style＞…＜/style＞标签元素将样式资源与其他的资源组合到一个 XML 文件中，以指定不同 XML 资源在布局文件中的定义。典型的 Android 样式文件代码如下。

```
<?xml version="1.0" encodeing="utf-8"?>
<resource>
    <style name="CustomFont" parent="@android:style/TextAppearance.Medium">
        <item name="android:layout_width">match_parent</item>
        <item name="android:layout_height">wrap_content</item>
        <item name="android:textColor">#0f0f0f</item>
    </style>
</resource>
```

上述代码中的粗体字代码在＜style＞元素中定义了名为"CustomFont"的样式资源，该样式继承自父样式"TextAppearance.Medium"，该父样式表示文本的显示大小为中等大小。

此外,可以通过"."符号继承父样式,并在继承的基础上进行属性修改。例如,以下代码表示继承上述 CustomFont 样式。

```xml
<?xml version="1.0" encodeing="utf-8"?>
<resouce>
    <style name="CustomFont.CodeFont">
        <item name="android:textColor">#FF0000</item>
    </style>
</resouce>
```

上述代码中,粗体字代码部分表示定义了一个新样式 CodeFont,代码"CustomFont. CodeFont"表示该样式继承自 CustomFont 样式。

(3) 样式资源的使用。在 Android 系统中,样式资源可在单个组件、Activity 窗口、Application 中使用。对于单个组件中使用样式资源,需在布局文件中添加 style 属性。例如,以下代码将上述 CodeFont 样式应用于 TextView 组件,并显示文字"Hello World"。

```xml
<TextView
    style="@style/CodeFont"
    android:text="Hello Wrold"/>
```

对于在 Activity 窗口或 Application 中使用样式的情况,需在 AndroidManifest.xml 文件中为<activity>或者<application>元素添加 android:theme 属性。例如,下列代码表示不显示程序标题栏。

```
android:theme="@android:style/Theme.NoTitleBar"
```

上述代码表示在 Activity 中应用 Android 系统自带的样式,其中的粗体字部分代码表示无标题栏。

2) Android 主题资源

(1) 主题(Theme)资源的概念。主题资源从本质上来讲,是 Android 系统的一种风格。与 Android 系统中的样式不同的是,Android 系统的主题并非是对某个 View 组件的应用样式,而是对整个 Activity 组件,甚至是整个应用程序(Application)的应用样式。当应用主题资源时,Activity 或 Application 中的每个组件(或视图)都将支持主题的各个属性。Android 系统中,常用的主题风格如下。

- android:theme="@android:style/Theme.Dialog" 将一个 Activity 显示为对话框模式。
- android:theme="@android:style/Theme.NoTitleBar" 不显示应用程序标题栏。
- android:theme="@android:style/Theme.NoTitleBar.Fullscreen"全屏且不显示应用程序标题栏。
- android:theme="Theme.Light"背景为白色。
- android:theme="Theme.Light.NoTitleBar"白色背景且无标题栏。
- android:theme="Theme.Light.NoTitleBar.Fullscreen"白色背景、无标题栏、全屏。
- android:theme="Theme.Black" 背景为黑色。
- android:theme="Theme.Black.NoTitleBar" 黑色背景且无标题栏。

- android:theme="Theme.Black.NoTitleBar.Fullscreen" 黑色背景、无标题栏、全屏。
- android:theme="Theme.Wallpaper" 用系统桌面作为应用程序背景。
- android:theme="Theme.Wallpaper.NoTitleBar" 用系统桌面作为应用程序背景，且无标题栏。
- android:theme="Theme.Wallpaper.NoTitleBar.Fullscreen" 用系统桌面作为应用程序背景，无标题栏，全屏。
- android:theme="Translucent"窗体为半透明。
- android:theme="Theme.Translucent.NoTitleBar" 半透明、无标题栏。
- android:theme="Theme.Translucent.NoTitleBar.Fullscreen" 半透明、无标题栏、全屏。

（2）主题资源的定义。在 Android 系统中，可以设置 View 组件、Activity、Application 的主题。这些主题资源可以在 res\values\styles.xml 中定义，也可以在 res\values\themes.xml 中定义。与样式定义类似，主题资源也支持继承。例如，parent="Theme.MaterialComponents.DayNight.DarkActionBar"表示继承 Android 系统自带的父主题。定义主题资源的步骤如下。

第 1 步：在 Android Studio 开发环境的 res\values 目录下，新建 styles.xml 文件。

第 2 步：打开 styles.xml 文件，输入以下代码。

```
<style name="AppTheme" parent="Theme.AppCompat.Light.DarkActionBar">
    <item name="colorPrimary">@color/colorPrimary</item>
    <item name="colorPrimaryDark">@color/colorPrimaryDark</item>
    <item name="colorAccent">@color/colorAccent</item>
</style>
```

上述代码中，粗体字代码部分表示定义了名为"AppTheme"的主题资源，该主题继承自父主题"Theme.AppCompat.Light.DarkActionBar"。

（3）主题资源的使用。Android 系统中，可以在 AndroidManifest.xml 文件或 Java 代码文件中使用主题资源。在 AndroidManifest.xml 文件的"application"标签中，通过代码"@style/AppTheme"引用上述 styles.xml 文件中的主题资源，代码如下。

```
<application
    android:theme ="@style/AppTheme"
    tools:targetApi="31">
</application>
```

上述代码中的粗体字代码部分以"android:theme"属性引用了 styles.xml 文件中名为"AppTheme"的主题资源。此外，也可以在 Java 代码文件中引用该主题资源，代码如下。

```
protected void onCreate(Bundle savedInstanceState) {
    super.onCreate(savedInstanceState);
    setContentView(R.layout.activity_main);
    setTheme(R.style.AppTheme);
}
```

上述代码中的粗体字部分代码表示在 Activity 文件的 onCreate（）方法中，运用 setTheme（）方法引用主题资源。该方法的参数"R.style.AppTheme"表示引用 R 资源文件中名为"AppTheme"的主题资源常量。

1.4.3　任务实战：设置智能家居项目资源

1. 任务描述

运用 Android Studio 4.1 设置智能家居项目的各类资源,要求如下。

（1）应用名称。将智能家居应用程序的标题设置为中文"智能家居系统"。

（2）应用图标。将智能家居系统应用程序的图标设置为配套资料中的"smarthome.png",将界面中各组件(按钮)设置为如表 1.5 所示的图标。

表 1.5　智能家居系统界面中的图标

图 标 名 称	对 应 组 件	图 标 名 称	对 应 组 件
co2.png	二氧化碳监测按钮	right.png	摄像头右移按钮
fire.png	烟雾火焰监测按钮	down.png	摄像头下移按钮
temp.png	温湿度监测按钮	query.png	消息对话框的信息图标
monitor.png	视频监控按钮	error.png	消息对话框的错误图标
play.png	播放按钮	warning.png	消息对话框的警告图标
stop.png	停止按钮	system.png	关于系统按钮图标
left.png	摄像头左移按钮	user.png	切换用户按钮图标
up.png	摄像头上移按钮	exit.png	退出系统图标

（3）应用程序主题。设置智能家居应用程序主题的名称为"Smarthome",继承 Theme. MaterialComponents.DayNight.DarkActionBar 父主题。

（4）设置字符串资源。设置智能家居项目中的各类字符串资源,见表 1.6。

表 1.6　智能家居字符串资源

字符串名称	字符串内容
app_name	智能家居系统
username	用户名
password	密码
invalid_username	无效的用户名
invalid_password	无效的密码
login_failed	登录失败,请检查用户名及密码
switch_user	切换用户
about	关于系统
exit	退出系统

（5）设置尺寸资源。设置智能家居项目中的各组件在水平方向和垂直方向上的间距均

为 16dp。

（6）设置菜单。在智能家居系统的主界面（MainActivity）中设置选项菜单，包括"切换用户""关于系统""退出系统"3 个菜单项。

2. 任务分析

根据任务描述，设置应用程序的标题和字符串资源，需在 values\strings.xml 文件中，按照表 1.6 添加相应的字符串，若 strings.xml 文件不存在，则需要新建。设置应用程序及界面组件的图标，需要将配套资源中提供的图标素材，按照表 1.5 的对应关系，复制到智能家居项目工程的 drawable 目录下，然后在相应的 XML 文件中引用图片资源。设置程序的主题需首先在 themes.xml 文件中调协主题资源，然后在 AndroidManifest.xml 文件中引用该主题。调协尺寸资源需要在 dimens.xml 文件中添加 name 属性和资源内容，其中，尺寸资源的 name 属性可以自行指定。设置选项菜单需要在 menu.xml 文件中添加 3 个菜单项，然后在 XML 文件或 Java 代码中引用菜单资源。

3. 任务实施

打开 Android Studio 开发环境，设置 AndroidManifest.xml、Drawable 资源、字符串资源、图片资源、尺寸资源、样式与主题，操作步骤如下。

（1）设置字符串资源。在 Android Studio 开发环境中，打开 res\values\strings.xml 文件，按照如表 1.7 所示的内容，在该文件的＜resources＞…＜resources＞标签内输入以下粗体字部分代码。

```
<resources>
    <string name="app_name">智能家居系统</string>
    <string name="username">用户名</string>
    <string name="password">密码</string>
    <string name="invalid_username">无效的用户名</string>
    <string name="invalid_password">无效的密码</string>
    <string name="login_failed">登录失败,请检查用户名及密码。</string>
</resources>
```

上述粗体字代码定义了 6 个字符串资源。其中，name 属性表示定义的字符串名称，＜string＞…＜/string＞标签内的文字表示字符串内容。

表 1.7　常用的 HTML 标记

HTML 元素	文字效果
＜b＞、＜em＞	粗体
＜i＞、＜cite＞、＜dfn＞	斜体
＜big＞	文本放大 25%
＜small＞	文本缩小 20%
＜font face="font_family"color="hex_color"＞	设置字体属性
＜tt＞	设置等宽字体系列

续表

HTML 元素	文 字 效 果
＜s＞、＜strike＞、＜del＞	删除线
＜u＞	下画线
＜sup＞	上标
＜sub＞	下标
＜ul＞、＜li＞	列表标记
＜br＞	换行符
＜div＞	区隔标记
＜span style＝"color|background_color"＞	CSS 样式

（2）设置图片资源。打开 Android Studio 开发环境,将配套资源中的本任务的图片,按照如表 1.5 所示的内容,复制到 res\drawable 目录中。注意,添加图片资源时,文件名首字母应小写。添加完成后,双击某图片资源文件,例如 co2.png,若能打开并显示图片内容,则表示添加图片资源成功。

图片资源添加完成后,打开 AndroidManifest. xml 文件,在＜application＞…＜/application＞标签中的 android:icon 属性修改为"@drawable/smarthome",表示引用图片资源中的 smarthome.png 图片作为应用程序的图标,将光标悬停在代码上,可以看到如图 1.22 所示的应用程序图标。

图 1.22　设置应用图标

（3）设置样式资源。打开 Android Studio 开发环境,在 res\drawable 目录下新建一个 boundline.xml 文件,该文件用于界面的形状和边框样式,代码如下。

```
<?xml version="1.0" encoding="utf-8"?>
<shape xmlns:android="http://schemas.android.com/apk/res/android"
    android:shape="rectangle" >
    <solid android:color="#ffffff" />
    <stroke android:width="1dp" android:color="#65c294"/>
</shape>
```

上述代码中，第 1 行粗体代码表示将界面形状设置为矩形；第 2 行粗体字代码表示将矩形的内部颜色设置为白色（♯ffffff）；第 3 行粗体字代码表示将矩形的边框线型设置为连续线型，线条宽度为 1dp，线条颜色为青绿色（♯65c294）。

（4）设置尺寸资源。在 Android Studio 开发环境中，打开 res\values\dimens.xml 文件。若该文件不存在，则可以新建一个 XML 文件，命名为 dimens。在 dimens.xml 文件的 ＜resources＞…＜resources＞标签内，输入如下表示组件间距的代码。

```
<resources>
    <dimen name="activity_horizontal_margin">16dp</dimen>
    <dimen name="activity_vertical_margin">16dp</dimen>
</resources>
```

上述代码中的粗体字代码中的 name 属性表示水平方向和垂直方向的间距名称，分别为"activity_horizontal_margin"和"activity_vertical_margin"，数值均为 16dp。

（5）设置菜单资源。在 Android Studio 开发环境中，打开 res\values\menu.xml 文件，若无此文件，在 res\values 目录上右击，在弹出的快捷菜单中选择 New｜Android resource directory 选项，新建一个 menu 类型的 XML 文件。在该文件中输入以下代码，生成"切换用户""关于系统""退出系统"3 个菜单项。

```
<menu xmlns:android="http://schemas.android.com/apk/res/android">
    <item
        android:id="@+id/switch_item"
        android:title="切换用户" />
    <item
        android:id="@+id/about_item"
        android:title="关于系统"/>
    <item
        android:id="@+id/switch_item"
        android:title="退出系统" />
</menu>
```

上述代码中的粗体字代码部分定义了 switch_item、about_item、exit_item 三个选项菜单，分别表示"切换用户""关于系统""退出系统"。其中的 id 关键字用于定义菜单项的名称，title 关键字用于定义菜单项显示的文字内容。

1.4.4　任务拓展：设置字符串资源的格式

在设置字符串资源的过程中，还可以使用 HTML 标记设置字符的格式，如加粗、倾斜、下画线等。常用的 HTML 标记见表 1.7。

打开 Android Studio 开发环境，在 res\values\strings.xml 文件中的＜resources＞…＜/resources＞标签中，增加一行代码如下。

```
<?xml version="1.0" encoding="utf-8"?>
<resources>
    <string name="welcome">欢迎使用<b>智能家居系统</b>!</string>
</resources>
```

上述代码定义了一个名为"welcome"的字符串资源，显示文字"欢迎使用智能家居系统!"。其中,"智能家居系统"位于标签…中,表示将该文字设置为粗体。接下来,在 activity_main.xml 文件中添加一个 TextView 组件,输入以下代码。

```
<TextView
    android:id="@+id/txtSmart"
    android:layout_width="wrap_content"
    android:layout_height="wrap_content"
    android:text="@string/welcome" />
```

上述代码定义了一个名为"txtSmart"的标签组件,粗体字代码部分表示该标签组件的文字内容引用了 res\values\strings.xml 文件中定义的 welcome 字符串资源,可以看到界面中的文字"智能家居系统"是粗体显示的,如图 1.23 所示。

欢迎使用**智能家居系统**!

图 1.23　格式化的字符串

上述程序在字符串资源的基础上加入了字体格式设置,使部分文字显示为粗体。读者可以根据表 1.7 所示的字符格式标记,加入更多的格式元素,使字符串资源的格式更加丰富。

1.5　项目总结与评价

1.5.1　项目总结

本项目主要阐述了智能家居项目的规划与设计方法,包括总体设计、项目结构设计、项目资源设计 3 个方面。在总体设计中,主要阐述了智能家居系统的功能、Android Studio 开发环境的使用,以及数据库设计。在项目结构中,主要阐述了智能家居项目工程的各类文件,包括界面文件、代码文件、资源文件、配置文件,以及第三方库文件。在资源设计中,主要阐述了 Android 系统中的各种资源类型以及使用方法,包括字符串资源、颜色资源、尺寸资源、数组资源、Drawable 资源、菜单资源,以及样式和主题资源等。本项目的知识点与技能点总结如下。

(1) Android Studio 与 SDK 的安装路径中不要包含中文字符,否则配置开发环境时会出现错误。

(2) Android Studio 中的 JDK 开发环境可以使用默认版本,也可以使用第三方软件安装的版本。

(3) Android Studio 开发环境与 Android 设备连接,可以使用 USB 数据线,也可以通过 WiFi 连接。

(4) Android Studio 开发环境连接 MySQL 数据库、传感器,需导入用于连接的 jar 包文件。

(5) Android Studio 中导入的 jar 包文件需转换为 Android 系统支持的库文件后才能正常使用。

(6) Android Studio 的 assets 目录中的资源文件不会在 R 文件中生成资源 ID,也不会被编译到 APP 中。

(7) Android Studio 中定义的资源,可以通过 XML 文件调用,也可以通过 Java 文件调用。

1.5.2　项目评价

本项目包括"Android Studio 安装、配置""搭建智能家居项目框架结构""智能家居数据库设计""设置智能家居项目资源"几个实战任务。各任务点的评价指标及分值见表 1.8，任务共计 20 分。读者可以对照项目评价表，检验本项目的完成情况。

表 1.8　智能家居系统总体设计任务完成度评价表

实 战 任 务	评 价 指 标	分值	得分
Android Studio 安装、配置	版本：Android Studio 为 2021.3.1	0.5	
	JDK：Android Studio 默认	0.5	
	SDK：API21、API32、API33 下载并安装完成	1.0	
	NDK 工具、C 语言编译工具、USB 调试工具	1.0	
	用户信息表（users）结构	0.5	
	设备信息表（devices）结构	0.5	
	系统参数表（params）结构	0.5	
搭建智能家居项目框架结构	Android 工程名称：SmartHome	0.5	
	智能家居项目标题：智能家居系统	0.5	
	最小 SDK：Android 5.0	0.5	
	目标 SDK：Android 12L	0.5	
	开发 SDK：Android 12L	0.5	
	5 个 Activity 界面及对应的布局文件	0.5	
	5 个第三方库文件	0.5	
	4 个 Android 系统权限	1.0	
智能家居数据库设计	创建数据库 smarthome	0.5	
	创建数据表 users	0.5	
	创建数据表 settings	0.5	
	Android Studio 连接 smarthome 数据库	0.5	
	使用 Android Studio 添加数据	0.5	
设置智能家居项目资源	应用程序图标：smarthome.png	0.5	
	16 个界面组件图标	4	
	应用程序主题：DarkActionBar	0.5	
	9 个字符串资源	2	
	2 个尺寸资源：组件的水平间距和垂直间距	1	
	3 个选项菜单：切换用户、关于系统、退出系统	0.5	

智能家居项目界面设计

【项目概述】

本项目主要针对智能家居系统架构中的 Activity 界面,运用适当的界面组件,设计智能家居 APP 的各个界面,包括系统登录界面、系统主界面、环境监测界面、参数设置界面、视频监控界面和设备控制界面。在界面设计过程中,需要设置合理的布局方式,适当运用图片、文本、界面样式等项目资源。本项目的学习思维导图如图 2.1 所示。

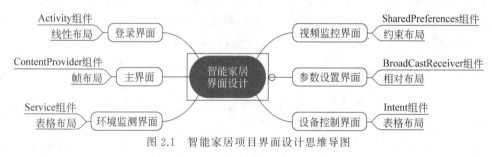

图 2.1　智能家居项目界面设计思维导图

【学习目标】

本项目的总体目标是,通过运用 Android Studio 集成开发环境和 XML 建立智能家居系统界面,掌握以 XML 代码方式和 Java 代码方式设计 Activity 界面的方法,以及合理运用界面布局设置图片、文本、界面样式等项目资源的方法。本项目的知识、能力、素质三维目标如下。

1. 知识目标

(1) 掌握 XML 的语法结构。

(2) 掌握 Java 语言中类的概念。

(3) 掌握新建 Activity 界面的文件结构。

(4) 掌握 Android 系统的 6 种界面布局方式。

(5) 掌握常用的 Android 系统界面设计组件。

2. 能力目标

(1) 能运用 XML 和 Java 语言设计 Android 系统界面。

（2）能合理运用项目资源设计界面布局。

（3）能合理设置 Android 界面组件的属性。

3. 素质目标

（1）具备良好的整体性与协调性。

（2）培养严谨、细致的工作态度。

2.1　智能家居系统登录界面设计

2.1.1　Activity 与 Intent 组件

1. Activity 组件的概念

Activity 即"活动"，是 Android 系统的四大组件之一，其主要作用是提供屏幕交互。在 Android 系统中，每个 Activity 都会获得一个用于绘制其用户界面的窗口，窗口可以充满屏幕，也可以小于屏幕并浮动在其他窗口之上。一个完整的 Android 应用程序通常由多个彼此松散联系的 Activity 组成，一般会指定应用中的某个 Activity 为主活动，当 APP 启动时，该 Activity 将首先呈现给用户。

2. Activity 的生命周期

Activity 作为四大组件之首，其使用频率非常高，明确其生命周期就显得非常重要。一个 Activity 组件从产生到销毁的过程响应事件如下。

（1）onCreate 事件。该事件表示创建某个 Activity，在创建过程中可以执行初始化事件。例如，初始化成员变量、加载布局资源等。

（2）onRestart 事件。该事件表示正在重新启动某个 Activity，此时的 Activity 正在由不可见状态重新转变为可见状态。

（3）onStart 事件。该事件表示正在启动某个 Activity，此时的 Activity 在后台运行，为不可见状态。

（4）onResume 事件。该事件表示 Activity 处于运行状态，已经在 Android 系统的前台显示。

（5）onPause 事件。该事件表示某个 Activity 正在停止运行，此时仍然可以做一些存储数据、停止活动等操作，但不宜太耗时。因为只有此事件执行完毕，新的 Activity 才会获得运行的权限。

（6）onStop 事件。该事件表示 Activity 处于停止状态，可以执行资源回收工作，但同样不能太耗时。

（7）onDestroy 事件。该事件表示 Activity 被销毁，其所占用的资源被释放，由系统回收机制回收。

3. 建立 Activity

智能家居系统具有多个功能，也就是说，有多个 Activity 活动。新建的 Android Studio 项目默认包含一个 MainActivity，因此，需要添加其余的 Activity 文件，步骤如下。

步骤 1：在 Android Studio 中新建一个工程项目，切换到 Project 视图，选中 Java 目录文件。

步骤 2：单击菜单 File|New|Activity，其中提供了多个 Activity 模板，可以使用这些模板创建 Activity 文件。选择 Empty Activity（空白窗体）作为新建的 Activity 窗体。

步骤 3：在弹出的对话框中，输入窗体名称、是否为启动项等，单击 Finish 按钮完成创建。

步骤 4：Activity 窗体添加完成后，打开 AndroidManifest.xml 文件，观察 Activity 是否存在。

4. 配置 Activity

对 Android 系统而言，通常情况下会将某个 Activity 设置为默认启动的 Activity。该 Activity 作为应用的入口，会在 Android 桌面上显示应用图标和名字，当用户从桌面上单击应用图标，就会启动默认的 Activity。要将 Activity 设为默认启动，需要在 AndroidManifest.xml 文件中添加以下内容。

```
<application>
    <activity android:name=".MainActivity">
        <intent-filter>
            <action android:name="android.intent.action.MAIN" />
            <category android:name="android.intent.category.LAUNCHER" />
        </intent-filter>
    </activity>
</application>
```

上述代码中，第 1 行粗体字代码表示添加的 Activity 的名称为 MainActivity，即主窗体；第 2 行粗体字代码表示 MainActivity 窗体是可以跳转调用的；第 3 行粗体字代码表示将 MainActivity 设置为启动窗体，其中的 LAUNCHER 即为设置启动项。

当配置了默认 Activity 的应用安装之后就会在桌面上显示一个图标和名字。其中，图标由 android：icon 属性配置，名字则由 android：label 属性配置。一般来说，都会在 AndroidManifest 的 Application 结点下配置这两个属性，代码如下。

```
<application
    android:allowBackup="true"
    android:icon="@mipmap/app_icon"
    android:label="@string/app_name"
    android:supportsRtl="true"
    android:theme="@style/AppTheme">
</application>
```

上述代码中，第 1 行粗体字代码表示将应用程序的图标设置为 mipmap 目录下的名为 "app_icon" 的图片。第 2 行粗体字代码表示将应用程序的标题名称设置为 strings.xml 文件中名为 "app_name" 的字符串。需要说明的是，Android 应用的图标和标题文字是可以修改的，图标可以使用 drawable 目录下的图片，标题文字可以使用 strings.xml 文件中的其他字符串。

5. Intent 对象

（1）Intent 的概念。Intent 的中文意思是"意图、意向"，用于在 Android 四大组件（Activity、Service、BroadcastReceiver、ContentProvider）之间互相调用、协调工作，是各组件之间通信的桥梁。在 Android 系统中，可以将 Intent 形象地比作一个运载工具，将数据运载到四大组件所需要执行的地方。在运载数据的过程中，需要一些特定的设备（例如 Bundle 组件）提供支持，最后以上下文（Context）的方式来启动 APP 中的另一个组件（通常指 Activity）。

（2）Intent 的作用。Intent 常用于启动 APP 中的 Activity 组件，还可以启动 Service 组件，以及发送广播等。在 Android 系统中，Intent 的主要作用如下。

① 启动 Activity 组件。将 Intent 对象传递给 startActivity()方法或 startActivityForResult()方法以启动一个 Activity，该 Intent 对象包含要启动的 Activity 的信息及其他必要的数据。

② 启动 Service 组件。将 Intent 对象传递给 startService()方法或 bindService()方法以启动一个 Service，该 Intent 对象包含要启动的 Service 的信息及其他必要的数据。

③ 发送广播。将 Intent 对象传递给 sendBroadcast()方法或 sendOrderedBroadcast()方法或 sendStickyBroadcast()方法以发送自定义广播。

（3）Intent 的属性。Intent 对象包含 ComponentName、Action、Category、Data、Type、Extra、Flag 七种属性。通过属性设置，可以启动指定的组件，各属性说明如下。

① ComponentName 属性。该属性指定了要启动的 Android 组件的名称，这种方式被称为显式 Intent。没有指定 ComponentName 属性，而是根据 Intent 指定的规则去启动符合条件的组件方式被称为隐式 Intent。

② Action 属性。该属性是指 Intent 要完成的动作，通常是一个字符串常量。在 Intent 类中，定义了大量的 Action 常量属性，例如，ACTION_CALL（打电话）、ACTION_EDIT（编辑数据）、ACTION_BATTERY_LOW（低电量广播 Action）等。

③ Category 属性。该属性为 Action 增加额外的附加类别信息。CATEGORY_LAUNCHER 意味着在加载程序的时候 Activity 出现在最上面，而 CATEGORY_HOME 表示页面跳转到 HOME 界面。

④ Data 属性。该属性表现为一个 Uri 对象，通常和 Action 属性配合使用，主要用于向 Action 属性提供操作的数据。Data 属性中常用的 Uri 格式如下：scheme://host：port/path。

⑤ Type 属性。该属性通常与 Action 属性及 Data 属性配合使用，主要用于启动 Android 系统内置组件的代码。其中，Data 属性所指定的 Uri 应符合 MIME 类型，其格式为"abc/xyz"。

⑥ Extra 属性。该属性通常与 Action、Data、Type 属性结合使用，通过 intent.putExtra（键，值）的形式在多个 Activity 之间进行数据交换。

⑦ Flag 属性。该属性使用位操作来判断启动的组件是否具有该标志，可在 Android 组件中增加标志或者去除标志。

6. Intent 的使用

在 Android 系统中,可以使用 Intent 启动 Activity、发送短信、发送邮件、启动摄像机拍照录视频、设置闹铃、打开 WiFi 设置界面等,具体使用如下。

(1) 启动 Activity。使用 Intent 启动 Activity 的方式分为显式与隐式两种。其中,显式启动需指定 Activity 组件的名称,隐式启动需结合 action 属性和 category 属性使用。显式启动的代码如下。

```
Intent intent = new Intent(FirstActivity.this, SecondActivity.class);
startActivity(intent);
```

上述代码实现了从 FirstActivity 到 SecondActivity 的跳转。第 1 行粗体字代码明确指明了两个 Activity 组件的 ComponentName 属性(Activity 的名称),即"FirstActivity"和"SecondActivity",故称为显式 Intent 方式。隐式 Intent 方式则较为复杂,其步骤如下。

第 1 步:在 AndroidManifest. xml 文件中找到 SecondActivity 的注册位置,在 ＜Activity＞…＜/Activity＞标签中加入以下代码。其中,action 表示组件启动的方式,category 表示执行何种类型的组件启动。

```
<intent-filter>
    <action android:name="com.example.myapplication.MY_TEST"/>
    <category android:name="android.intent.category.DEFAULT"/>
</intent-filter>
```

第 2 步:在 FirstActivity.java 文件中加入以下代码,启动 SecondActivity。

```
Intent intent = new Intent("com.example.myapplication.MY_TEST");
startActivity(intent);
```

经过这两个步骤,组件启动时可以不用明确指定组件的名称,因此被称为隐式 Intent 方式。该方式通过 action 和 category 属性可以启动多种类型的组件,使用较为灵活。读者可以根据实际需求,选择一种组件启动方式。

(2) 发送短信。在 Android 系统中,发送短信需使用 action 的 Intent. ACTION_SENDTO 方法,并且要指定其 Uri 是"smsto:"协议。该协议可以保证将 Intent 对象的数据发送给指定的应用程序接收,从而准确实现发送短信的目的。action 的另外一个方法 Intent.ACTION_SEND 也可以用于发送 Intent 对象,但该方法未指定"smsto:"协议,那么 Android 在接收到 Intent 对象之后不会直接启动短信应用,而是弹出 App Chooser,让用户选择要启动哪个应用,如电子邮件、QQ 等。使用 Intent 发送短信的代码如下。

```
Intent intent = new Intent(Intent.ACTION_SENDTO);
Uri uri = Uri.parse("smsto:10086");
intent.setData(uri);
intent.putExtra("sms_body", "欢迎使用智能家居系统!");
ComponentName componentName = intent.resolveActivity(getPackageManager());
if(componentName != null)
    startActivity(intent);
```

上述代码中,第 1 行粗体字代码表示使用 Uri 的 parse()方法解析发送字符串,smsto

协议发送短信,10086 即使用中国移动的短信协议。第 2 行粗体字代码表示调用 Intent 对象的 setData()方法将 Uri 中的字符串写入到 Intent 对象中。第 3 行粗体字代码表示调用 Intent 对象的 putExtra()方法,将"欢迎使用智能家居系统!"字符串输出到 Intent 对象的 Extra 属性中。第 4 行粗体字代码表示启动发送短信的程序。

(3) 发送邮件。与发送短信类似,使用 Intent 对象发送邮件也要使用 action 属性的 Intent.ACTION_SENDTO 方法,并且要指定其 Uri 是"mailto:"协议。在 Android 系统中,通过 key 为 Intent.EXTRA_EMAIL、Intent.EXTRA_CC 和 Intent.EXTRA_BCC 的 extra 属性,依次设置邮件的接收方、抄送方、密送方,其数据均以 String 数组存储。通过 key 为 Intent.EXTRA_SUBJECT 的 extra 设置邮件标题,通过 key 为 Intent.EXTRA_TEXT 的 Extra 设置邮件内容。如果想发送附件,可以将附件封装成 Uri 的形式,然后通过 key 为 Intent.EXTRA_STREAM 的 Extra 设置邮件附件。使用 Intent 发送邮件的代码如下。

```java
Intent intent = new Intent(Intent.ACTION_SENDTO);
Uri uri = Uri.parse("mailto:");
intent.setData(uri);
String[ ] addresses = {"user1@126.com", "user2@126.com"};
String[ ] cc = {"administrator@126.com"};
String[ ] bcc = {"superadmin@126.com"};
String subject = "智能家居";
String content = "欢迎使用智能家居系统!";
intent.putExtra(Intent.EXTRA_EMAIL, addresses);
intent.putExtra(Intent.EXTRA_CC, cc);
intent.putExtra(Intent.EXTRA_BCC, bcc);
intent.putExtra(Intent.EXTRA_SUBJECT, subject);
intent.putExtra(Intent.EXTRA_TEXT, content);
ComponentName componentName = intent.resolveActivity(getPackageManager());
if(componentName != null){
    startActivity(intent);
}
```

上述代码中,第 1~3 行粗体字代码定义了 3 个字符串数组,分别表示收件人地址、抄送地址、密送地址。第 4 行和第 5 行粗体字代码定义了两个字符串,分别表示邮件主题、邮件内容。第 6~10 行粗体字代码调用了 Intent 对象的 putExtra()方法,分别将上述 5 个邮件项目输出到 Extra 属性中。

(4) 拨打电话。在 Android 系统中,使用 Intent 对象拨打电话需要使用 action 的 Intent.ACTION_DIAL 和 Intent.ACTION_CALL 常量。如果使用 Intent.ACTION_DIAL 作为 Intent 对象的 action,在执行 startActivity(intent)之后,会启动 Android 系统中的电话应用程序,并且可以自动输入指定的手机号,但不会自动拨打,需要手动单击"拨打"按钮。如果使用 Intent.ACTION_CALL 作为 Intent 对象的 action,在执行 startActivity(intent)之后,会启动打电话应用,并且直接拨打指定的手机号,无须手动单击"拨打"按钮。需要注意的是,使用 Intent 拨打电话需要在 AndroidManifest.xml 文件中添加 android.permission.CALL_PHONE 权限,否则在执行 startActivity(intent)代码的时候,会抛出异常,应用崩溃退出,程序代码如下。

```java
Intent intent = new Intent(Intent.ACTION_CALL);
```

```
Uri uri = Uri.parse("tel:10086");
intent.setData(uri);
ComponentName componentName = intent.resolveActivity(getPackageManager());
if(componentName != null){
    startActivity(intent);
}
```

上述代码中,第 1 行粗体字代码表示调用 Intent 类的构造方法,定义 intent 对象。Intent 构造方法的参数为拨打电话的常量 Intent.ACTION_CALL,该常量表示可以自动拨打指定的电话号码。

(5) 拍摄照片。使用 Android 设备拍摄照片,需要通过 Intent 启动 Android 系统自带的摄像机。在 Android 系统中启动摄像机,需要首先将 Intent 对象的 action 属性的值设置为常量 MediaStore.ACTION_IMAGE_CAPTURE,该常量用于获取图片信息;然后将 Intent 对象的 extra 属性值设置为常量 MediaStore.EXTRA_OUTPUT,该常量用于设置图片输出的路径;最后调用 startActivityForResult( ) 方法以启动摄像机应用,重写 onActivityResult()方法完成拍摄照片,程序代码如下。

```
PackageManager pm = getPackageManager();
if(pm.hasSystemFeature(PackageManager.FEATURE_CAMERA)){
    Intent intent = new Intent(MediaStore.ACTION_IMAGE_CAPTURE);
    ComponentName componentName = intent.resolveActivity(pm);
    if(componentName != null){
        File imageFile = createImageFile();
        if(imageFile != null){
            imageOutputUri = Uri.fromFile(imageFile);
            intent.putExtra(MediaStore.EXTRA_OUTPUT, imageOutputUri);
            startActivityForResult(intent, REQUEST_CODE_IMAGE_CAPTURE);
        }else{
            Toast.makeText(this, "无法创建图像文件。", Toast.LENGTH_LONG).show();
        }
    }else{
        Toast.makeText(this, "未找到 Camera 应用。", Toast.LENGTH_LONG).show();
    }
}else{
    Toast.makeText(this, "本机没有摄像头,无法拍照!", Toast.LENGTH_LONG).show();
}
```

上述代码中,第 1 行粗体字代码定义了一个 Android 系统的应用程序对象,其中,PackageManager 用于获取已安装的应用程序信息。第 2 行粗体字代码使用 action 属性的常量 ACTION_IMAGE_CAPTURE 定义了一个 Intent 对象。第 3 行粗体字代码定义了一个文件对象 imageFile,用于创建图像文件。第 4 行粗体字代码表示根据 imageFile 对象生成对应图片的 Uri 信息。第 5 行粗体字代码表示利用图片的 Uri 作为拍摄完成后照片的存储路径。第 6 行粗体字代码表示用 startActivityForResult()方法启动摄像机应用,并在该方法中处理拍摄照片的响应事件。

(6) 拍摄视频。使用 Android 设备拍摄视频与拍摄照片类似,需要通过 Intent 启动 Android 系统自带的摄像机。首先将 Intent 对象的 action 属性的值设置为常量

MediaStore.ACTION_VIDEO_CAPTURE,该常量用于获取视频信息；然后将 Intent 对象的 extra 属性值设置为常量 MediaStore.EXTRA_OUTPUT,该常量用于设置视频输出的路径；最后调用 startActivityForResult()方法以启动摄像机应用，重写 onActivityResult()方法完成拍摄视频，程序代码如下。

```
PackageManager pm = getPackageManager();
Intent intent = new Intent(MediaStore.ACTION_VIDEO_CAPTURE);
ComponentName componentName = intent.resolveActivity(pm);
if(componentName != null){
    File videoFile = createVideoFile();
    if(videoFile != null){
        videoOutputUri = Uri.fromFile(videoFile);
        intent.putExtra(MediaStore.EXTRA_OUTPUT, videoOutputUri);
        startActivityForResult(intent, REQUEST_CODE_VIDEO_CAPTURE);
    }else{
        Toast.makeText(this, "无法创建视频文件!", Toast.LENGTH_LONG).show();
    }
}else{
    Toast.makeText(this, "未在本机找到 Camera 应用,无法摄像!", Toast.LENGTH_LONG).
show();
}
```

上述代码中，第 1 行粗体字代码定义了一个 Android 系统的应用对象，其中，PackageManager 用于获取已安装的摄像机应用程序信息。第 2 行粗体字代码使用 MediaStore 类的常量 ACTION_IMAGE_CAPTURE 定义了一个名为 intent 的对象。第 3 行粗体字代码定义了一个文件对象 videoFile，用于创建视频文件。第 4 行粗体字代码表示根据 videoFile 对象生成保存视频文件的 Uri 路径信息。第 5 行粗体字代码表示利用视频的 Uri 路径作为拍摄完成后的存储路径。第 6 行粗体字代码表示用 startActivityForResult()方法启动摄像机应用，并在该方法中处理拍摄视频的响应事件。

2.1.2　Android 系统线性布局

1. 线性布局的概念

在 Android 程序设计中，线性布局（LinearLayout）是一种较为常用且简单的布局方式。在线性布局中，所有组件都在垂直方向或水平方向上按照线性顺序排列在界面上。若组件是垂直排列，每个组件占据一行，若组件是水平排列，则每个组件占据一列。线性布局支持布局样式嵌套，可实现复杂的布局样式。

2. 线性布局的常用属性

线性布局的父类是 ViewGroup 类，其常用属性包括布局方向、对齐方式、布局宽度、布局高度等。

（1）orientation 属性。该属性为布局方向属性，在线性布局中，组件排列有水平和垂直两个方向，组件排列方向由 android:orientation 属性来控制，该属性需要加在 LinearLayout 标记的属性中。android:orientation = "horizontal"表示组件在界面中按水平方向排列，

android:orientation＝"vertical"表示组件在界面中按垂直方向排列。

（2）gravity 属性。该属性表示线性布局本身的对齐方式。在线性布局中，默认状态下，其组件是从左往右排列或从上往下排列。若要使组件排列对齐右边缘或者底部，可以用 gravity 属性控制。gravity 属性具有 left、right、center、top、bottom 五个值，分别表示左对齐、右对齐、居中对齐、顶端对齐、底端对齐五种对齐方式。gravity 属性通过 android：gravity 设置，五种对齐方式可以组合使用。例如，android:gravity＝"right|bottom"表示组件在界面中右对齐，同时底端对齐。

（3）layout_width 属性。该属性表示线性布局的宽度。在线性布局中，layout_width 属性是必须设置的，不可或缺，否则 Android Studio 会给出错误提示，但 layout_height 属性是可以省略的。该属性通过 android:layout_with 设置，包含两个常量"match_parent"和"wrap_conent"。例如，android:layout_with＝"match_parent"表示布局的宽度充满整个 Android 设备的屏幕；android:layout_with＝"wrap_conent"表示布局的宽度根据其中组件的宽度自适应变化。此外，线性布局的宽度也可以指定具体的数值，例如，android:layout_with＝"100dp"表示该布局的宽度为 100dp。

（4）layout_height 属性。该属性表示线性布局的高度，其含义与 layout_width 属性基本一致，此处不再赘述。

（5）layout_weight 属性。该属性用于设置组件在界面中占据的比例。在线性布局中，为了使界面更加美观、整齐，需要在水平方向或垂直方向上设置不同组件占据的比例。在这种情况下，就需要使用 layout_weight 属性。该属性以整型数据表示各组件占据的比例大小，数值越小，占据的比例越大。例如，在水平方向有两个 TextView 组件，第 1 个 TextView 组件采用 android:layout_weight＝"1"，第 2 个 TextView 组件采用 android:layout_weight＝"2"，可以看到第 1 个 TextView 占据了 2/3，如图 2.2 所示。

图 2.2　layout_weight 属性

需要注意的是，按比例显示 LinearLayout 内各个组件，水平方向需设置 android:layout_width＝"0dp"，竖直方向需设置 android:layout_height＝"0dp"。在这种情况下，某个组件在界面中占用的比例按照以下公式计算：本组件的 weight 值/LinearLayout 内所有组件的 weight 值之和。

3. 线性布局的定义与使用

在 Android 系统中，线性布局可以使用 XML 方式定义，也可以采用 Java 代码方式定义。XML 方式是指在 res\layout 目录下的 XML 布局文件中定义布局方式，例如，activity_main.xml 文件。Java 代码方式是指在 Activity 文件中定义布局方式，例如，MainActivity.java 文件。Java 代码方式定义线性布局还需引入线性布局的头文件，例如，代码"import android.widget.LinearLayout;"表示引入 Android 系统中 android.widget 类（组件类）中的线性布局。在 XML 文件中定义线性布局的代码如下。

```
<? xml version="1.0" encoding="utf-8"?>
```

```
<LinearLayout xmlns:android="http://schemas.android.com/apk/res/android"
    xmlns:tools="http://schemas.android.com/tools"
    android:layout_width="match_parent"
    android:layout_height="wrap_content "
    android:orientation="horizontal"
    tools:context=".MainActivity">
    <Button
        android:layout_width="100dp"
        android:layout_weight="1"
        android:layout_height="wrap_content"
        android:text="Button" />
    <Button
        android:layout_weight="1"
        android:layout_width="wrap_content"
        android:layout_height="wrap_content"
        android:text="Button" />
</LinearLayout>
```

上述代码定义了一个线性布局,其中包含两个 Button(按钮)组件。第1行粗体字代码表示该线性布局按照水平方向排列组件。第2行粗体字代码和第3行粗体字代码将两个按钮的 weight 属性均设置为1,表示这两个按钮在界面中的水平方向上平均分布。接下来,在 MainActivity.java 文件的 onCreate()方法中输入以下代码。

```
import android.widget.LinearLayout;
import android.widget.LinearLayout.LayoutParams;
LinearLayout.LayoutParams layte = new LinearLayout.LayoutParams(
    LinearLayout.LayoutParams.WRAP_CONTENT,
    LinearLayout.LayoutParams.WRAP_CONTENT
);
layte.addRule(LinearLayout.CENTER_HORIZONTAL);
```

上述代码重新设置了 LinearLayout 的布局方式。第1行粗体字代码表示引入线性布局类的头文件;第2行粗体字代码表示引用线性布局类中的布局参数类(LayoutParams)的头文件;第3行粗体字代码定义了名为 layte 的线性布局参数对象,并设置了宽度和高度属性;第4行粗体字代码表示在该线性布局中增加一个在水平方向上居中(LinearLayout.CENTER_HORIZONTAL)的规则。程序运行效果如图 2.3 所示。

图 2.3　线性布局中的按钮

2.1.3　登录界面常用组件

1. 标签(TextView)组件

(1) TextView 组件的概念与属性。在 Android 系统中,TextView 组件用于显示字符串的内容,是 Android 设备屏幕上显示的一块文本区域。TextView 是一个文本显示组件,是不能编辑的,其基类是 View 类,其子类 EditText 是可以编辑的。TextView 组件的常用属性如下。

- layout_width 属性。该属性表示 TextView 组件的宽度,其度量单位是 dp。
- layout_height 属性。该属性表示 TextView 组件的高度,其度量单位是 dp。
- id 属性。该属性表示 TextView 组件的名称,在 R 类文件中为 ID 常量。
- text 属性。该属性表示 TextView 组件显示的文本内容。
- textStyle 属性。该属性用于设置 TextView 组件的字体风格。
- textSize 属性。该属性用于设置 TextView 组件的字体大小,其单位一般为 sp。
- textColor 属性。该属性用于设置 TextView 组件的字体颜色。
- background 属性。该属性用于设置 TextView 组件的背景颜色或背景图片。
- gravity 属性。该属性用于设置 TextView 组件中内容的对齐方向。

(2) TextView 组件的使用。在 Android 程序设计中,使用 TextView 组件可以通过 XML 方式和 Java 代码方式。XML 方式在 layout 目录下的布局文件中,通过 android:<属性>=<"属性值">的结构,在<TextView>…</TextView>标签中,定义 TextView 组件。例如,以下代码定义了 TextView 的跑马灯效果。

```
<TextView
    android:id="@+id/txtOne"
    android:layout_width="200dp"
    android:layout_height="200dp"
    android:gravity="center"
    android:text="显示标签"
    android:textColor="#00FF00"
    android:textStyle="bold|italic"
    android:background="#000000"
    android:textSize="18sp" />
```

上述代码中,TextView 组件的名称为 txtOne,宽度和高度均为 200dp,文本对齐方式为中央居中,文本文字为"显示标签",字体颜色为绿色,字体风格为加粗且斜体,背景颜色为白色,字体大小为 18sp。接下来,在 Java 代码文件中,将该 TextView 组件的背景设置为 drawable 目录下的图片,代码如下。

```
import android.widget.TextView;
TextView txtOne = (TextView)findViewById(R.id.txtOne);
Drawable pic = ContextCompat.getDrawable(getContext(), res);
txtOne.setCompoundDrawables(pic, null, null, null);
```

上述代码中,第 1 行代码表示导入 TextView 组件所需的类;第 2 行代码定义了一个名为 txtOne 的 TextView 类型的变量,并与布局文件中的 txtOne 标签组件相关联;第 3 行代码定义了名为 pic 的 Drawable 类型的变量,表示图片类型;第 4 行代码将图片添加到 txtOne 组件中,设置为背景图片,如图 2.4 所示。

2. 文本框(EditText)组件

(1) EditText 组件的概念与属性。在 Android 程序设计中,EditText 是常用的组件,也

图 2.4 TextView 组件中的图片

是非常重要的组件。EditText 组件可以输入数据，也可以显示数据，是用户和 Android 应用进行数据传输的窗户。EditText 组件继承自 TextView 类，故 TextView 组件的方法和属性同样存在于 EditText 中，其常用属性如下。

- android:layout_gravity 属性。该属性用于设置 EditText 组件的位置，其值有 top、bottom、left、right、center_vertical、fill_vertical、center_horizontal、fill_horizontal、center、fill、clip_vertical、clip_horizontal、start、end。

- android:gravity 属性。该属性用于设置 EditText 组件的文字对齐方式，其值同 android:layout_gravity，此处不再赘述。

- android:layout_width 属性。该属性用于设置 EditText 组件的宽度，可以设置为 wrap_content（自适应）、match_parent（填充父窗体），以及自定义宽度。

- android:layout_height 属性。该属性用于设置 EditText 组件的高度，可以设置为 wrap_content（自适应）、match_parent（填充父窗体），以及自定义高度。

- android:visibility 属性。该属性用于设置 EditText 组件是否在界面上显示，有三个值：visible、invisible、gone。其中：visible 是默认值，表示 EditText 组件可见；invisible 表示 EditText 组件不可见，但会在界面上绘制出组件的位置，占据一定的 UI 空间；gone 表示控件不可见，也不占用 UI 空间。

- android:maxLength 属性。该属性用于设置 EditText 组件中文字的最大长度。

- android:maxLines 属性。该属性用于设置 EditText 组件中显示文字的最大行数。

- android:maxEms 属性。该属性用于设置 EditText 组件每行最大的字符数。

- android:text 属性。该属性用于设置 EditText 组件的文字内容。

- android:textColor 属性。该属性用于设置 EditText 组件中文字的颜色。

- android:textSize 属性。该属性用于设置 EditText 组件中文字的大小，以 sp 为单位。

- android:fontFamily 属性。该属性用于设置 EditText 组件中文字的字体样式。

- android:hint 属性。该属性用于设置 EditText 组件中无文字时的提示语。

- android:textColorHint 属性。该属性用于设置 EditText 组件中文字颜色的提示语。

- android:textStyle 属性。该属性用于设置 EditText 组件中文字的样式，其值为 normal、bold、italic、bold|italic。

（2）EditText 组件的使用。在 Android 程序设计中，使用 EditText 组件可以通过

XML 方式和 Java 代码方式。XML 方式在 layout 目录下的布局文件中,通过 android:＜属性＞＝＜"属性值"＞的结构,在＜EditText＞…＜/EditText＞标签中,设置 EditText 组件的属性。例如,以下代码隐藏了文本框的软键盘。

```
<EditText
    android:id= "@+id/editTextId"
    android:layout_width= "match_parent"
    android:layout_height= "50dp"
    android:imeOptions= "actionDone"
    android:hint= "@string/task_new_one"
    android:textSize= "15sp"
    android:singleLine= "true"
    android:paddingLeft= "5dp"
    android:layout_gravity= "center"
    android:background= "@drawable/rectangle"
    android:inputType= "text" />
```

上述代码定义了在 EditText 组件中输入回车键隐藏输入键盘的方法。粗体字代码部分表示,将 EditText 的 imeOptions 属性设置为 android:imeOptions＝"actionDone",则无论该 EditText 组件是否为最后一个 EditText,在其中单击回车键即隐藏输入法。在 Java 代码中使用该 EditText 组件的代码如下。

```
EditText inputText = (EditText) findViewById(R.id. editTextId);
inputText.setImeOptions(EditorInfo.IME_ACTION_DONE);
inputText.setOnEditorActionListener(new EditText.OnEditorActionListener() {
    @Override
    public boolean onEditorAction(TextView v, int actionId, KeyEvent event){
        if (actionId == KeyEvent.ACTION_DOWN ||actionId == EditorInfo.IME_ACTION
_DONE) {
            return true;
        }
        return false;
    }
});
```

上述代码定义了 EditText 组件中输入法的监听事件,粗体字部分代码表示隐藏软键盘。此处需要注意的是,setOnEditorActionListener()方法,并不是在单击 EditText 的时候触发,也不是在对 EditText 进行编辑时触发,而是在编辑完之后单击软键盘上的回车键时才会触发。

3. 图片(ImageView)组件

(1) ImageView 组件的概念及属性。在 Android 程序设计中,ImageView 是非常重要的组件,常用于加载 drawable 目录下的资源,包括图片资源、图像资源、Drawable 资源,以及图片渲染调色、图片缩放剪裁等。在 Android 系统中,ImageView 组件继承自 android. view.View 类,其父类中的方法和属性同样存在于 ImageView 组件中,其常用属性如下。

① android:adjustViewBounds 属性。该属性用于设置 ImageView 组件的边界以保持图片的长宽比。

② android:maxHeight 属性。该属性用于设置 ImageView 组件的最大高度。需要注意的是，使用本属性需要设置 android:adjustViewBounds 属性值为 true，否则不起作用。

③ android:maxWidth 属性。与 maxHeight 属性类似，该属性用于设置 ImageView 组件的最大宽度。需要注意的是，使用本属性同样需要设置 android:adjustViewBounds 属性值为 true，否则不起作用。

④ android:scaleType 属性。该属性用于设置 ImageView 组件的缩放方式，其值可选，如下。

- matrix 值，即 ImageView.ScaleType.MATRIX，表示使用矩阵变换方式进行缩放。
- fitXY 值，即 ImageView.ScaleType.FIT_XY，表示对图片横向、纵向独立缩放，使得该图片完全适应 ImageView 组件的大小，图片的纵横比可能会改变。
- fitStart 值，即 ImageView.ScaleType.FIT_START，表示保持纵横比缩放图片，直到该图片能完全显示在 ImageView 中，缩放完成后该图片位于 ImageView 组件的左上角。
- fitCenter 值，即 ImageView.ScaleType.FIT_CENTER，表示保持纵横比缩放图片，直到该图片能完全显示在 ImageView 中，缩放完成后该图片位于 ImageView 组件的中央。
- fitEnd 值，即 ImageView.ScaleType.FIT_END，表示保持纵横比缩放图片，直到该图片能完全显示在 ImageView 中，缩放完成后该图片位于 ImageView 组件的右下角。
- center 值，即 ImageView.ScaleType.CENTER，表示图片位于 ImageView 中央，但不进行任何缩放。
- centerCrop 值，即 ImageView.ScaleType.CENTER_CROP，表示保持纵横比缩放图片，以使得图片能完全覆盖 ImageView 组件。
- centerInside 值，即 ImageView.ScaleType.CENTER_INSIDE，表示保持纵横比缩放图片，以使得 ImageView 组件能完全显示该图片。

⑤ android:src 属性。该属性用于设置 ImageView 组件所显示的 Drawable 对象的 ID。例如，设置显示保存在 res\drawable 目录下的名称为 flower.jpg 的图片，可以将属性值设置为 android:src="@drawable/flower"。

⑥ android:tint 属性。该属性用于设置 ImageView 组件图片的颜色，其属性值可以是"#rgb""#argb""#rrggbb"或"#aarrggbb"表示的颜色值。例如，"#FF0000"表示红色。

（2）ImageView 组件的定义及使用。在 Android 程序设计中，使用 ImageView 组件可以通过 XML 方式和 Java 代码方式。XML 方式在 layout 目录下的布局文件中，通过"android:src=图片资源路径"的结构，在<ImageView…/>标签中，指定图片路径。例如，以下代码将程序图标放置于 ImageView 组件中。

```
<ImageView
    android:id="@+id/imview"
    android:layout_width="match_parent"
    android:layout_height="wrap_content"
    android:src="@drawable/ic_launcher" />
```

上述代码定义了名为"imview"的图片组件,粗体字部分代码表示将 drawable 目录下的名为"ic_launcher"的图片设置为该图片组件的 src 属性的值。接下来,在 Java 代码中设置 ImageView 组件中显示的图片,程序代码如下。

```
ImageView imageview;
@Override
protected void onCreate(Bundle savedInstanceState) {
    super.onCreate(savedInstanceState);
    setContentView(R.layout.activity_main);
    imageview=(ImageView)findViewById(R.id.imview);
    imageView.setScaleType(ScaleType.FIT_CENTER);
}
```

上述代码在 Java 代码文件中设置了 ImageView 组件的 scaleType 属性。第 1 行粗体字代码表示定义一个名为"imageview"的 ImageView 类型的组件;第 2 行粗体字代码表示将定义的"imageview"组件与 XML 布局文件中的名为"imview"的组件相关联;第 3 行粗体字代码表示保持纵横比缩放图片,并将图片显示在 ImageView 组件的中央部分,如图 2.5 所示。

图 2.5　ImageView 组件中的图片

4. 按钮(Button)组件

(1) Button 组件的概念及属性。在 Android 程序设计中,Button 是使用频率非常高的组件之一,其主要作用是响应用户的单击事件。Button 组件继承自 TextView 类,其父类中的方法和属性同样存在于 Button 组件中。Button 组件的属性较为简单,易于使用,常用属性如下。

- android:drawable 属性。该属性用于设置 Button 组件的 Drawable 资源,例如,显示按钮图标。
- android:drawableTop 属性。该属性用于将 Drawable 资源显示在 Button 组件文本的上方。
- android:drawableBottom 属性。该属性用于将 Drawable 资源显示在 Button 组件文本的下方。
- android:drawableLeft 属性。该属性用于将 Drawable 资源显示在 Button 组件文本的左侧。
- android:drawableRight 属性。该属性用于将 Drawable 资源显示在 Button 组件文本的右侧。
- android:text 属性。该属性用于设置 Button 组件的文本。
- android:textColor 属性。该属性用于设置 Button 组件文本的颜色。

- android:textSize 属性。该属性用于设置 Button 组件的文本字体大小。
- android:background 属性。该属性用于设置 Button 组件的背景。
- android:onClick 属性。该属性用于设置 Button 组件的单击事件。

（2）Button 组件的定义及使用。

在 Android 程序设计中，Button 组件可以通过 XML 方式或 Java 代码方式使用。XML 方式在 layout 目录下的布局文件中，通过"android:＜属性名＞="属性值""的结构，在 ＜Button＞…＜/Button＞标签中，设置 Button 组件的属性。例如，以下代码设置了 Button 组件的文字、图片资源和响应事件。

```
<Button
    android:id="@+id/btn"
    android:layout_width="wrap_content"
    android:layout_height="wrap_content"
    android:text="@string/button_text"
    android:drawableLeft="@drawable/button_icon"
    android:onClick="sendMessage" />
```

上述代码定义了一个名为"btn"的按钮组件。第 1 行粗体字代码表示设置该按钮的文字为 values\strings.xml 文件中定义的名为"button_text"的字符串；第 2 行粗体字代码表示设置该按钮的图片资源为 drawable 目录下的名为"button_icon"的图片，且该图片显示在文字的左侧。第 3 行粗体字代码表示定义该按钮组件的响应事件，其名称为"sendMessage"。接下来，在 Java 代码文件中，使用该 Button 组件，响应其单击事件，代码如下。

```
@Override
protected void onCreate(Bundle savedInstanceState) {
    super.onCreate(savedInstanceState);
    setContentView(R.layout.layout_main);
    Button btn1 = (Button) findViewById(R.id.btn);
    btn1.setOnClickListener(this);
}
```

上述代码重写了 onCreate 事件，定义了 btn 按钮的响应事件。第 1 行粗体字代码表示定义一个名为"btn1"的按钮组件，并将其与上述 XML 文件中定义的 btn 按钮组件相关联；第 2 行粗体字代码表示 btn1 按钮的监听事件，主要用于监听单击该按钮时的用户操作。响应按钮组件的单击事件还可以采用以下代码。

```
public void sendMessage(View view) {
    Toast.makeText(this, "单击了 btn 按钮", Toast.LENGTH_SHORT).show();
}
```

上述代码定义了 btn 组件的单击事件的 sendMessage() 方法，该事件已经在 XML 布局文件中以代码 android:onClick="sendMessage" 的形式定义，程序运行如图 2.6 所示。此处需要注意的是，当某个按钮组件定义了"setOnClickListener"单击事件的监听器，同时在 XML 文件中以 android:onClick="事件名称"的形式定义了单击事件的方式，监听器的优先级高于 android:onClick 属性，也就是说，sendMessage() 方法中输出的字符串"单击了 btn 按钮"可能不会被执行。

图 2.6　Button 按钮发送消息

2.1.4　任务实战：智能家居系统登录界面设计

1. 任务描述

运用 Android Studio 开发环境和设计素材，设计智能家居登录界面，如图 2.7 所示，具体要求如下：

图 2.7　登录界面

（1）登录界面无标题栏，全屏显示。

（2）界面上方显示智能家居图标，图标的下方显示文字"智能家居"。

（3）用户名和密码分两行显示，分别显示其图标，密码采用密文显示。

（4）密码的下方分两行显示"登录""注册"和"退出"按钮，按钮的形状为圆角矩形，显示三态。

（5）按钮的下方显示"第三方应用登录"。

（6）"第三方应用登录"的下方显示手机、微信、QQ 三个图标。

2. 任务分析

根据任务描述，界面布局总体采用线性布局方式。智能家居系统的登录界面无标题栏，应在 themes.xml 文件中设置 style 属性，采用 NoActionBar 类型的样式文件。界面中显示的图标均位于 drawable 目录下，应将配套资料中的图标文件复制到该目录下，然后在布局文件中引用图标文件。密码采用密文的形式，应设置 android：inputType 属性为 txtPassword。此处需要注意的是，在本版本的 Android Studio 开发环境中，android：Password 属性已经过时，系统不再支持，应以 inputType 属性代替。此外，为使界面更加整齐、美观，各组件之间运用 margin 属性设置间隔距离。

3. 任务实施

在 Android Studio 开发环境中，设置 themes.xml 文件和登录界面的布局文件 activity_login.xml，具体的操作步骤如下。

（1）设置登录界面的 style 属性。打开 themes.xml 文件，修改 style 属性的代码如下。

```
<style name="Theme.Smarthome" parent="Theme.Design.NoActionBar">
```

上述代码重新定义了登录界面的样式。"Theme.Smarthome"表示智能家居项目采用的样式名称，"Theme.Design.NoActionBar"表示该样式的父类，NoActionBar 表示该样式无标题栏、状态栏、任务栏。接下来，在 AndroidManifest.xml 文件中的＜application＞…＜/application＞标签中，通过 android：theme="@style/Theme.Smarthome"设置界面样式。

（2）实现登录界面背景。将配套资料中的 loginback.png 图片复制到智能家居项目的 drawable 目录下，此图片作为登录界面的背景。打开 activity_login.xml，将布局方式改为线性布局，代码如下。

```
<?xml version="1.0" encoding="utf-8"?>
<LinearLayout xmlns:android="http://schemas.android.com/apk/res/android"
    xmlns:tools="http://schemas.android.com/tools"
    android:background="@drawable/loginback"
    android:layout_width="match_parent"
    android:layout_height="match_parent"
    android:orientation="vertical"
    tools:context=".LoginActivity" >
    <!-->此处为界面组件代码<-->
</LinearLayout>
```

上述代码通过＜LinearLayout＞…＜/LinearLayout＞将原有布局修改为线性布局方式。第 1 行粗体字代码表示该线性布局的背景为 drawable 目录下名为"loginback"的图片；第 2 行粗体字代码表示将布局方向设置为垂直方向；第 3 行粗体字代码采用"＜! -->注释语句＜-->"表示注释语句。

（3）实现登录界面 LOGO 图标。将配套资料中的 logosmarthome.png 图片复制到智能家居项目的 drawable 目录下，此图片作为登录界面的 LOGO 图标。打开 activity_login.xml 文件，在＜LinearLayout＞…＜/LinearLayout＞中输入以下代码。

```
<LinearLayout
    android:layout_width="match_parent"
    android:layout_height="wrap_content"
    android:layout_marginTop="60dp"
    android:orientation="vertical">
    <ImageView
        android:layout_width="100dp"
        android:layout_height="100dp"
        android:layout_gravity="center_horizontal"
        android:src = "@drawable/logosmarthome"/>
    <TextView
        android:layout_width="match_parent"
        android:layout_height="wrap_content"
        android:gravity="center"
        android:text="@string/app_name"
        android:textSize="20sp"
        android:textStyle="bold"/>
</LinearLayout>
```

上述代码在布局文件的线性布局中,嵌套了一个线性布局,其中包括图片组件 (ImageView)和标签组件(TextView)。其中,ImageView 用于显示智能家居图标 LOGO, TextView 用于在 LOGO 下方显示文字"智能家居"。第 1 行粗体字代码表示嵌套的线性布局距离界面顶端为 60dp;第 2 行粗体字代码表示嵌套的线性布局中的组件按垂直方向排列;第 3 行粗体字代码表示图片组件在布局的水平方向居中;第 4 行粗体字代码表示图片组件显示的图片来自于 drawable 目录下名为"logosmarthome"的图片;第 5 行粗体字代码表示 TextView 组件中的文字居中显示;第 6 行粗体字代码表示 TextView 组件中的文字来自于 strings.xml 文件中名为"app_name"的字符串。

(4) 实现输入用户名和密码的组件。将配套资料中的 username.png 图片和 password.png 图片复制到智能家居项目的 drawable 目录下,这两张图片分别作为用户名和密码的图标。打开 activity_login.xml 文件,在上述<LinearLayout>…</LinearLayout>的下方,再加入一个线性布局,在其中的水平方向上添加一个用户图标和一个 EditText 组件,用于输入用户名,代码如下。

```
<LinearLayout
    android:layout_width="match_parent"
    android:layout_height="wrap_content"
    android:layout_marginTop="60dp">
    <ImageView
        android:id="@+id/userlogo"
        android:layout_width="30dp"
        android:layout_height="60dp"
        android:layout_marginLeft="40dp"
        android:src="@drawable/username" />
    <EditText
        android:id="@+id/username"
        android:layout_width="match_parent"
        android:layout_height="60dp"
```

```
        android:layout_marginRight="40dp"
        android:layout_gravity="center_horizontal"
        android:layout_toRightOf="@id/userlogo"
        android:textColor="@color/white"
        android:hint="@string/userhint" />
</LinearLayout>
```

上述代码在线性布局中定义了一个 ImageView 组件和一个 EditText 组件,其中, ImageView 组件用于显示用户图标,EditText 组件用于输入用户名。第 1 行粗体字代码表示 ImageView 组件的名称为"userlogo";第 2 行粗体字代码表示该 ImageView 组件的图片来自于 drawable 目录下名为"username"的图片;第 3 行粗体字代码表示 EditText 组件的名称;第 4 行粗体字代码表示该 EditText 组件位于 ImageView 组件的右侧。接下来,在上述<LinearLayout>…</LinearLayout>的下方,再加入一个线性布局,在其中的水平方向上添加一个密码图标和一个 EditText 组件,用于输入密码,代码如下。

```
<LinearLayout
    android:layout_width="match_parent"
    android:layout_height="wrap_content">
    <ImageView
        android:id="@+id/passlogo"
        android:layout_width="30dp"
        android:layout_height="60dp"
        android:layout_marginLeft="40dp"
        android:src="@drawable/password" />
    <EditText
        android:id="@+id/password"
        android:layout_width="match_parent"
        android:layout_height="60dp"
        android:layout_marginRight="40dp"
        android:layout_gravity="center_horizontal"
        android:textColor="@color/white"
        android:hint="@string/passhint"
        android:inputType="textPassword"/>
</LinearLayout>
```

上述线性布局中代码的含义与用户名组件所在线性布局的含义基本相同,ImageView 组件表示密码图标,EditText 组件用于输入密码。粗体字部分代码表示 EditText 组件中输入的字符以密文的形式显示。

(5) 实现"登录"按钮与"退出"按钮组件。将配套资料中的 btn_normal.xml、btn_press. xml、btn_shape.xml 三个样式文件复制到智能家居项目的 drawable 目录下,这三个文件用于将按钮组件设计为圆角。打开 activity_login.xml 文件,在上述<LinearLayout>…</LinearLayout>的下方,加入两个 Button 组件的设计代码。以"登录"按钮代码为例,"退出"按钮代码与之类似,不再赘述。

```
<Button
    android:id="@+id/loginbutton"
    android:layout_width="300dp"
    android:layout_height="wrap_content"
```

```
        android:layout_gravity="center_horizontal"
        android:layout_marginTop="20dp"
        android:text="@string/loginbutton"
        android:textSize="20sp"
        android:background="@drawable/btn_shape"/>
```

上述代码设计了"登录"按钮组件。第 1 行粗体字代码表示该按钮的宽度为 300dp；第 2 行粗体字代码表示该按钮在水平方向上居中显示；第 3 行粗体字代码表示该按钮的文字为 strings.xml 文件中名为"loginbutton"的字符串；第 4 行粗体字代码表示该按钮的背景为 drawable 目录下名为"btn_shape"的 XML 样式文件，即按钮显示为圆角矩形。

（6）实现"忘记密码"和"注册"组件。该两个组件均为 TextView 类型，打开 activity_login.xml 文件，在上述"退出"按钮的＜Button＞…＜/Button＞的下方，再加入一个 LinearLayout 布局，添加以下代码。

```
<LinearLayout
    android:layout_width="match_parent"
    android:layout_height="60dp"
    android:orientation="horizontal"
    android:gravity="center">
    <TextView
        android:id="@+id/forgetpass"
        android:layout_width="wrap_content"
        android:layout_height="wrap_content"
        android:layout_marginRight="20dp"
        android:text="@string/forgetpass"
        android:textColor="@color/white"/>
    <TextView
        android:id="@+id/regist"
        android:layout_width="wrap_content"
        android:layout_height="wrap_content"
        android:text="@string/regist"
        android:textColor="@color/white"/>
</LinearLayout>
```

上述代码在线性布局中定义了两个 TextView 组件，分别显示"忘记密码"和"注册"。第 1 行粗体字代码表示该线性布局中的组件均按水平方向排列；第 2 行粗体字代码表示该线性布局中的组件均在中央居中显示；第 3 行粗体字代码表示"忘记密码"组件的右侧距离"注册"组件为 20dp。

（7）实现第三方应用登录组件。第三方应用登录包括 4 个 TextView 类型的组件。第 1 个 TextView 组件显示文字"第三方应用登录"，后 3 个 TextView 组件分别显示手机图标、微信图标、QQ 图标。将配套资料中的 cellphone.png、wechat.png、qq.png 3 个图片文件复制到智能家居项目的 drawable 目录下，作为第三方应用程序的图标。打开 activity_login.xml 文件，在上述＜LinearLayout＞…＜/LinearLayout＞的下方，先添加一个 TextView 组件，代码如下。

```
<TextView
    android:layout_width="match_parent"
```

```
    android:layout_height="wrap_content"
    android:text="@string/thirdlogin"
    android:textColor="@color/white"
    android:gravity="center"/>
```

上述代码中，第 1 行粗体字代码表示该 TextView 组件的字体颜色为 colors.xml 文件中名为"white"的颜色，即为白色；第 2 行粗体字代码表示该 TextView 组件中的文字居中显示。接下来，在该 TextView 组件的下方，加入一个 LinearLayout 组件，并在其中添加 3 个 TextView 组件，代码如下。

```
<LinearLayout
    android:layout_width="match_parent"
    android:layout_height="60dp"
    android:orientation="horizontal"
    android:gravity="center">
    <TextView
        android:id="@+id/cellphone"
        android:layout_width="20dp"
        android:layout_height="30dp"
        android:layout_marginTop="10dp"
        android:layout_marginRight="40dp"
        android:background="@drawable/cellphone"/>
    <!-->其余两个 TextView 组件类似，以处不再赘述<-->
</LinearLayout>
```

上述代码定义了一个线性布局组件，其中包含 3 个 TextView 组件。第 1 行粗体字代码表示 LinearLayout 布局的高度为 60dp；第 2 行粗体字代码表示手机应用登录方式的 TextView 的背景为 drawable 目录下名为"cellphone.png"的图片，即表示手机应用的图标。微信登录与 QQ 登录方式与之类似，此处不再赘述。至此，智能家居系统登录界面就设计完成了，运行程序，界面如图 2.7 所示。

2.1.5 任务拓展：运用 Fragment 组件设计界面

1. Fragment 组件的概念

现阶段的 Android 系统运行于各种尺寸不同的设备中，有小屏幕的手机，还有大屏幕的平板、电视等。对于 Android APP 而言，在手机端运行界面美观、整齐，在屏幕尺寸较大的平板电脑、高清显示屏幕上运行，其界面可能会被拉伸，出现组件间距过大等情况。针对此不足之处，采用 Fragment 组件可以有效地解决此类问题，使 APP 可以适应各种不同尺寸的 Android 设备。

在 Android 程序设计过程中，Fragment 是一个常用的界面组件。Fragment 组件可以看成是一个碎片化的 Activity 组件，是其中的一个小部分，是可以重复使用的，也称为一个 item。在 Android 界面中单击该 item，将显示不同的界面，这个界面就是由 Fragment 组件组成的。

2. Fragment 组件的特点

Fragment 组件是用来组建 Activity 界面的局部模块，是一种可以嵌入在 Activity 当中的 UI 片段。也就是说，一个 Activity 界面可以由多个 Fragment 组件组成。因此，Fragment 组件的行为与 Activity 组件非常相似,其特点如下。

（1）Fragment 组件本身具有对应的布局,其中包含具体的 View 组件,并且可以从运行中的 Activity 界面中添加或移除。

（2）一个 Fragment 组件必须嵌入在一个 Activity 界面中,具有自己的生命周期,但受到 Activity 组件生命周期的约束。

（3）从本质上来说,Fragment 组件是以 FrameLayout（帧布局）的形式存在的,在运行时加载该布局为其子布局,并且可以接收自己的输入事件。

（4）在设计界面时,不必把所有代码全部写在 Activity 中,而是把代码写在各自的 Fragment 组件中。这样,多个 Activity 界面可以复用一个 Fragment 组件。

（5）在程序设计过程中,运用 Fragment 组件,可以根据硬件设备的屏幕尺寸、屏幕方向适配不同的 Android 设备,能够方便地实现不同的界面布局,以增强用户体验。

3. Fragment 组件使用实例——酒店菜单

本实例将使用 Fragment 组件演示酒店菜单的设计方法。在一个 Activity 界面中有两个 Fragment 组件,一个用于显示菜单列表,另一个用于显示菜品的详细信息,并实现 Fragment 组件之间的通信功能。

（1）创建 Android 项目工程。在 Android Studio 开发环境中,创建一个空白界面的项目工程。

（2）创建项目资源。将配套资料中的 toufu.png 和 meat.png 图片复制到项目的 drawable 目录。

（3）创建菜单的 Fragment 组件。本项目包含 fragment_menu、fragment_content 两个 Fragment 组件。首先,在项目的 res\layout 目录上右击,在弹出的快捷菜单中选择 New|Fragment|Fragment(Blank)选项,创建 fragment_menu.xml 文件。该文件用于显示菜单的列表,代码如下。

```xml
<?xml version="1.0" encoding="utf-8"?>
<LinearLayout xmlns:android="http://schemas.android.com/apk/res/android"
    android:orientation="vertical" android:layout_width="match_parent"
    android:layout_height="match_parent">
    <ListView
        android:id="@+id/menulist"
        android:layout_width="match_parent"
        android:layout_height="wrap_content"/>
</LinearLayout>
```

上述代码在 fragment_menu.xml 文件中定义了一个线性布局,其中包括一个 ListView 组件（列表框组件）。粗体字代码部分表示该 ListView 组件的名称是"menulist",即显示菜单列表。接下来,按照同样的方法,在 layout 目录下,添加 fragment_content.xml 文件,用于显示菜品信息,代码如下。

```xml
<?xml version="1.0" encoding="utf-8"?>
<LinearLayout xmlns:android="http://schemas.android.com/apk/res/android"
```

```
    android:orientation="vertical"
    android:layout_width="match_parent"
    android:layout_height="match_parent">
    <TextView
        android:id="@+id/content"
        android:layout_width="wrap_content"
        android:layout_height="wrap_content"
        android:layout_marginLeft="10dp"
        android:textSize="18sp"
        android:centerVertical="true"
        android:layout_alignParentLeft="true"/>
</LinearLayout>
```

上述代码在 fragment_content.xml 文件中定义了一个线性布局，其中包括一个 TextView(标签)组件，用于显示具体的菜单信息。第 1 行粗体字代码表示该菜单的文字字体为 18sp；第 2 行粗体字代码表示该菜单文字在垂直方向上居中显示；第 3 行粗体字代码表示该 TextView 组件在父窗体(fragment_content 组件)中靠左侧对齐。至此，两个表示菜单的 Fragment 组件就创建完成了。

（4）创建菜单列表界面。在本项目中，表示菜单列表的 fragment_menu 组件中使用了 ListView 组件，因此需要为该列表创建一个显示列表项目的界面。在 res\layout 目录下创建一个列表项目的布局文件 item_list.xml，在其中放置一个 ImageView 组件用于显示菜品图片，再放置一个 TextView 组件用于显示菜品名称，代码如下。

```
<?xml version="1.0" encoding="utf-8"?>
<RelativeLayout xmlns:android="http://schemas.android.com/apk/res/android"
    android:layout_width="match_parent" android:layout_height="match_parent">
    <ImageView
        android:layout_width="100dp"
        android:layout_height="40dp"
        android:id="@+id/food_icon"
        android:layout_centerInParent="true"
        android:layout_margin="10dp"/>
    <TextView
        android:layout_width="match_parent"
        android:layout_height="wrap_content"
        android:id="@+id/food_name"
        android:layout_below="@+id/food_icon"
        android:gravity="center"/>
</RelativeLayout>
```

上述代码在列表项界面中定义了一个相对布局，其中包括一个 ImageView 组件和一个 TextView 组件，分别用于显示菜品图片和菜品信息。第 1 行粗体字代码表示 ImageView 组件的名称为"food_icon"；第 2 行粗体字代码表示该 ImageView 组件在界面的中央部位居中显示；第 3 行粗体字代码表示 TextView 组件位于 ImageView 组件的下方；第 4 行粗体字代码表示 TextView 组件的文字居中显示。

（5）创建 ContentFragment 类。在项目中新建一个 Java Class 文件，名称为"ContentFragment"。该文件用于获取界面中的组件并将菜品的信息显示到 Fragment 组件上。双击打开该文件,输入以下代码。由于代码较长,此处仅给出关键代码。

```
@Override
public View onCreateView(LayoutInflater inflater, ViewGroup container, Bundle
savedInstanceState) {
    view = inflater.inflate(R.layout.fragment_content,container,false);
    if(view!=null){
        initView();
    }
    //获取 Activity 中设置的文字
    setText(((MainActivity)getActivity()).getSettingText()[0]);
    return view;
}
```

上述代码在 ContentFragment 类中,将 MainActivity 界面中的文字,在 fragment_content 组件中显示出来。第 1 行粗体字代码表示重写 onCreateView()方法,该方法包含 3 个参数。第 2 行粗体字代码表示调用 Fragment 组件的 inflate()方法,将 fragment_content.xml 文件中的内容解析出来,并赋值给 view 对象。第 3 行粗体字代码表示将获取的 MainActivity 中设置的菜品信息数据显示到界面上。

(6)创建 MenuFragment 类。在项目中新建一个 Java Class 文件,名称为“MenuFragment”。该文件主要用于显示各个菜单项,并响应各个菜单项的单击事件。双击打开该文件,输入以下代码。由于代码较长,此处仅给出关键代码。下面给出界面中 ListView 组件的监听事件,代码如下。

```
private ListView mListView;
mListView.setOnClickListener(new AdapterView.OnItemClickListener(){
    @Override
    public void onItemClick(AdapterView<?> parent, View view, int position, long
id) {
        //通过 Activity 实例获取另一个 Fragment 实例
        ContentFragment listFragment = (ContentFragment)((MainActivity)
getActivity()).getFragmentManager().findFragmentById(R.id.foodcontent);
        //单击 Item 对应的菜品做法信息
        listFragment.setText(settingText[position]);
    }
});
```

上述代码定义了界面中单击菜单项时的监听事件。第 1 行粗体字代码表示设置名为“mListView”组件(菜单列表)的 setOnClickListener 监听事件;第 2 行粗体字代码表示重写单击菜单项的 onItemClick()方法;第 3 行粗体字代码表示定义一个 ContentFragment 类的对象 listFragment,调用 getFragmentManager()方法,从 MainActivity.java 文件中获取该对象的一个实例,并关联 item_list.xml 文件中定义的名为“foodcontent”的 Fragment 组件。第 4 行粗体字代码表示设置 listFragment 列表对象中具体的菜品信息。

(7)实现 activity_main 的界面布局。打开 activity_main.xml 文件,在其中定义两个 FrameLayout 布局,将界面分成左右两部分,左侧占界面宽度的 1/4,右侧占界面宽度的 3/4,代码如下。

```xml
<? xml version="1.0" encoding="utf-8"?>
<LinearLayout xmlns:android="http://schemas.android.com/apk/res/android"
    xmlns:tools="http://schemas.android.com/tools"
    android:layout_width="match_parent"
    android:layout_height="match_parent"
    android:orientation="horizontal"
    tools:context=".MainActivity">
    <FrameLayout
        android:id="@+id/menu"
        android:layout_width="0dp"
        android:layout_height="match_parent"
        android:layout_weight="1">
    </FrameLayout>
    <FrameLayout
        android:id="@+id/foodcontent"
        android:layout_weight="3"
        android:layout_width="0dp"
        android:layout_height="match_parent">
    </FrameLayout>
</LinearLayout>
```

上述代码在 Activity 界面中定义了一个线性布局,包含两个 FrameLayout 组件,分别对应 ContentFragment 类和 MenuFragment 类。第 1 行粗体字代码表示该线性布局中的组件均按照水平方向排列;第 2 行粗体字代码表示左侧显示的 Fragment 组件,占屏幕宽度的 1/4;第 3 行粗体字代码表示右侧显示的 Fragment 组件,占屏幕宽度的 3/4。此处需要注意的是,在水平方向上设置组件宽度的占用比例,须将其宽度属性设置为零,即 android: layout_width="0dp",否则,占用比例将不起作用。

(8) 实现 MainActivity 界面中的功能。在本项目中,MainActivity 与 Fragment 组件通信,将菜品的图片和具体介绍信息以列表的形式显示在界面中。首先,在 MainActivity 类中定义相关的变量与方法。

```java
private FragmentTransaction beginTransaction;
private String[] settingText = {""+"1.将鸡蛋清和淀粉调料调成糊,涂抹在肉上\n"+"2...
\n"+"3...\n"+"4...\n","1.豆腐切丁,香葱、生姜、大蒜切末备用"+"2...\n"+"3...\n"+"4...
\n"};
private int[] settingicons = {R.drawable.meat,R.drawable.toufu};
private String[] foodNames = {"水煮肉片","麻婆豆腐"};
public int[] geticons(){
    return settingicons;
}
public String [] getFoodNames(){
    return foodNames;
}
public String[] getSettingText(){
    return settingText;
}
```

上述变量与方法中,第 1 行粗体字代码定义了 MainActivity 与 Fragment 组件通信的对象"beginTransaction",该对象为 FragmentTransaction 类型。第 2 行粗体字代码定义了一个字符串类型的数组"settingText"，其元素为菜品的具体介绍。第 3 行粗体字代码定义了一个整型数组"settingicons"，其元素为"水煮肉片"图片和"麻婆豆腐"图片在 R 类文件中的常量。第 4 行粗体字代码定义了一个字符串类型的数组"foodNames"，其元素为"水煮肉片"和"麻婆豆腐"。第 5 行粗体字代码定义了获取菜品图标的方法"geticons()"，其返回类型为整型。第 6 行粗体字代码定义了获取菜品名称的方法"getFoodNames()"，该方法的返回类型为字符串。第 7 行粗体字代码定义了获取菜品介绍信息的方法"getSettingText()"，该方法的返回类型为字符串。接下来，重写 onCreate()方法，将"fragment_menu"和"fragment_content"两个 Fragment 组件中的内容显示到 MainActivity 界面中，代码如下。

```
@Override
protected void onCreate(Bundle savedInstanceState) {
    super.onCreate(savedInstanceState);
    setContentView(R.layout.activity_main);
    //创建 Fragment 实例对象
    ContentFragment contentFragment = new ContentFragment();
    MenuFragment menuFragment = new MenuFragment();
    beginTransaction = getFragmentManager().beginTransaction();
    //获取事物添加 Fragment
    beginTransaction.replace(R.id.foodcontent,contentFragment);
    beginTransaction.replace(R.id.menu,menuFragment);
    beginTransaction.commit();
}
```

上述代码重写了 onCreate()方法，将菜品图片和菜品介绍以列表的方式显示在 MainActivity 界面中。第 1 行和第 2 行粗体字代码分别定义了两个 Fragment 组件的对象"contentFragment"和"menuFragment"。第 3 行和第 4 行粗体字代码调用了事务对象 beginTransaction 的 replace()方法，将菜品图片和菜品介绍分别添加到 foodcontent 列表和 menu 列表中。至此，本实例的功能就全部实现了。

2.2　智能家居系统主界面设计

2.2.1　ContentProvider 组件

1. ContentProvider 组件的概念

ContentProvider 即内容提供者组件，其主要作用是将一个进程中的数据与另一个进程中运行的代码进行连接。ContentProvider 作为 Android 系统的四大组件之一，也是使用频率较高的组件之一。在 Android 系统中，应用程序内部的数据（如视频、音频、图片、通讯录、登录信息等数据）在默认状态下是对外隔离的，如果要使应用程序能够使用自身的数据，就需要 ContentProvider 组件。

ContentProvider 组件为 Android 系统存储及获取数据提供了统一的接口，并支持在不同的应用程序之间共享数据。Android 系统内置应用程序的数据都是使用 ContentProvider 组件提供给开发者调用的，其数据采用索引表格的形式组织及存储。ContentProvider 组件可以指定需要共享的数据，其所在的应用程序可以在不知道数据来源、路径的情况下，对共享数据进行增、删、改、查等操作。

2. ContentProvider 中的 URI

（1）URI 的概念。在 Android 系统中，URI 是指统一资源标识符（Universal Resource Identifier），主要用于唯一地标识一个资源。ContentProvider 中的 URI 表示要操作的数据，其通用格式为"scheme：scheme-specific-part ♯ fragment"。从概念上来说，URI 和 URL、URN 是有区别的。URI 以一种抽象的、高层次的概念定义统一资源标识。URL 是指统一资源定位器，是一种具体的 URI，不仅用于标识资源，而且指明了如何定位资源。URN 则是更为具体的 URI，是指统一资源命名，例如 mailto：java-net@java.sun.com，即发送邮件时指明发送对象。

（2）URI 的格式。在 ContentProvider 组件中，URI 代表了要操作的数据，主要包含两部分信息：①需要操作的 ContentProvider 对象；②ContentProvider 组件中需要操作的数据的内容、类型。ContentProvider 组件中完整的 URI 格式包括以下 3 个部分。

- scheme 部分。该部分由 Android 系统所规定，统一的 scheme 格式为"content：//"。
- 主机名部分。该部分也称为 Authority 部分，主要用于唯一地标识 ContentProvider 组件。当应用程序需要在外部使用 ContentProvider 组件时，可以根据这个主机名部分的标识来定位。
- 路径部分。该部分也称为 path 部分，主要用于表示用户要操作的数据，数据所在的存储路径根据实际的业务规则而定。例如，要操作数据库中 id 为 10 的记录，可以使用路径"\person\10"。此外，要操作的数据也可以存储于 XML 文件中。例如，XML 文件中 person 结点下的 name 结点，可以使用路径"\person\name"。

3. ContentProvider 组件的使用

（1）使用 ContentResolver 实现 ContentProvider 中的方法。在 Android 系统中，当外部应用程序需要对 ContentProvider 中的数据进行添加、删除、修改和查询操作时，可以使用 ContentResolver 类来完成。要获取 ContentResolver 对象，可以使用 Activity 类提供的 getContentResolver()方法。ContentResolver 类提供了与 ContentProvider 类相同签名的四个方法。

① insert 方法。该方法定义为 public Uri insert(Uri uri，ContentValues values)，主要用于在 ContentProvider 类中添加数据。

② delete 方法。该方法定义为 public int delete(Uri uri，String selection，String[] selectionArgs)，主要用于从 ContentProvider 类中删除数据。

③ update 方法。该方法定义为 public int update(Uri uri，ContentValues values，String selection，String[] selectionArgs)，主要用于更新 ContentProvider 类中的数据。

④ query 方法。该方法定义为 public Cursor query(Uri uri，String[] projection，String selection，String[] selectionArgs)，主要用于从 ContentProvider 类中获取数据。

（2）操作 ContentProvider 中的数据。在上述方法中，第一个参数为 Uri，表示要操作的 ContentProvider 对象和对其中的数据类型及数据内容。例如，content：//com. ljq. providers.personprovider/person/10，表示对主机名为 com.ljq. providers.personprovider 的

ContentProvider 对象进行操作,操作的数据为数据中的 person 表中 id 为 10 的记录。运用 ContentProvider 增、删、改、查的代码如下。

① 运用 ContentProvider 增加数据,代码如下。

```
ContentResolver resolver = getContentResolver();
Uri uri=Uri.parse("content://com.smarthome.provider.deviceprovider/device");
ContentValues values = new ContentValues();
values.put("name","温湿度传感器");
values.put("account",20);
resolver.insert(uri, values);
```

上述代码中,第 1 行代码表示运用 ContentResolver 类,定义了一个名为"resolver"的 ContentProvider 组件对象。第 2 行代码运用 URI 的 parse()方法,解析智能家居项目中存储设备数据的数据表所在的路径。第 3 行代码运用 ContentValues 类,定义了名为 values 的对象,用于操作设备数据。第 4 行和第 5 行代码表示将温湿度传感器设备的名称(name)和数量(account)分别写入 values 对象。第 6 行代码表示调用 resolver 对象的 insert()方法,将温湿度传感器设备信息添加到数据库中。

② 运用 ContentProvider 删除数据,代码如下。

```
ContentResolver resolver = getContentResolver();
Uri uri=Uri.parse("content://com.smarthome.provider.deviceprovider/device");
Uri deleteIdUri=ContentUris.withAppendedId(uri,2);
resolver.delete(deleteIdUri,null,null);
```

上述代码中,第 1 行和第 2 行代码与增加数据的代码相同,表示定义 ContentProvider 对象和 URI 对象。第 3 行代码表示定义一个删除数据的 URI 对象 deleteIdUri,并表示删除 ID 为 2 的数据。第 4 行代码表示调用 resolver 对象的 delete()方法,在 device 表中将符合条件的数据删除。

③ 运用 ContentProvider 修改数据,代码如下。

```
ContentResolver resolver = getContentResolver();
Uri uri=Uri.parse("content://com.smarthome.provider.deviceprovider/device");
ContentValues updateValues = new ContentValues();
updateValues.put("name","光照度传感器");
Uri updateIdUri = ContentUris.withAppendedId(uri,2);
resolver.update(updateIdUri, updateValues,null,null);
```

上述代码中,第 1 行和第 2 行代码与增加、删除数据的代码相同,表示定义 ContentProvider 对象和 URI 对象。第 3 行代码运用 ContentValues 类,定义了名为 updateValues 的对象,用于修改设备的名称。第 4 行代码将修改后的传感器名称"光照度传感器"写入到 updateValues 对象中。第 5 行代码表示定义一个更新数据的 URI 对象 deleteIdUri,并表示删除 ID 为 2 的数据。

④ 运用 ContentProvider 获取数据,代码如下。

```
ContentResolver resolver = getContentResolver();
Uri uri=Uri.parse("content://com.smarthome.provider.deviceprovider/device");
Cursor cursor = resolver.query(uri, null, null, null, "deviceid desc");
```

```
while(cursor.moveToNext()){
    Log.i("ContentTest", "deviceid="+ cursor.getInt(0) + ", name="+ cursor.
getString(1));
}
```

上述代码中，第 1 行和第 2 行代码与增加、删除、更新数据的代码相同，表示定义 ContentProvider 对象和 URI 对象。第 3 行代码运用数据库的 Cursor 类（数据库游标类），定义一个 cursor 对象，并调用 resolver 对象的 query()方法，按照设备编号降序查询数据，并将查询结果赋值给 cursor 对象。第 4 行代码运用 while 循环结构将查询结果显示在 Log 中。

2.2.2 Android 系统帧布局

1. 帧布局的概念

在 Android 程序设计过程中，帧布局又称为 FrameLayout 布局，是 Android 系统所提供的最简单的布局方式。帧布局是一种层叠式的布局，是屏幕上的一块空白区域，在该区域的指定部分填充单一的组件对象，如图片、文字、按钮等。采用帧布局方式不能为填充的对象指定具体的位置，在帧布局中添加的对象，默认情况下都将固定于界面的左上角。由于帧布局采用层叠的方式显示组件，其大小由宽度及高度最大的组件决定。若所有组件大小一致，在同一时刻只能看到位于最上方的组件。因此，在程序设计过程中，一般要采用 android:layout_gravity 属性对组件位置进行适当的修改，指定组件的对齐方式。

2. 帧布局的常用属性

与线性布局类似，帧布局也是继承自 ViewGroup 类，其父类的属性同样适用于帧布局，同时具有自身特殊的属性。帧布局的常用属性如下。

（1）android:layout_gravity 属性。该属性表示组件自身在 FrameLayout 布局中的位置，默认值为 left，其可选的属性值如下。
- top 属性值。该属性值表示将组件推送到 FrameLayout 布局的顶部。
- bottom 属性值。该属性值表示将组件推送到 FrameLayout 布局的底部。
- left 属性值。该属性值表示将组件推送到 FrameLayout 布局的左侧。
- right 属性值。该属性值表示将组件推送到 FrameLayout 布局的右侧。
- center 属性值。该属性值表示将组件放置于 FrameLayout 布局的中心位置。
- center_vertical 属性值。该属性值表示将组件放置于 FrameLayout 布局的垂直方向的中心位置。
- center_horizontal 属性值。该属性值表示将组件放置于 FrameLayout 布局的水平方向的中心位置。
- Fill 属性值。该属性值表示增大组件的水平和垂直尺寸，以完全填充 FrameLayout 布局。
- fill_vertical 属性值。该属性值表示增大组件的垂直尺寸，以完全填充布局的垂直方向。
- fill_horizontal 属性值。该属性值表示增大组件的水平尺寸，以完全填充布局的水平方向。

- clip_vertical 属性值。该属性值用于设置帧布局内组件的上下边缘裁剪的大小。
- clip_horizontal 属性值。该属性值用于设置帧布局内组件的左右边缘裁剪的大小。
- start 属性值。该属性值表示将组件推送到 FrameLayout 布局的起始位置。
- end 属性值。该属性值表示将组件推送到 FrameLayout 布局的结尾位置。

(2) android:foreground 属性。该属性用于设置 FrameLayout 布局的前景样式,主要为前景图片,可加载 drawable 目录下的图片资源。例如,代码 android:foreground="@drawable/image"为帧布局加载了 drawable 目录下的名为 image 的图片资源。

(3) android:foregroundGravity 属性。该属性用于控制帧布局中前景图片的位置,默认值为 fill。该属性值可选的属性值与 android:layout_gravity 属性一致,此处不再赘述。

(4) android:measureAllChildren 属性。该属性表示在帧布局中使用各组件时,是否考虑所有的组件,或只考虑处于可见(VISIBLE)及不可见(INVISIBLE)状态的组件。该属性的值为布尔类型(boolean),包括"true"或"false",默认值为 false。该属性在使用时,以格式"@[package:]type:name"引用包含布尔类型的资源;或以格式"?[package][type:]name"引用主题资源。

3. 帧布局的定义及使用

在 Android 系统中,帧布局的使用频率并不高,主要适合于图片层叠显示的场景。帧布局可以使用 XML 方式定义,也可以采用 Java 代码方式定义。一般来说,在 XML 布局文件中使用帧布局应首先定义〈FrameLayout〉…〈/FrameLayout〉根元素,然后设置其属性,并在其中定义各组件的属性。在 Java 代码中使用帧布局,应首先使用 setContentView()方法加载帧布局方式,然后设置布局属性和组件的属性。下面以霓虹灯效果为例,说明帧布局的使用方法,操作步骤如下。

(1) 建立项目并设置项目资源。在 Android Studio 开发环境中新建一个项目,并在 colors.xml 文件中添加霓虹灯效果的颜色资源。在 values\colors.xml 文件中定义 6 种颜色,以显示 6 个霓虹灯的效果。定义颜色资源的代码如下。

```
<?xml version="1.0" encoding="utf-8"?>
<resources>
    <!-->此处为其他颜色资源<-->
    <color name="color1">#ff0000</color>
    <color name="color2">#00ff00</color>
    <color name="color3">#0000ff</color>
    <color name="color4">#ffff00</color>
    <color name="color5">#ff00ff</color>
    <color name="color6">#00ffff</color>
</resources>
```

上述代码中的粗体字代码定义了 6 种颜色,名称为 color1 至 color6。其中,#ff0000 表示红色,#00ff00 表示绿色,#0000ff 表示蓝色,#ffff00 表示黄色,#ff00ff 表示粉红色,#00ffff 表示青绿色。

(2) 定义尺寸资源。本项目中的霓虹灯效果使用 TextView 组件呈现,在 values\

dimens.xml 文件中定义 6 个文本框组件的大小（如果没有 dimens.xml，则新建），代码如下。

```
<resources>
    <!--此处为其他尺寸资源<-->
    <dimen name="area1">320dp</dimen>
    <dimen name="area2">280dp</dimen>
    <dimen name="area3">240dp</dimen>
    <dimen name="area4">200dp</dimen>
    <dimen name="area5">160dp</dimen>
    <dimen name="area6">120dp</dimen>
</resources>
```

上述代码中，粗体字部分定义了 6 个 TextView（文本框）组件的宽度和高度的值，定义的名称分别是 area1 至 area6。每个 TextView 组件均为正方形，边长相差 40dp。

（3）定义界面布局。本项目的界面布局采用帧布局方式，打开 activity_main.xml 文件，修改文件内容为帧布局，根元素为＜FrameLayout＞…＜/FrameLayout＞，界面布局的代码如下。

```
<? xml version="1.0" encoding="utf-8"?>
<FrameLayout xmlns:android="http://schemas.android.com/apk/res/android"
    android:layout_width="match_parent"
    android:layout_height="match_parent">
    <!—定义 6 个 TextView 组件 -->
    <TextView
        android:id="@+id/view01"
        android:layout_width="wrap_content"
        android:layout_height="wrap_content"
        android:layout_gravity="center"
        android:width="@dimen/area1"
        android:height="@dimen/area1"
        android:background="@color/color1"/>
    <!—此处省略 5 个 TextView 组件 -->
</FrameLayout>
```

上述代码在 FrameLayout 布局中定义了 6 个 TextView 组件，各组件在布局中心位置层叠显示，大小依次递减 40dp，颜色各不相同，以呈现霓虹灯效果。第 1 行粗体字代码表示 TextView 组件位于帧布局的中心位置；第 2 行和第 3 行粗体字代码分别加载 dimens.xml 文件中名为 area1 的尺寸资源，呈现正方形效果；第 4 行粗体字代码加载 colors.xml 文件中名为 color1 的颜色资源。由于各组件的差别仅在于大小和颜色，此处仅给出第 1 个 TextView 组件的布局方式。

（4）编写 Java 代码实现霓虹灯闪烁效果。由于在帧布局中，仅显示位于最上层的组件，可以运用 Timer() 定时器和 Handler 消息传递机制，每间隔 0.5s 依次显示每个 TextView 组件，实现霓虹灯闪烁的效果。关于定时器和消息传递机制，请参考项目 3 中的阐述，此处仅做简要说明。首先，在 MainActivity 类中，onCreate() 方法的前面定义实现霓虹灯效果所需的变量，程序代码如下。

```
private int currentColor=0;
private int update=1;
```

```
final int []colors=new int[]{R.color.color1, R.color.color2, R.color.color3,
R.color.color4, R.color.color5, R.color.color6};
final int []names=new int[]{R.id.view01, R.id.view02, R.id.view03, R.id.view04,
R.id.view05, R.id.view06};
TextView views[]=new TextView[6];
```

上述代码中,第 1 行粗体字代码定义了 int 类型的数组 colors,用于表示 6 种霓虹灯的颜色,其元素为 R 文件中的常量。第 2 行粗体字代码定义了 int 类型的数组 names,用于表示 6 个 TextView 组件的名称,其元素为 R 文件中的常量。接下来,在上述代码的后面,定义 Handler 组件,用于按时间间隔依次显示 6 个 TextView 组件,程序代码如下。

```
@SuppressLint("HandlerLeak")
Handler handler=new Handler(Looper.getMainLooper()){
    @Override
    public void handleMessage(@NonNull Message msg) {
        if(msg.what==update) {
            for(int i=0;i<names.length;i++){
                views[i].setBackgroundResource(colors[(i+currentColor)%names.
length]);
            }
            currentColor++;
        }
        super.handleMessage(msg);
    }
};
```

上述代码运用 Handler 消息类定义了一个 handler 对象,用于接收主线程发送的消息,依次显示 6 种颜色,实现霓虹灯颜色变化的效果。第 1 行粗体字代码表示定义 handler 对象,并实例化。第 2 行粗体字代码重写 handler 对象的 handleMessage()方法。第 3 行粗体字代码为判断语句,根据消息对象的 what 属性,判断传递的消息是否一致。第 4 行粗体字代码位于 for 循环体内,以数组的形式依次显示 6 个 TextView 组件的颜色。接下来,在主线程中使用定时器,每隔 0.5s 发送一次消息,Handler 对象接收到消息后,根据 what 属性值,实现霓虹灯闪烁。程序代码如下。

```
@Override
protected void onCreate(Bundle savedInstanceState) {
    super.onCreate(savedInstanceState);
    setContentView(R.layout.activity_frame_layout);
    for(int i=0;i<names.length;i++)
        views[i]=(TextView)findViewById(names[i]);
    new Timer().schedule(new TimerTask() {
        @Override
        public void run() {
            //发送一条消息通知系统更新 TextView 的背景色
            handler.sendEmptyMessage(update);
        }
    },0,500);
}
```

上述代码重写了 onCreate() 方法，在其中使用 Timer 定时器，每隔 0.5s 发送一次名为 "update" 的消息。第 1 行和第 2 行粗体字代码表示在 for 循环结构中，关联界面上的 6 个 TextView 组件。第 3 行粗体字代码表示定义定时器对象；第 4 行粗体字代码调用 handler

图 2.8　霓虹灯效果

对象的 sendEmptyMessage() 方法，发送名为 "update" 的消息，通知系统更新 TextView 的背景色。该方法中的参数 0 表示无延迟，参数 500 表示 500ms，即每间隔 0.5s 发送 1 次更新 TextView 组件的消息。至此，采用 FrameLayout 布局设计霓虹灯效果的程序就完成了，在 Android 设备中运行此程序，可以看到霓虹灯闪烁，如图 2.8 所示。

2.2.3　主界面组件设计

1. 动画（Animation）组件

（1）逐帧动画（Frame Animation）组件。

① 逐帧动画组件的概念及定义。在 Android 系统中，逐帧动画是将多张静态图片收集起来，按照播放顺序预先定义成一个数组，然后通过控制这些图片连接播放，形成动态的视频效果。由于人的眼睛可以捕捉到每秒 30 帧的图片变化，一般情况下，将动画的帧数设置为 30 帧/秒。由于人眼"视觉残留"的原因，当达到一定的播放速度后，这些连接播放的图片看起来就像是动态视频的效果。当然，现阶段的手机刷新率一般在每秒 120 次，相当于 120 帧的效果，播放动画将更加流畅。

② 逐帧动画的使用。在 Android Studio 开发环境中使用逐帧动画的操作步骤如下。

第 1 步：在 res\drawable 目录下新建一个 XML 文件，在该文件中使用 Android 系统自带的 "animation-list" 作为根结点，代码如下。

```
<animation-list xmlns:android="http://schemas.android.com/apk/res/android"
    <!--此处为动画组件的代码-->
</animation-list>
```

第 2 步：在布局文件中加入图片组件，设置图片的路径，并对每一张图片设置播放帧数、时间间隔等属性，代码如下。

```
<animation-list xmlns:android="http://schemas.android.com/apk/res/android"
    android:oneshot="false"
    <item android:drawable="@mipmap/a1" android:duration="80" />
    <item android:drawable="@mipmap/a2" android:duration="80" />
    <item android:drawable="@mipmap/a3" android:duration="80" />
    <item android:drawable="@mipmap/a4" android:duration="80" />
</animation-list>
```

上述代码中的第 1 行粗体字代码表示该动画仅播放 1 次，android:oneshot 表示是否重复播放动画，若其值为 true，则表示重复播放动画直到手动停止。第 2～5 行粗体字代码以 "android:drawable" 属性设置了 drawable 中每张图片的路径，以 "android:duration" 属性设置播放的时间间隔为 80ms。

第 3 步：在界面的布局文件（例如 activity_main.xml）中加入一个 ImageView 组件，用于加载动画。再加入两个 Button 组件，分别显示"播放"和"停止"，用于单击按钮实现动画播放或停止。

第 4 步：在 onCreate()方法中使用 AnimationDrawable 类播放 Drawable 中的图片,然后分别实现"播放"按钮和"停止"按钮的单击监听事件,调用 start()方法以及 stop()方法开始或停止播放动画。各方法、事件的 Java 代码如下。

```java
@Override
protected void onCreate(Bundle savedInstanceState) {
    super.onCreate(savedInstanceState);
    setContentView(R.layout.activity_main);
    btn_open=findViewById(R.id.btn_open);
    btn_stop=findViewById(R.id.btn_stop);
    img_gif=findViewById(R.id.img_gif);
    anim= (AnimationDrawable) img_gif.getBackground();
    btn_open.setOnClickListener(new View.OnClickListener() {
        @Override
        public void onClick(View v) {
            anim.start();
        }
    });
    btn_stop.setOnClickListener(new View.OnClickListener() {
        @Override
        public void onClick(View v) {
            anim.stop();
        }
    });
}
```

上述代码实现了"播放"按钮和"停止"按钮的单击事件。第 1～3 行粗体字代码表示获取界面中的两个按钮组件和一个图像组件。第 4 行按钮表示将动画组件的背景设置为图像组件中的图片。第 5 行粗体字代码表示单击"播放"按钮调用 start()方法开始播放动画。第 6 行粗体字代码表示单击"停止"按钮调用 stop()方法停止播放动画。效果如图 2.9 所示。

图 2.9　播放动画

(2) 补间动画(Tween Animation)组件。

① 补间动画的概念及定义。在 Android 系统中,与逐帧动画耗用系统资源较多这一不足之处相比,补间动画占用系统资源较少,且可以节约存储空间。从本质上来说,补间动画

与逐帧动画是不同的。逐帧动画通过连续播放图片实现动画效果，而补间动画是通过在两个关键帧之间补充渐变的动画效果来实现的。目前 Android 系统支持的补间动画效果有以下 5 种，这些效果的实现在 android.view.animation 类库中。

- AlphaAnimation 效果。该效果为透明度（alpha）渐变效果，对应＜alpha/＞标签。
- TranslateAnimation 效果。该效果为位移渐变效果，需要指定移动点的开始坐标和结束坐标，对应＜translate/＞标签。
- ScaleAnimation 效果。该效果为缩放渐变效果，可以指定缩放的参考点，对应＜scale/＞标签。
- RotateAnimation 效果。该效果为旋转渐变效果，可以指定旋转的参考点，对应＜rotate/＞标签。
- AnimationSet 效果。该效果为组合渐变，支持组合多种渐变效果，对应＜set/＞标签。

② 补间动画的使用。在 Android Studio 开发环境中使用补间动画，可以通过 XML 方式，也可以通过 Java 方式。用 XML 方式实现补间动画，需要将 XML 文件放到 res 目录下的 anim 目录中。Android Studio 开发环境默认是没有 anim 目录的，需要以手动方式将该目录建立好。用 Java 代码方式实现补间动画，主要通过 Animation 类的构造方法，实例化补间动画对象，并设置动画属性。不同于逐帧动画，补间动画的实现必须与 View 相关联，可以通过 View.startAnimation（Animation anim）或者 View.setAnimation（Animation anim）来开始动画。下面通过一个实例，实现淡入淡出的补间动画效果，步骤如下。

第 1 步：在布局文件中创建图像切换器。在 activity_main.xml 文件中，定义一个 ViewFlipper 组件，用于实现图像切换器，代码如下。

```
<ViewFlipper
    android:layout_width="match_parent"
    android:layout_height="match_parent"
    android:id="@+id/flipper">
```

上述代码定义了一个名为 flipper 的图像切换器，以 ViewFlipper 组件的形式实现淡入淡出效果。

第 2 步：定义动画淡入效果。在 res\anim 目录下创建 anim_alpha_in.xml 文件，实现动画淡入效果，程序代码如下。

```
<?xml version="1.0" encoding="utf-8"?>
<set xmlns:android="http://schemas.android.com/apk/res/android">
    <alpha android:fromAlpha="0"
        android:toAlpha="1"
        android:duration="4000"/>
</set>
```

上述代码通过＜set＞…＜/set＞定义了动画的淡入效果，第 1 行粗体字代码表示动画开始的透明度，android:fromAlpha＝"0"表示动画开始时为全透明状态。第 2 行粗体字代码表示动画结束时的透明度，android:toAlpha＝"1"表示动画结束时为完全不透明状态。第 3 行粗体字代码表示动画的持续时间为 4s。

第3步：定义动画淡出效果。在 res\anim 目录下创建 anim_alpha_out.xml 文件，实现动画淡入效果，程序代码如下。

```
<?xml version="1.0" encoding="utf-8"?>
<set xmlns:android="http://schemas.android.com/apk/res/android">
    <alpha android:fromAlpha="1"
        android:toAlpha="0"
        android:duration="4000"/>
</set>
```

上述代码与动画淡入效果的代码较为类似，仅动画的透明度状态相反，此处不再赘述。

第4步：在 MainActivity.java 文件中实现淡入淡出效果。运用 Animation 类，在 onCreate()方法中定义动画数组，其元素分别为淡入动画和淡出动画，并指定切换动画效果的方法，代码如下。

```
flipper=findViewById(R.id.flipper);
Animation[] animations=new Animation[2];
animations[0]= AnimationUtils.loadAnimation(this ,R.anim.anim_alpha_in);
animations[1]=AnimationUtils.loadAnimation(this,R.anim.anim_alpha_out);
flipper.setInAnimation(animations[0]);
flipper.setOutAnimation(animations[1]);
```

上述代码中，第1行代码表示关联界面中定义的切换器，第2行代码定义了一个包含两个元素的动画数组；第3行和第4行代码分别将淡入动画和淡出动画作为数组的两个元素；第5行和第6行代码为切换器指定了切换动画效果的顺序。

（3）属性动画（Property Animation）组件。

① 属性动画的概念及定义。在 Android 系统中，逐帧动画的工作原理简单，但耗费系统资源较大；补间动画运行效率较高，但仅包含淡入淡出、缩放、平移、旋转四种动画效果，且依靠"硬编码"方式实现动画功能，灵活性和扩展性较差。为此，自 Android 系统的 3.0 版本开始，系统提供了一种全新的动画模式——属性动画。

从概念上来说，属性动画不同于逐帧动画、补间动画。属性动画是指在一定的时间段内，按照一定的规律改变 Android 对象属性的一种动态效果。顾名思义，属性动画就是针对动画组件属性值的动画效果，动画组件的属性是可以从组件的大小、位置等方面直观地表现出来的。在 Android 系统中，属性动画继承自 View 组件，但不会对 View 组件的形态做出改变。

从本质上来说，属性动画是一种不断地对属性值进行操作的机制，并将属性值赋予指定的 Android 组件对象的任意属性之中。在操作属性动画的过程中，可以对 View 组件进行移动或缩放，但不能改变其呈现状态。同时，也可以对自定义的 View 组件中的 Point 对象进行属性动画的操作。用户只需要告知 Android 系统执行属性动画的初始值和结束值，其余工作由 Android 系统自行完成。

② 属性动画的使用。为了克服逐帧动画和补间动画的缺点及不足，在 Android API 11 之后引入了属性动画。在属性动画使用过程中，主要涉及 Android 系统的 ObjectAnimator、ValueAnimator、AnimatorSet、PropertyValueHolder、TypeEvaluator、Interpolator 六个动画类。其中，ValueAnimator 是整个属性动画机制当中最核心的一个

类，使用该类可以对任意对象的任意属性进行动画操作。ObjectAnimator 是使用频率最高的类，该类继承自 ValueAnimator 类。下面通过一个实例说明属性动画的使用方法。该实例通过多次改变一个小球的位置属性，控制小球的运行轨迹，程序步骤如下。

第 1 步：新建 Android 项目，添加项目资源。在 Android Studio 开发环境中新建一个空白的 Android 项目，将配套资料中的 ball.png 图片复制到项目的 drawable 目录下。在 values\ strings. xml 文件中，添加字符串资源：＜ string name ＝ " btnCaption " ＞移动＜/string＞，该字符串资源在按钮组件上显示"移动"。

第 2 步：设计界面布局。在 activity_main.xml 文件中，添加一个 ImageView 组件和一个 Button 组件。ImageView 组件中显示 ball.png 图片，Button 组件显示文字"移动"，程序代码如下。

```
<ImageView
    android:layout_width="50dp"
    android:layout_height="50dp"
    android:id="@+id/img_id"
    android:background="@drawable/ball"/>
<Button
    android:layout_width="wrap_content"
    android:layout_height="wrap_content"
    android:layout_marginTop="600dp"
    android:layout_marginLeft="150dp"
    android:text="@string/btnCaption"
    android:textSize="20dp"
    android:onClick="moveOnclick"/>
```

上述代码在 activity_main. xml 布局文件中定义了一个图片组件和一个按钮组件，图片组件用于显示小球图片，按钮组件用于改变小球的位置属性，实现属性动画。第 1 行粗体字代码将图片组件的背景设置为 drawable 目录下的 ball.png 图片；第 2 行粗体字代码设置按钮组件的文字为 strings.xml 文件中名为"btnCaption"的字符串资源；第 3 行粗体字代码以标签的形式定义了按钮的 onClick 事件。

第 3 步：编写小球的属性动画事件。在 MainActivity.java 文件中，首先引入 android. animation.ObjectAnimator 动画类；然后定义 ImageView 组件，并关联界面上名为"img_id" 的 ImageView 组件；最后实现按钮的 moveOnclick 单击事件，运用 ObjectAnimator 类的 ofFloat()方法，改变小球的位置属性。moveOnclick 事件的程序代码如下。

```
public void moveOnclick(View view) {
    ObjectAnimator animator1 = ObjectAnimator.ofFloat(imageView, "translationX", 0F,
250F);
    ObjectAnimator animator2 = ObjectAnimator.ofFloat(imageView, "translationY", 0F,
250F);
    ObjectAnimator animator3 = ObjectAnimator.ofFloat(imageView, "rotation", 0F,
120F);
    AnimatorSet animatorSet = new AnimatorSet();
    animatorSet.play(animator1).with(animator2);
    animatorSet.play(animator3).after(animator1);
    animatorSet.setDuration(1000);
```

```
    animatorSet.start();
}
```

上述代码定义了单击按钮的 moveOnclick 事件,该事件用于控制小球的运动轨迹。第 1 行粗体字代码表示定义一个属性动画对象 animatorSet;第 2 行和第 3 行粗体字代码表示调用 animatorSet 对象的 play()方法,控制动画随意组合运行方向;第 4 行粗体字代码表示动画的时间间隔为 1s。运行效果如图 2.10 所示。

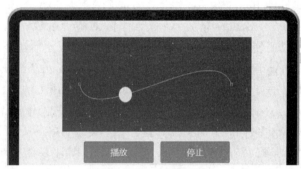

图 2.10　小球轨迹

2. 图片按钮(ImageButton)组件

(1) ImageButton 组件的概念及定义。在 Android 系统中,ImageButton 组件是常用的界面组件之一,是可以被用户单击的图片按钮。在默认情况下,该按钮的外观与 Button 组件的外观一致。若要在 ImageButton 组件中显示图片,可在布局文件中的＜ImageButton＞…＜/ImageButton＞标签中添加 android:src 属性,其属性值为图片资源所在路径。也可以在 Java 代码文件中使用 setImageResource(int)方法指定图片资源。若要删除按钮的背景,可以自定义背景图片或将背景设置为透明。

(2) ImageButton 组件的属性。在 Android 系统中,ImageButton 显示的是图片,Button 组件显示的是文字。因此,ImageButton 组件并非继承自 Button 类,而是继承自 ImageView 类,拥有 ImageView 类的所有属性。ImageButton 组件的常用属性如下。

- android:src 属性。该属性用于设置一个可绘制的 ImageView 组件的图像内容。
- android:adjustViewBounds 属性。该属性用于调整 ImageView 组件的边界,以保持其绘制的高宽比。该属性有两个可选的属性值: true 和 false。
- android:baseline 属性。该属性用于偏移 ImageButton 组件内部的基线,调整对齐方式。
- android:baselineAlignBottom 属性。该属性用于使 ImageButton 组件基于其底部边缘基线对齐。该属性有两个可选的属性值: true 和 false。
- android:cropToPadding 属性。该属性用于裁剪 ImageButton 组件的图像,使其填充于组件之内。该属性有两个可选的属性值: true 和 false。
- android:background 属性。该属性用于 ImageButton 组件的背景图片,默认为拉伸状态。
- android:contentDescription 属性。该属性用于简要描述 ImageButton 组件的视图

内容。

- android:onClick 属性。该属性用于在 ImageButton 组件被单击时调用的方法的名称。
- android:visibility 属性。该属性用于控制 ImageButton 组件的初始可视性状态。属性有两个可选的属性值：true 和 false。

（3）ImageButton 组件的使用。在 Android Studio 开发环境中，可以采用 XML 布局文件或 Java 代码的方式设计 ImageButton 组件。在布局文件中使用 ImageButton 组件，一般要在<ImageButton>…</ImageButton>标签中添加组件的属性；在 Java 代码中使用 ImageButton 组件，一般要使用 New 关键字实例化组件对象，然后再添加其相关属性。但根据谷歌的官方文件，Android 建议使用 XML 文件设计 ImageButton 组件，不推荐使用 Java 代码方式。下面以一个实例说明 ImageButton 组件的使用方法。在该实例中，单击带有智能家居图标的按钮，弹出"欢迎使用智能家居系统"消息框，操作步骤如下。

第 1 步：新建 Android 项目，添加图片资源。在 Android Studio 开发环境中新建一个空白的 Android 项目，将配套资料中的 smarthome.png 图片复制到项目的 drawable 目录下。

第 2 步：设计 ImageButton 组件。在 activity_main.xml 文件中，添加一个 ImageButton 组件，在其中显示 smarthome.png 图片，程序代码如下。

```
<ImageButton
    android:id="@+id/img_smarthome"
    android:layout_width="100dp"
    android:layout_height="100dp"
    android:background="#fa9e00"
    android:src="@drawable/smarthome"
    android:scaleType="fitCenter" />
```

上述代码定义了一个 ImageButton 组件，用于响应单击事件。第 1 行粗体字代码设置 ImageButton 组件的背景颜色；第 2 行粗体字代码表示将 drawable 目录下名为 smarthome.png 的图片加载到 ImageButton 组件中；第 3 行粗体字代码表示将图片的缩放方式设置为居中适应组件的大小。

第 3 步：实现 ImageButton 组件的单击事件。打开 MainActivity.java 文件，在 onCreate()方法中输入以下代码。

```
ImageButton imageButton = findViewById(R.id.img_smarthome);
imageButton.setOnClickListener(new View.OnClickListener() {
    @Override
    public void onClick(View v) {
        Toast.makeText(MainActivity.this,"欢迎使用智能家居!", Toast.LENGTH_LONG).show();
    }
});
```

上述代码重写了 onCreate()方法，在 ImageButton 组件的单击事件中，弹出消息框。第 1 行粗体字代码表示定义 ImageButton 组件的单击监听事件；第 2 行粗体字代码调用 Toast 类的 makeText()方法，弹出"欢迎使用智能家居!"的消息文字。关于 Toast 消息的使用方法,请参考下面要介绍的"消息框组件"部分。

3. 消息框(Toast)组件

(1) Toast 组件的概念及定义。在 Android 系统中,Toast 是一种简易的消息提示框,是 Android 系统提供的轻量级信息提醒机制,其主要作用是向用户提示即时消息。Toast 组件显示在 Android 应用程序界面的最上层,显示一段时间后自动消失,不会中断用户当前的操作。与对话框组件不同的是,Toast 组件不会获得焦点,也无法被用户单击。Toast 组件显示的时间有限,会根据用户设置的显示时间自动消失。

(2) Toast 组件的参数及属性。在 Android 系统中,Toast 组件显示消息的方法包含以下 3 个参数。

- Context 参数。该参数用于设置应用程序环境的信息,也就是当前组件的上下文环境。如果在 Activity 中使用的话,该参数可设置可以使用 this 属性,例如 "MainActivity.this"。

- Text 参数。该参数用于设置需要显示的信息文字,其属性值通常是一个字符串。

- Time 参数。该参数用于设置提示信息的时长,其属性值有 LENGTH_SHORT 和 LENGTH_LONG,分别表示短时间和长时间。其中,短时间默认为 2s,长时间默认为 4s。

(3) Toast 组件的方法。在 Android 系统中,Toast 组件常用的方法有:makeText()方法、setGravity()方法、setDuration()方法、setView()方法、show()方法。

- makeText()方法。该方法用于设置显示消息的上下文参数、文本参数和时间参数。

- setGravity()方法。该方法用于设置 Toast 组件显示的位置。该位置为 Toast 组件在 X 轴方向上的偏移量,正数表示向右偏移,负数表示向左偏移。

- setDuration()方法。该方法用于设置消息显示的时间长度,其参数为 Toast 组件的 Time 参数。

- setView()方法。该方法用于设置消息内容的布局方式,主要作用是在消息中显示图片。

- show()方法。该方法用于将消息内容显示在界面中,提供给用户查看。

(4) Toast 组件的使用。在 Android 系统中,Toast 组件一般在 Java 代码文件中使用。该组件在使用时需要导入 android.widget.Toast 类。下面通过一个实例说明 Toast 组件的使用方法。在该实例中,单击按钮,弹出"欢迎使用智能家居"消息,并包含智能家居的图标,步骤如下。

第 1 步:新建 Android 项目,添加项目资源。在 Android Studio 开发环境中新建一个空白的 Android 项目,将配套资料中的 smarthome.png 图片复制到项目的 drawable 目录下。在 strings.xml 文件中,添加一个字符串资源:<string name="btnCaption">智能家居</string>。该字符串用于在按钮中显示文字。

第 2 步:设计界面布局。在 activity_main.xml 文件中,界面采用线性布局方式,在其中添加一个 Button 组件。该组件在水平方向上居中显示,程序代码如下。

```
<Button
    android:id="@+id/btn_smarthome"
```

```
android:layout_width="wrap_content"
android:layout_height="wrap_content"
android:layout_gravity="center_horizontal"
android:layout_marginTop="40dp"
android:text="@string/btnCaption" />
```

上述代码在线性布局中定义了一个按钮组件。第1行粗体字代码部分表示该按钮在布局的水平方向上居中显示。第2行粗体字代码表示该按钮显示的文字来自 values\strings.xml 文件中的名为"btnCaption"的字符串资源。

第3步：实现带图片的消息框。打开 MainActivity.java 文件，在 onCreate()方法中，定义一个 Button 组件，并关联界面上的 Button 组件。定义该 Button 组件的监听事件，在OnClick()方法中，实现带智能家居图片的消息框，程序代码如下。

```
Button btnSmart = (Button)findViewById(R.id.btn_smarthome);
btnSmart.setOnClickListener(new View.OnClickListener() {
    @Override
    public void onClick(View v) {
        Toast toast = Toast.makeText(MainActivity.this,"欢迎使用智能家居系统!",
Toast.LENGTH_LONG);
        toast.setGravity(Gravity.CENTER, 0, 0);
        View toastView = toast.getView();
        ImageView image = new ImageView(MainActivity.this);
        image.setImageResource(R.drawable.smarthome);
        LinearLayout ll = new LinearLayout(MainActivity.this);
        ll.addView(image);
        ll.addView(toastView);
        toast.setView(ll);
        toast.show();
    }
});
```

上述代码中，第1行粗体字代码调用了 Toast 类的 setGravity()方法，参数 Gravity. CENTER 表示将消息框的显示位置设置为居中显示，参数 0 表示消息框的显示位置无偏移。第2行粗体字代码表示消息内容中的图片来自于 drawable 目录下的名为 smarthome. png 的图片。第3行粗体字代码表示消息框的显示布局为线性布局方式。第4行粗体字代码表示将消息框中的图片和文字以线性布局的方式呈现。

2.2.4　任务实战：智能家居系统主界面设计

1. 任务描述

运用 Android Studio 开发环境和设计素材，设计智能家居系统的主界面，如图 2.11 所示。

（1）智能家居系统的主界面显示动态背景，素材为配套资料中的 background.gif 图片。

（2）智能家居系统的主界面无标题栏，全屏显示。

（3）主界面上方显示标题"智能家居系统"字样，字体加粗，文字大小 36，居中显示。

（4）标题下方按照 3 行 2 列显示"环境监测""视频监控""设备控制""系统设置""切换

用户""退出系统"6 个按钮,每个按钮显示对应的图片。

图 2.11　智能家居主界面

2. 任务分析

根据任务描述,主界面中使用 GIF 动画作为动态背景,可使用开源框架 android-gif-drawable。此开源库中封装了 GifImageView、GifImageButton、GifTextView 等动画类组件,只需在布局文件中添加这些组件,就可以直接设置 GIF 图片作为背景。在界面使用开源库中的动画组件,将布局设计为帧布局方式(FrameLayout),并在项目模块的 build.gradle 文件中添加开源库的依赖。在界面中将按钮排列为 3 行 2 列,需要在帧布局中嵌套线性布局,设计其中组件的宽度和高度,并设计按钮组件的透明度。此外,为使界面更加整齐、美观,各组件之间运用 margin 属性设置间隔距离。

3. 任务实施

在 Android Studio 开发环境中,设置 build.gradle 文件和主界面的布局文件 activity_main.xml,具体的操作步骤如下。

(1) 添加图片及文字资源。将配套资源中的 7 个图片文件"envmonitor. png""video. png""devcontrol. png""setup. png""switchuser. png""exit. png""background. gif"添加到项目的 drawable 目录下。其中,background. gif 为带有动画效果的图片,用于设置主界面的背景。然后在 strings. xml 文件中添加两个字符串资源,分别表示项目标题和版本信息,代码如下。

```
<string name="AppTitle">智能家居系统</string>
<string name="Edition">智能家居系统 V1.0.0.1</string>
```

（2）在项目模块的 build.gradle 文件中添加动画组件的依赖。在 smarthome 工程的模块（Module）的 build.gradle 文件的 dependencies 部分，添加动画组件开源库的依赖，代码如下。

```
implementation fileTree(dir: 'libs', include: ['*.jar'])
implementation 'pl.droidsonroids.gif:android-gif-drawable:1.1.+'
```

上述代码中，第 1 行代码表示开源库依赖的文件格式为 jar 格式。第 2 行代码中，pl.droidsonroids.gif 表示动画组件所在的类，android-gif-drawable：1.1.＋表示开源库文件的类型与版本。

（3）添加动画组件作为主界面背景。打开 activity_main.xml 文件，将布局根元素修改为＜FrameLayout＞…＜/FrameLayout＞，在其中添加动画组件作为背景，代码如下。

```
<pl.droidsonroids.gif.GifImageView
    android:layout_width="match_parent"
    android:layout_height="match_parent"
    android:background="@drawable/background" />
```

上述代码在布局文件中添加开源库中的动画组件。第 1 行粗体字代码表示该动画组件的类型为 GifImageView 类型，即 GIF 格式的图片组件。第 2 行粗体字代码表示该动画组件的背景为 drawable 目录下名为"background.gif"的动画。

（4）添加智能家居项目标题。打开 activity_main.xml 文件，在上述动画背景的下方，添加一个 TextView 组件。将该组件的背景设置为蓝色并带有透明度，宽度设置为充满整个水平方向，高度设置为 80dp，文字设置为"智能家居系统"，居中显示，字号为 36sp，字体加粗，文字颜色为白色。代码如下。

```
<!-->此处为动画背景<-->
<TextView
    android:layout_width="match_parent"
    android:layout_height="80dp"
    android:background="#AA0000FF"
    android:text="@string/AppTitle"
    android:gravity="center"
    android:textSize="36sp"
    android:textColor="@color/white"
    android:textStyle="bold" />
```

上述代码定义了本项目的标题文字"智能家居系统"。其中的粗体字部分代码表示将 TextView 组件的背景设置为蓝色透明。其中，AA 表示透明度，0000FF 表示蓝色。在 Android 系统中，颜色和透明度均是按十六进制表示的，其十进制范围是 0～255。十六进制 AA 转换为十进制为 170，再除以 255 得 0.67，即背景透明度为 67%。其余代码的含义在 2.2.3 节中有详细阐述，此处不再赘述。

（5）添加图片按钮组件。由于按钮要求显示为 3 行 2 列，添加 3 个 LinearLayout 布局作为 3 行。打开 activity_main.xml 文件，在上述 TextView 组件的下方，添加 3 个线性布局，在每个＜LinearLayout＞…＜/LinearLayout＞标签中添加 2 个 ImageButton 组件，将每个 ImageButton 组件的背景图片设置为步骤(1)中的 6 个 png 格式的图片。由于 6 个图片按钮的布局代码类似，此处仅列举第 1 个图片按钮的代码。

```
<!-->以上为动画背景<-->
<LinearLayout
    android:layout_width="match_parent"
    android:layout_height="wrap_content"
    android:layout_marginTop="100dp"
    android:gravity="center">
    <ImageButton
        android:id="@+id/envbtn"
        android:layout_height="120dp"
        android:layout_width="120dp"
        android:src="@drawable/envmonitor"
        android:scaleType="fitCenter"
        android:background="@drawable/btn_shape"
        android:layout_weight="1" />
<!-->此处为第 2 个 ImageButton 组件<-->
</LinearLayout >
```

上述代码定义了第 1 个线性布局，其中在水平方向上包含两个 ImageButton 组件。第 1 行粗体字代码表示该线性布局距离界面顶端的距离为 100dp；第 2 行粗体字代码表示该图片按钮加载 drawable 目录下名为"envmonitor.png"的图片；第 3 行粗体字代码表示该图片按钮显示图片的方式为组件中心显示，且自动适应组件的大小；第 4 行粗体字代码表示该按钮的样式为 drawable\btn_shape.xml 文件中按钮的样式；第 5 行粗体字代码表示该图片按钮与右侧的按钮在水平方向上平均分布。

（6）添加项目的版本信息。打开 activity_main.xml 文件，在上述第 3 个 LinearLayout 布局的下方，添加一个 TextView 组件，用于显示项目的版本信息，代码如下。

```
<TextView
    android:layout_width="match_parent"
    android:layout_height="100dp"
    android:layout_gravity="bottom"
    android:gravity="center"
    android:text="@string/Edition"
    android:textSize="20sp"
    android:textColor="@color/white"
    android:textStyle="bold"/>
```

上述代码使用 TextView 组件显示项目的版本信息。第 1 行粗体字代码表示该 TextView 组件在界面中靠底部对齐；第 2 行粗体字代码表示该 TextView 组件显示的文字为 strings.xml 文件中名为"Edition"的字符串，即"智能家居系统 V1.0.0.1"。其余代码的含义请参照 2.2.3 节中的详细阐述，此处不再赘述。运行程序，智能家居系统主界面如图 2.11 所示。

2.2.5 任务拓展：使用视频作为主界面的背景

在 Android 系统中，除了可以使用 GIF 动画作为界面的动态背景外，还可以使用视频作为背景。与动画方式需要加载开源库中的依赖文件不同，视频方式实现动态背景较为简单，只需导入原生的视频文件即可。下面具体说明视频文件作为主界面背景的操作步骤。

图 2.12 MP4 视频资源

第 1 步：导入 MP4 视频资源。在 Android Studio 开发环境中，新建一个项目，命名为 videobackground。在该项目的 res 目录下，新建一个 raw 目录，将配套资料中的 video.mp4 文件复制到 raw 目录中，该视频文件将作为界面的动态背景，如图 2.12 所示。

第 2 步：建立视频背景工具类。在工程项目中新建一个 Java 类文件，命名为 CustomVideoView。该 Java 类文件作为视频背景的工具类，程序代码如下。

```java
public class CustomVideoView extends VideoView {
    public CustomVideoView(Context context) {
        super(context);
    }
    public CustomVideoView(Context context, AttributeSet attrs) {
        super(context, attrs);
    }
    public CustomVideoView(Context context, AttributeSet attrs, int defStyleAttr) {
        super(context, attrs, defStyleAttr);
    }
    @Override
    protected void onMeasure(int widthMeasureSpec, int heightMeasureSpec) {
        //重新计算高度
        int width = getDefaultSize(0, widthMeasureSpec);
        int height = getDefaultSize(0, heightMeasureSpec);
        setMeasuredDimension(width, height);
    }
    @Override
    public void setOnPreparedListener(MediaPlayer.OnPreparedListener l) {
        super.setOnPreparedListener(l);
    }
}
```

上述代码为 CustomVideoView 类的 Java 代码，包含 5 个方法。第 1～3 行粗体字代码表示重载 CustomVideoView 类的 3 个构造方法。第 4 行粗体字代码表示重写 CustomVideoView 类的 onMeasure()方法，该方法包含两个参数，用于重新计算背景区域的宽度与高度。第 5 行粗体字代码表示重写 CustomVideoView 类的 setOnPreparedListener()方法，该方法包含一个媒体类型的参数，用于监听加载背景视频的事件。

第 3 步：设计界面布局。在 Android Studio 开发环境中，打开 activity_main.xml 文件，在该文件中，加入 CustomVideoView 类中的用于播放视频的组件，程序代码如下。

```xml
<RelativeLayout xmlns:android="http://schemas.android.com/apk/res/android"
    xmlns:tools="http://schemas.android.com/tools"
```

```
android:id="@+id/activity_main"
android:layout_width="match_parent"
android:layout_height="match_parent"
tools:context=".MainActivity">
<com.example.videobackground.CustomVideoView
    android:id="@+id/videoview"
    android:layout_width="match_parent"
    android:layout_height="match_parent"
    android:layout_alignParentLeft="true"
    android:layout_alignParentStart="true"
    android:layout_alignParentTop="true" />
</RelativeLayout>
```

上述代码定义了一个相对布局,其中包含一个用于显示 MP4 视频的自定义组件。粗体字代码部分表示加载名为“CustomVideoView”的组件,由于该组件是自定义组件,故需要加上完整的包文件的路径。

第 4 步:实现带有视频背景的界面。在 Android Studio 开发环境中,打开 MainActivity.java 文件,在该文件中,获取 raw 目录下的 video.mp4 视频资源,实现动态背景。由于程序代码较长,此处仅给出关键代码,具体程序请参照配套资料中的代码。

```
private CustomVideoView videoview;
private void initView() {
    videoview = (CustomVideoView) findViewById(R.id.videoview);
    //设置播放加载路径
    videoview.setVideoURI(Uri.parse("android.resource://" + getPackageName()
+ "/" + R.raw.video));
    //循环播放
    videoview.setOnCompletionListener(new MediaPlayer.OnCompletionListener() {
        @Override
        public void onCompletion(MediaPlayer mediaPlayer) {
            videoview.start();
        }
    });
}
```

上述代码自定义方法 initView ( ),用于加载视频资源,并显示在自定义的 CustomVideoView 组件中。第 1 行粗体字代码表示定义视频组件 videoview,并与界面中的 videoview 组件相关联。第 2 行粗体字代码表示使用 ContentProvider 组件中的 URI 方法设置视频播放的路径。第 3 行粗体字代码调用 videoview 组件的播放监听事件,将视频循环播放。第 4 行粗体字代码表示开始播放视频。至此,视频方式作为界面背景的设计就结束了,在 Android 设备中运行此项目,可以看到视频方式的动态背景效果。

2.3   智能家居环境数据监测界面设计

2.3.1   Service 组件

1. Service 组件的概念及原理

在 Android 系统中,Service 即服务,是一个 Android 应用程序的组件。Service 组件可以在后台执行长时间运行操作,但没有用户界面的应用组件。当 Service 服务启动后,即使用户执行切换应用程序的操作,其 Service 组件仍然在后台处于运行状态。

Service 组件与 Android 系统的其他组件一样,在其托管进程的主线程中运行。也就是说,Service 服务不会创建自己的线程,在没有明确指定应用程序进程的情况下,Service 组件不会在单独的某一进程中运行。当应用程序需要执行 CPU 密集型或阻塞类型的操作,例如,播放 MP3、收发网络消息等耗时操作,此时若在 Android 应用的主线程中执行这些操作,将引发 ANR(应用程序未响应)异常,造成系统卡死。解决办法是在 Service 服务所在的进程中再创建一个子线程,然后在该子线程中处理耗时的操作。

2. Android 系统中 Service 的生命周期

与 Activity 组件类似,Service 组件也有自己的生命周期。在不同的时刻,Android 系统会调用对应的 Service 生命周期的函数。用户可以使用这些函数来监测 Service 组件状态的变化,并且在适当的时候,根据用户需求执行对应的操作。Service 组件的生命周期函数如下。

- onCreate()函数。该函数在 Service 服务首次创建时被调用,且仅被调用 1 次,若 Service 服务已经运行,则该函数将不会被调用。
- onStartCommand()函数。当某个 Android 组件通过 startService()方法请求启动 Serivce 服务时,Android 系统将调用该函数。
- onDestroy()函数。当 Service 服务不再使用且即将被销毁时,Android 系统将调用该函数。
- onBind()函数。当某个 Android 组件通过调用 bindService()方法与 Service 服务绑定时,Android 系统将调用该函数。
- onUnbind()函数。当某个 Android 组件通过调用 unbindService()方法与 Service 服务解除绑定时,Android 系统将调用该函数。
- onRebind()函数。当原有的 Android 组件与 Service 服务解绑后,另一个新的组件与 Service 服务绑定,且 onUnbind()函数的返回值为 true 时,Android 系统将调用该函数。

3. Service 组件的属性

在 Android 系统中,Service 通常被称为"后台服务"。其中,"后台"一词是指 Service 组件的运行并不依赖于 UI 界面,而是依靠本身的属性在应用程序进程中运行,其常用属性如下。

- android:enabled 属性。该属性表示 Service 组件对象是否可以被系统实例化,默认的属性值为 true。因其父类也有 enable 属性,故必须父类和子类的属性值均为 true,Service 服务才会被激活。
- android:exported 属性。该属性表示 Service 组件是否能被其他应用隐式调用,其属性值是由 Service 组件中是否包含 intent-filter 决定的,若有,其值为 true,否则为 false。在属性值为 false 的情况下,即使有 intent-filter 匹配,也无法打开 Service 服务。

- android:name 属性。该属性表示 Service 组件的类名。
- android:permission 属性。该属性表示 Service 组件的权限声明。
- android:process 属性。该属性表示 Service 组件是否需要在单独的进程中运行,当其属性值为":remote"时,表示 Service 组件在单独的进程中运行。注意":"很重要,表示在当前进程名称前面附加上当前的包名,例如 App-packageName:remote。
- android:isolatedProcess 属性。该属性表示 Service 组件是否在特殊的进程中运行,若其值为 true,表示该服务在一个特殊的进程下运行,这个进程与系统其他进程分开且没有自己的权限,与其通信的唯一途径是通过服务的 API(bind and start)进行。

4. Service 组件的使用

在 Android 系统中,使用 Service 组件必须创建 Service 服务的子类,或使用其现有的子类,例如,IntentService 子类。一般而言,使用 Service 组件分为 Started Service(启动服务)和 Bound Service(绑定服务)。无论哪种具体的 Service 使用类型,都是通过继承 Service 组件的基类自定义而来。在实现过程中,需要重写一些回调方法,以处理 Service 服务生命周期的某些关键过程,其步骤如下。

第 1 步:在 Android 项目的清单文件中声明 Service 服务。在 Android Studio 开发环境中,打开 AndroidManifest.xml 文件,在其中加入启动及绑定 Service 服务的声明,代码如下。

```
<service android:enabled=["true" | "false"]
    android:exported=["true" | "false"]
    android:icon="drawable resource"
    android:isolatedProcess=["true" | "false"]
    android:label="string resource"
    android:name="string"
    android:permission="string"
    android:process="string" >
    <!-->此处为程序代码<-->
</service>
```

第 2 步:使用 Java 代码启动 Service 服务。在 Android Studio 开发环境中,打开 Java 代码文件,通过调用 context.startService(Intent serviceIntent)方法,启动 Service 服务,代码如下。

```
startServiceBtn.setOnClickListener(new View.OnClickListener() {
    @Override
    public void onClick(View v) {
        serviceIntent = new Intent(MainActivity.this, MyService.class);
        startService(serviceIntent);
    }
});
```

上述代码定义了 startServiceBtn 按钮的单击监听事件,并重写了 onClick()方法,在其中启动 Service 服务。第 1 行粗体字代码表示以 Intent 方式跳转到名为 MyService 的服务中；第 2 行粗体字代码表示调用 startService()方法，在 Intent 进程中启动 Service 服务。

第 3 步：使用 Java 代码绑定 Service 服务。绑定 Service 服务即 Bound Service，其主要特性在于 Service 的生命周期是依附于被绑定组件的生命周期的。当被绑定组件被注销或已不存在时，Bound Service 将调用 onDestroy()方法销毁 Service 服务，其代码如下。

```
bindServiceBtn.setOnClickListener(new View.OnClickListener() {
    @Override
    public void onClick(View v) {
        Intent intent = new Intent(CActivity.this, MyMessengerService.class);
        bindService(intent, sc, Context.BIND_AUTO_CREATE);
    }
});
```

上述代码定义了 bindServiceBtn 按钮的单击监听事件，并重写了 onClick()方法，在其中绑定 Service 服务。第 1 行粗体字代码表示以 Intent 方式从名为 CActivity 的界面跳转到名为 MyMessengerService 的服务中；第 2 行粗体字代码表示调用 bindService()方法，在 Intent 进程中绑定 Service 服务。

2.3.2 Android 系统表格布局

1. 表格布局的概念与原理

在 Android 系统中，表格布局即 TableLayout 布局方式，适用于 M 行 N 列的布局格式。表格布局与 HTML 中的<table>、<tr>、<td>三类表格标签相似，在 Android 应用程序的界面中以行和列的形式对其中的组件进行管理。在表格布局中，每一行使用<TableRow>…</TableRow>标签表示，一个 TableRow 就代表 TableLayout 中的一行，其中的对象为 View 类型的组件。每一行中的组件数量表示表格布局的列数，若该行中仅有一个组件，则表示该组件独占一整行。

2. 表格布局的属性

在 Android 系统中，TableLayout 继承自 LinearLayout。也就是说，表格布局继承了线性布局的所有属性，同时也拥有自己的特有属性。表格布局常用的属性如下。

- android:stretchColumns 属性。该属性用于设置表格布局中可伸展的列，该列最多可占据一整行。
- android:shrinkColumns 属性。该属性用于设置表格布局中可收缩的列，当某一列中的组件的内容太多时，显示不完的内容会收缩显示。
- android:collapseColumns 属性。该属性用于设置表格布局中要隐藏的列，该列中的组件均不显示。

以上三个属性为表格布局的全局属性，表格布局还具有以下两个单元格属性。

- android:layout_column 属性。该属性用于在表格布局中指定该单元格在第几列显示。
- android:layout_span 属性。该属性用于在表格布局中指定该单元格占据的列数，默认为 1 列。

以上即为 TableLayout 布局的 5 个常用属性,在实际使用过程中通常将这些属性组合使用。

3. 表格布局的定义及使用

在 Android 系统中,表格布局一般不会单独使用,而是与线性布局配合使用。使用表格布局可以通过 XML 方式,也可以通过 Java 代码方式。但根据谷歌的官方文档,Android 不推荐使用 Java 代码方式使用布局文件,推荐以 XML 文档的方式定义表格布局。下面通过一个实例说明表格布局的使用方法。在该实例中,定义了两个表格布局,将使用到表格布局的 5 个常用属性。由于代码较长,此处仅给出关键的程序代码,具体程序请参照配套资料中的实例代码。

(1) 第 1 个表格布局运用 TableLayout 的 3 个全局属性,程序代码如下。

```
<TableLayout
    android:layout_width="match_parent"
    android:layout_height="wrap_content"
    android:stretchColumns="0"
    android:shrinkColumns="1"
    android:collapseColumns="2">
    <TableRow>
        <Button android:text="该列可以伸展"/>
        <Button android:text="该列可以收缩"/>
        <Button android:text="被隐藏了"/>
    </TableRow>
    <TableRow>
        <TextView android:text="向行方向伸展,可以伸展很长"/>
        <TextView android:text="向列方向收缩,*************************************
*****************************************可以收缩很长的文字"/>
    </TableRow>
</TableLayout>
```

上述代码定义了一个 2 行 3 列的表格布局,第 1 行包含三个 Button 组件,第 2 行包含两个 TextView 组件。第 1 行粗体字代码表示表格布局的第 1 列可以伸展;第 2 行粗体字代码表示表格布局的第 2 列可以收缩;第 3 行粗体字代码表示表格布局的第 3 列是隐藏的,故第 1 行中的第 3 个 Button 组件为不可视。

(2) 第 2 个表格布局运用 TableLayout 的两个单元格属性,程序代码如下。

```
<TableLayout
    android:layout_width="match_parent"
    android:layout_height="wrap_content" >
    <!-->此处为两个 TableRow<-->
    <TableRow>
        <TextView
            android:text="指定在第 2 列,合并第 2 列和第 3 列"
            android:layout_column="1"
            android:layout_span="2" />
    </TableRow>
</TableLayout>
```

上述代码定义了一个 3 行 3 列的表格布局，前两个 TableRow 中未使用到单元格属性，故不再赘述。第 1 行粗体字代码表示指定 TextView 组件位于表格布局中的第 2 列；第 2 行粗体字代码表示该 TextView 组件占据第 2 列和第 3 列两个单元格。

2.3.3　家居环境监测界面组件设计

1. 下拉列表（Spinner）组件

（1）Spinner 组件的概念及原理。在 Android Studio 开发环境中，Spinner 组件是自带的一种容器类型的组件，是工具栏 Palette 中的 Containers 分组中的第一个组件，其主要作用是从多个选项中选择一个符合用户需求的选项。Spinner 组件具有菜单列表的功能，使用浮动菜单为用户提供选择，类似于桌面应用程序的组合框（ComboBox）。Spinner 组件中的列表项内容可以在组件的正下方展示，也可以在界面的中间部分以对话框的形式展示。

（2）Spinner 组件的属性。在 Android 系统中，Spinner 组件继承自 ViewGroup 类，拥有其父类的所有属性，同时具有自身特殊的属性。Spinner 组件的常用属性如下。

- android:dropDownHorizontalOffset 属性。该属性用于设置列表框的水平方向上的偏移距离，其值为带有单位的浮点型尺寸值。有效的单位包括：px（像素）、dp（密度无关的像素）、sp（基于引用字体的尺寸来缩放的像素）、in（英寸）、mm（毫米）。
- android:dropDownVerticalOffset 属性。该属性用于设置列表框的垂直方向上的偏移距离，其数量单位与 android:dropDownHorizontalOffset 属性相同。
- android:dropDownSelector 属性。该属性用于设置列表框被选中时的背景。
- android:dropDownWidth 属性。该属性用于设置下拉列表框的宽度。
- android:gravity 属性。该属性用于设置列表项内容的对齐方式。
- android:popupBackground 属性。该属性用于设置列表框的背景。
- android:prompt 属性。该属性用于设置对话框模式的列表框的提示信息的标题文字，该文字只能引用 string.xml 中的字符串资源，而不能直接输入字符串。
- android:spinnerMode 属性。该属性用于设置列表框的模式，有两个可选值：dialog 和 dropdown，默认值为 dropdown。其中，dialog 为对话框风格的窗体，dropdown 为下拉菜单风格的窗体。
- android:entries 属性。该属性使用数组资源设置下拉列表框的列表项目。表示 Spinner 组件的数据集合是从资源数组 values\arrays.xml 中获取的。

（3）Spinner 组件的使用。Spinner 组件每次只显示用户选中的元素，当用户再次单击时，会弹出选择列表供用户选择。使用 Spinner 组件首先需要创建数据源及适配器，然后向 Spinner 组件中添加适配器，最后在 Java 代码中获取适配器中的数据，并处理列表项目的选中事件。使用 Spinner 组件的步骤如下。

第 1 步：创建数据源。在 Android Studio 开发环境中，打开 values\arrays.xml 文件，添加字符串资源，用于存放到字符串数组中，代码如下。

```
<?xml version="1.0" encoding="utf-8"?>
<resources>
    <string-array name="sensor">
```

```
<item>温湿度传感器</item>
<item>光照度传感器</item>
<item>烟雾传感器</item>
<item>火焰传感器</item>
</string-array>
</resources>
```

上述代码在 arrays.xml 文件中,粗体字部分代码定义了一个名为"sensor"的字符串数组,该数组包含 4 个字符串元素,表示各类传感器的名称。

第 2 步:定义 Spinner 组件。在 Android Studio 开发环境中,打开布局文件,定义 Spinner 组件,程序代码如下。

```
<Spinner
    android:id="@+id/spinner_sensor"
    android:layout_width="220dp"
    android:layout_height="64dp"
    android:entries="@array/sensor"
    android:prompt="@string/title"
    android:spinnerMode="dialog" />
```

上述代码在布局文件中定义了一个名为"spinner_sensor"的 Spinner 组件。第 1 行粗体字代码表示该 Spinner 组件的列表项数据来自于 arrays.xml 文件中名为"sensor"的字符串数组;第 2 行粗体字代码表示该 Spinner 组件的列表项以对话框窗体的形式展现。

第 3 步:创建适配器。在 Android Studio 开发环境中,打开 Java 代码文件,创建 Spinner 组件的适配器,程序代码如下。

```
ArrayAdapter<String> adapter=new ArrayAdapter<String>(this, android.R.layout.
simple_spinner_item,list);
adapter.setDropDownViewResource(android.R.layout.simple_spinner_dropdown_
item);
```

上述代码创建了一个名为 adapter 的 Spinner 组件的适配器,并调用 setDropDownViewResource()方法向适配器中添加列表项数据。

第 4 步:在 Spinner 组件中添加适配器。在 Java 代码文件的 onCreate()方法中,将适配器中的数据添加到 Spinner 组件中,代码如下。

```
Spinner sp = (Spinner) findViewById(R.id.spinner_sensor);
sp.setAdapter(adapter);
```

上述代码中,第 1 行代码定义了一个名为"sp"的 Spinner 组件,并将其与界面中名为"spinner_sensor"的组件相关联;第 2 行代码表示将步骤 3 中的适配器数据添加到 Spinner 组件中。

第 5 步:定义 Spinner 组件选中项目的监听事件。在 Java 代码文件中,定义名为"sp"的 Spinner 组件选中项目的监听事件,程序代码如下。

```
sp.setOnItemSelectedListener(new AdapterView.OnItemSelectedListener() {
    @Override
    public void onItemSelected(AdapterView<?> adapterView, View view, int i,
```

```
long 1) {
        t_rank.setText(scope.getSelectedItem().toString());
    }
});
```

上述代码定义了 Spinner 组件的选中项目的监听事件 OnItemSelectedListener,粗体字部分代码表示重写 onItemSelected()方法,获取单击项目的文字内容。运行程序,效果如图 2.13 所示。

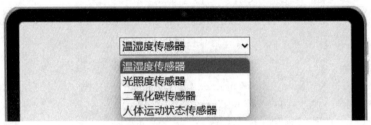

图 2.13　Spinner 组件

2. 对话框(AlertDialog)组件

(1) AlertDialog 组件的概念及原理。在 Android 系统中,AlertDialog 是一种对话框类型的组件,主要用于向用户显示各种提示信息。作为对话框组件中的高级组件,AlertDialog 不仅能显示提示信息,还可以在组件中加入其他类型的组件,如按钮、图标、标签、文本框等,使其成为一个复杂且功能强大的用户接口。AlertDialog 组件的构成包括以下三个部分。

① 对话框的头部信息。AlertDialog 组件的头部信息包括标题名称、对话框的图标等。

② 对话框的消息内容部分。该部分为 AlertDialog 组件的主体部分,可以设置文字类型的信息,或者是定义一组选择框,还可以自定义布局弹出框。

③ 对话框的操作按钮部分。操作按钮即 Action Buttons 部分,此处可以定义需要执行动作的操作按钮,例如,"确定"按钮、"取消"按钮、"是"按钮、"否"按钮等。

(2) AlertDialog 组件的属性。在 Android 系统中,AlertDialog 组件继承自 Dialog 类,拥有其父类的所有属性,同时具有自身特殊的属性。AlertDialog 组件的常用属性如下。

- setTitle 属性。该属性用于为对话框设置标题。
- setIcon 属性。该属性用于为对话框设置图标。
- setMessage 属性。该属性用于为对话框设置消息内容。
- setView 属性。该属性用于为对话框设置自定义样式。
- setItems 属性。该属性用于设置对话框要显示的列表信息,一般用于显示多个列表项目。
- setMultiChoiceItems 属性。该属性用于设置对话框显示一系列的复选框。
- setNeutralButton 属性。该属性用于响应中立行为的单击。
- setPositiveButton 属性。该属性用于响应 Yes 按钮或 Ok 按钮的单击。
- setNegativeButton 属性。该属性用于响应 No 按钮或 Cancel 按钮的单击。

(3) AlertDialog 组件的使用。在 Android 系统中,一个 AlertDialog 组件可以包含两个或三个 Button 组件,可以设置 title(标题)和 message(内容)。根据 AlertDialog 组件父类的

特点,生成对话框消息不能直接通过 AlertDialog 的构造函数,而是通过其内部静态类 AlertDialog.builder()方法来构造的。该方法可以构造 5 种类型的对话框,如下。

① 简单的 AlertDialog 对话框。该类型的对话框仅包含标题、图标和消息内容,代码如下。

```
Dialog alertDialog = new AlertDialog.Builder(this).
    setTitle("智能家居").
    setMessage("欢迎使用智能家居系统").
    setIcon(R.drawable.smarthome).
    create();
alertDialog.show();
```

上述代码定义了对话框的对象 alertDialog,使用 setTitle()设置对话框的标题,使用 setMessage()设置对话框显示的消息内容,使用 setIcon()设置对话框的图标。调用 AlertDialog 组件的 create()方法生成对话框,并调用 show()方法将消息内容显示出来。效果如图 2.14 所示。

图 2.14　简单对话框

② 带有按钮组件的 AlertDialog 对话框。该类型的对话框除了基本的对话框元素,还包含若干按钮组件,代码如下。

```
Dialog alertDialog = new AlertDialog.Builder(this).
    setTitle("确定").
    setMessage("确定吗?").
    setIcon(R.drawable.ic_launcher).
    setPositiveButton("是", new DialogInterface.OnClickListener() {
        @Override
        public void onClick(DialogInterface dialog, int which) {
        }
    }).
    setNegativeButton("否", new DialogInterface.OnClickListener() {
        @Override
        public void onClick(DialogInterface dialog, int which) {
        }
    }).
    create();
alertDialog.show();
```

上述代码定义了一个包括"是"和"否"按钮的对话框。第 1 行粗体字代码使用 setPositiveButton()在对话框中添加"确定"按钮,并定义其单击的监听事件;第 2 行粗体字代码使用 setNegativeButton()在对话框中添加"取消"按钮，并定义其单击的监听事件。效果如图 2.15 所示。

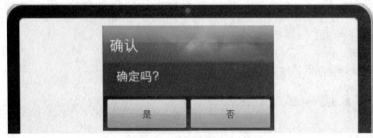

图 2.15　带按钮的对话框

③ 带有列表框组件的 AlertDialog 对话框。该类型的对话框包含 ListView 类型的组件，代码如下。

```
final String[] sensors = new String[] { "烟雾传感器", "火焰传感器", "温湿度传感器" };
Dialog alertDialog = new AlertDialog.Builder(this) .
    setTitle("请选择传感器") .
    setIcon(R.drawable.ic_launcher)
    .setItems(sensors, new DialogInterface.OnClickListener() {
        @Override
        public void onClick(DialogInterface dialog, int which) {
            Toast.makeText(this, sensors [which], Toast.LENGTH_SHORT).show();
        }
    }) .
    create();
alertDialog.show();
```

上述代码首先定义了一个字符串类型的数组 sensors，包含 3 个传感器名称。然后将该字符串数组中的元素添加到列表组件中，并在对话框中显示出来。粗体字部分代码表示调用 setItems()方法，将 sensors 数组中的传感器名称作为列表项目添加到对话框中，并定义了单击列表项目的监听事件，如图 2.16 所示。

图 2.16　带有列表框的对话框组件

④ 带有单选按钮组件的 AlertDialog 对话框。该类型的对话框包含 RadioButton 组件，用于选择一个列表选项，代码如下。

```
final String[] sensors = new String[] { "烟雾传感器", "火焰传感器", "温湿度传感器" };
Dialog alertDialog = new AlertDialog.Builder(this).
    setTitle("请选择传感器").
    setIcon(R.drawable.ic_launcher)
    .setSingleChoiceItems(sensors, 0, new DialogInterface.OnClickListener() {
        @Override
        public void onClick(DialogInterface dialog, int which) {
            selectedSensorsIndex = which;
        }
    }).
    create();
alertDialog.show();
```

上述代码首先定义了一个字符串类型的数组 sensors，包含 3 个传感器名称。然后将该字符串数组中的元素添加到带有单选按钮组件的列表中，并在对话框中显示出来。粗体字部分代码表示调用 setSingleChoiceItems() 方法，将 sensors 数组中的传感器名称作为单选项目添加到对话框中，并定义了单击单选列表项目的监听事件，如图 2.17 所示。

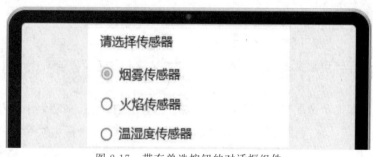

图 2.17　带有单选按钮的对话框组件

⑤ 带有复选框组件的 AlertDialog 对话框。该类型的对话框包含 CheckButton 组件，用于选择多个列表选项，代码如下。

```
final String[] sensors = new String[] { "烟雾传感器", "火焰传感器", "温湿度传感器" };
final boolean[] arraySensorsSelected = new boolean[] {true, true, false };
Dialog alertDialog = new AlertDialog.Builder(this).
    setTitle("请选择传感器").
    setIcon(R.drawable.ic_launcher)
    .setMultiChoiceItems (sensors, arraySensorsSelected, new DialogInterface.
OnMultiChoiceClickListener(){
        @Override
        public void onClick(DialogInterface dialog, int which, boolean isChecked){
            arraySensorsSelected[which] = isChecked;
        }
    }).create();
alertDialog.show();
```

上述代码首先定义了一个字符串类型的数组 sensors，包含 3 个传感器名称。然后定义了一个布尔类型的数组 arraySensorsSelected，表示传感器是否被选中。接下来将 sensors 数组中的元素添加到带有复选框组件的列表中，并在对话框中显示出来。粗体字部分代码表示调用 setMultiChoiceItems() 方法，将 sensors 数组中的传感器名称作为复选项目添加到对话框中，并定义了单击列表项目的监听事件，在该事件中，通过 arraySensorsSelected 数组判断选中的传感器名称，如图 2.18 所示。

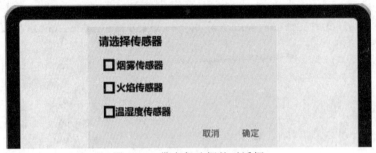

图 2.18　带有复选框的对话框

2.3.4　任务实战：智能家居环境数据监测界面设计

1. 任务描述

运用 Android Studio 开发环境和设计素材，设计智能家居环境数据监测界面，具体要求如下。

（1）智能家居环境数据监测界面无标题栏，全屏显示。显示背景图片，素材为配套资料中的 background.png 图片。

（2）界面顶端显示标题"智能家居环境监测"字样，字体加粗，文字大小为 24，居中显示。

（3）标题下方显示温度、湿度、光照度、二氧化碳、烟雾、火焰、人体运动等 6 项环境数据。

（4）环境数据下方可选择数据刷新的时间。

（5）数据刷新时间的下方显示"开始监测"和"停止监测"两个按钮。

2. 任务分析

根据任务描述，智能家居环境数据监测界面采用线性布局和表格布局混合使用的方式。界面中显示背景图片可设置其 android:background 属性，其值为 drawable 目录中的 background.png 图片。在表格布局中，使用标签组件（TextView）显示界面的标题，以及需要监测的数据项目名称和数据值；使用列表组件（Spinner）供用户选择数据刷新的时间，单位为 s；使用按钮组件（Button）分别表示"开始监测"和"停止监测"，并使用对话框组件（AlertDialog）显示各类提示信息。

3. 任务实施

根据任务分析，在 Android Studio 开发环境中，打开 activity_data_collect.xml 文件，运用配套资料中的素材文件，设计智能家居环境数据监测界面，如图 2.19 所示。步骤如下。

（1）设置界面布局及背景。在 activity_data_collect.xml 文件中，将布局的根元素设置为＜LinearLayout＞…＜/LinearLayout＞，其 android:background 属性为 drawable 目录中的 background.png 图片，程序代码如下。

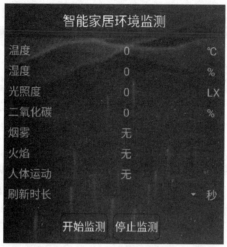

图 2.19 环境数据监测界面

```xml
<? xml version="1.0" encoding="utf-8"?>
<LinearLayout xmlns:android="http://schemas.android.com/apk/res/android"
    xmlns:tools="http://schemas.android.com/tools"
    android:layout_width="match_parent"
    android:layout_height="match_parent"
    android:orientation="vertical"
    android:background="@drawable/background"
    tools:context=".DataCollectActivity">
    <!-->此处为表格布局<-->
</LinearLayout>
```

上述代码将智能家居环境数据监测界面整体设计为线性布局方式,在其中嵌套表格布局,以显示各类监测数据。粗体字代码部分表示界面的背景为 drawable 目录中的 background.png 图片。

(2) 设置界面标题。在线性布局中嵌套的表格布局中,使用<TableRow>…</TableRow>,添加一个 TextView 组件作为界面的标题,该组件将占据表格布局的第 1 行,程序代码如下。

```xml
<TableLayout
    android:layout_width="match_parent"
    android:layout_height="wrap_content"
    android:stretchColumns="1">
    <TableRow
        android:layout_marginTop="10dp">
        <TextView
            android:layout_width="match_parent"
            android:layout_height="wrap_content "
            android:background="#AA0000FF"
            android:gravity="center"
            android:text="@string/VideoMonitorTitle"
            android:textColor="#FFFFFF"
            android:textSize="24sp" />
```

```
    </TableRow>
    <!-->以下为监测数据组件<-->
</TableLayout>
```

上述代码在表格布局的第 1 行添加一个 TextView 组件，以显示界面标题。第 1 行粗体字代码表示该表格布局的第 2 列是可以伸展的；第 2 行粗体字代码表示 TextView 组件的背景为蓝色，且具有 67% 的透明度（关于背景透明度的算法请参考 2.2.4 节任务实战）；第 3 行粗体字代码表示标题文字来自 strings.xml 文件中名为"VideoMonitorTitle"的字符串资源。

（3）添加环境数据监测组件。在表格布局的标题行下方，添加 7 行 3 列的表格布局，以显示各类环境监测的数据项名称、数据值、数据单位。在第 1 个＜TableRow＞…＜/TableRow＞的下方，再添加 7 个＜TableRow＞…＜/TableRow＞标签，在其中加入 TextView 组件，并设置相应的属性。由于代码较长，此处仅给出温度数据的表格布局方式，具体代码请参考配套资料中的程序。

```
<TableRow
    android:layout_weight="1"
    android:layout_marginTop="10dp">
    <TextView
        android:layout_width="wrap_content"
        android:layout_height="wrap_content"
        android:textSize="20sp"
        android:text="温度" />
    <TextView
        android:layout_width="match_parent"
        android:layout_height="wrap_content"
        android:textSize="20sp"
        android:text="0"
        android:gravity="center" />
    <TextView
        android:layout_width="wrap_content"
        android:layout_height="wrap_content"
        android:textSize="20sp"
        android:text="℃" />
</TableRow>
```

上述代码表示表格布局中温度数据所在的行，粗体字部分代码表示该行与其他各行平均分布于表格布局的垂直方向。该行由 3 个 TextView 组件分成 3 列。第 1 个 TextView 组件位于第 1 列，显示文字"温度"；第 2 个 TextView 组件位于第 2 列，用于显示采集到的温度数据，默认值为 0；第 3 个 TextView 组件位于第 3 列，显示温度的单位℃。

（4）添加表示刷新时长的组件。在环境监测数据所在行的下方，再添加一个＜TableRow＞…＜/TableRow＞标签，在其中添加两个 TextView 组件和一个 Spinner 组件。其中，Spinner 组件以列表的形式表示环境数据刷新的时间。TextView 组件与上述类似，此处不再赘述。程序代码如下：

```
<TableRow
    android:layout_weight="1"
    android:layout_marginTop="10dp">
    <!-->此处为"刷新时长"的 TextView 组件<-->
    <Spinner
        android:id="@+id/RefreshTime"
        android:layout_width="match_parent"
        android:layout_height="wrap_content"
        android:textAlignment="center"
        android:spinnerMode="dropdown"
        android:entries="@array/duration" />
    <!-->此处为显示文字"秒"的 TextView 组件<-->
</TableRow>
```

上述代码在表格布局中添加了一行,由两个 TextView 组件和一个 Spinner 组件分为 3 列。第 1 行粗体字代码表示 Spinner 组件的列表类型为下拉列表;第 2 行粗体字代码表示 Spinner 组件中的列表项目数据来自 arrays.xml 文件中名为"duration"的数组资源。

(5)添加"开始监测"和"停止监测"按钮组件。在表示刷新时长所在行的下方,再添加一个<TableRow>…</TableRow>标签,在其中添加两个 Button 组件,并设置其属性。以"开始监测"按钮为例,代码如下。

```
<Button
    android:id="@+id/startbtn"
    android:layout_width="wrap_content"
    android:layout_height="wrap_content"
    android:background="@drawable/btn_shape"
    android:text="开始监测"
    android:textSize="20sp" />
```

上述代码在表格布局中定义了一个按钮组件,用于开始环境数据监测。粗体字部分代码表示该按钮组件的背景采用 drawable 目录下的名为 btn_shape.xml 文件中定义的按钮样式。至此,智能家居系统环境监测界面就设计完成了,运行程序,效果如图 2.19 所示。

2.3.5 任务拓展:自定义 AlertDialog 组件显示智能家居设备

在智能家居项目中,较多的情况下需要在对话框组件中显示智能家居设备的具体情况。此时,就需要自定义 AlertDialog 组件,在其中添加布局文件,以显示自定义的界面布局。自定义 AlertDialog 组件的操作步骤如下。

(1)添加项目资源。将配套资料中的 dev.png、monitor.png、temp.png、WiFi.png 4 个图片文件复制到智能家居项目的 drawable 目录下。其中,dev.png 用于显示对话框组件的图标,其余 3 个图标分别表示摄像头、温度传感器、无线路由器。

(2)添加自定义布局。在智能家居项目的 layout 目录下,新建一个 XML 布局文件,命名为 item.xml。在该文件中添加自定义布局的代码如下。

```
<RelativeLayout
    xmlns:android="http://schemas.android.com/apk/res/android"
    android:layout_width="match_parent"
```

```
            android:layout_height="70dp"
            android:orientation="vertical">
            <ImageView
                android:id="@+id/image_id"
                android:layout_width="wrap_content"
                android:layout_height="wrap_content"/>
            <TextView
                android:id="@+id/name"
                android:layout_width="match_parent"
                android:layout_height="wrap_content"
                android:layout_toRightOf="@+id/image_id"
                android:layout_alignTop="@+id/image_id"
                android:layout_marginStart="15dp"
                android:textSize="18dp"/>
            <TextView
                android:id="@+id/mood"
                android:layout_width="match_parent"
                android:layout_height="wrap_content"
                android:layout_below="@+id/name"
                android:layout_toRightOf="@+id/image_id"
                android:layout_marginStart="15dp"/>
            <TextView
                android:layout_width="match_parent"
                android:layout_height="wrap_content"
                android:layout_alignTop="@+id/image_id"
                android:text="数量:"
                android:layout_marginStart="227dp"/>
            <TextView
                android:id="@+id/batty"
                android:layout_width="match_parent"
                android:layout_height="wrap_content"
                android:layout_alignParentTop="true"/>
    </RelativeLayout>
```

上述代码表示自定义布局采用相对布局的方式，包括 1 个 ImageView 组件和 4 个 TextView 组件。其中，ImageView 组件用于显示各设备的图标，第 1 个 TextView 组件显示设备的名称，第 2 个 TextView 组件显示设备的状态，第 3 个和第 4 个 TextView 组件显示设备的数量。

（3）定义程序界面布局。本项目的界面布局较为简单，仅包含一个 Button 组件，显示文字"智能家居设备"，此处不再赘述。

（4）添加适配器文件。在智能家居项目中，新建一个 Java 类文件，命名为"MyAdapter.java"。该文件作为 AlertDialog 组件显示自定义布局的适配器，程序代码如下。由于代码较长，此处仅给出该类的构造方法，具体实现过程请参考配套资料中的程序。

```
public MyAdapter(Context context, int[] image_Objects, String[] name_Strings,
String[] mood_String,int[] batty){
    this.layoutInflater = LayoutInflater.from(context);
    this.nameString = name_Strings;
    this.moodString = mood_String;
```

```
this.image  = image_Objects;
this.batty  = batty;
}
```

上述代码定义了适配器类的构造方法,包括 5 个参数。第 1 行粗体字代码表示将自定义布局加载到 AlertDialog 组件中;第 2~5 行粗体字代码分别表示显示设备的名称、状态、图标、数量。

(5) 实现在 AlertDialog 组件中显示自定义布局。在 MainActivity.java 文件中,编写按钮组件的单击事件,实现在 AlertDialog 组件中显示各设备的详细信息,程序代码如下。由于代码较长,此处仅给出按钮的单击事件代码,具体实现过程请参考配套资料中的程序。

```
private void showDialog4() {
    AlertDialog.Builder builder = new AlertDialog.Builder(this);
    builder.setTitle("设备列表");                    //设置标题
    builder.setIcon(R.drawable.dev);               //设置图标
     final MyAdapter myAdapter = new MyAdapter(MainActivity.this, image, nameString,
moodString,batty);
    builder.setAdapter(myAdapter, (dialogInterface, i) -> Toast.makeText
(MainActivity.this, "选择了"+myAdapter.getItem(i)+"。",Toast.LENGTH_SHORT).show());
    AlertDialog dialog = builder.create();          //创建 dialog
    dialog.show();                                  //显示对话框
}
```

上述代码定义了单击按钮弹出自定义对话框的响应事件。第 1 行粗体字代码定义了对话框的标题;第 2 行粗体字代码定义了对话框的图标;第 3 行粗体字代码定义了适配器对象;第 4 行粗体字代码表示将适配器的内容显示到 AlertDialog 组件中,并定义了选择某个设备的响应事件。

2.4　智能家居视频监控界面设计

2.4.1　SharedPreferences 组件

1. SharedPreferences 组件的概念

在 Android 系统中,SharedPreferences 组件是一个轻量级的存储类,其作用类似于 Windows 操作系统中的 ini 配置文件。SharedPreferences 主要用于保存 Android 系统常用的配置,例如,Activity 的运行状态。当 Activity 处于暂停状态时,将此状态保存到 SharedPereferences 中;当 Activity 重载,系统回调方法 onSaveInstanceState() 时,再从 SharedPreferences 中将保存的值取出。

在 Android 系统中,SharedPreferences 提供了多种数据访问权限,同时,以 Java 语言的形式提供了常规的 Long、Int、String 等类型的数据访问接口,可以全局共享访问,也可以本地访问。与 SQLite 数据存储方式相比,SharedPreferences 以 XML 文件的形式保存数据。在处理 XML 文件时,Android 系统提供的 Dalvik 机制会通过自带底层的本地 XML Parser 解析,以 XMLpull 方式将文件解析为可操作的 XML 类型的数据,以减少内存资源占用,提高系统运行效率。

2. SharedPreferences 的操作模式

在 Android 系统中，SharedPreferences 具有 4 种操作模式，分别是私有模式、追加模式、读取模式、写入模式，各操作模式说明如下。

（1）Context.MODE_PRIVATE 模式。该模式为私有模式，也称为默认的操作模式，表示要访问的是私有类型的数据，该数据只能被应用本身访问。在私有模式下，写入的内容会覆盖原有的内容。

（2）Context.MODE_APPEND 模式。该模式为追加模式，会检查文件是否存在。若文件存在就向其追加内容，否则就创建新文件，再添加内容。

（3）Context.MODE_WORLD_READABLE 模式。该模式为读取模式，表示当前文件可以被其他应用读取。

（4）Context.MODE_WORLD_WRITEABLE 模式。该模式为写入模式，表示当前文件可以被其他应用写入。

一般来说，上述四种操作模式在实际应用中将混合使用，以达到最优的系统执行效率。

3. SharedPreferences 组件的使用

在 Android 系统中，SharedPreferences 存取数据的方式较为简单，一般只操作简单类型的数据，例如，String 类型、int 类型等。对于复杂的数据类型，通常首先将其转换成 Base64 编码，然后将转换后的数据以字符串的形式保存在 XML 文件中，再使用 SharedPreferences 保存，其步骤如下。

（1）步骤 1：获取 SharedPreferences 对象。获取 SharedPreferences 对象有以下 3 种方式。

方式 1：Context.getSharedPreferences()方法。该方法将首先检查文件名是否存在，若不存在，则创建一个新文件。getSharedPreferences()方法的操作模式分为 MODE_PRIVATE 和 MODE_MULTI_PRIVATE 两种。其中，MODE_MULTI_PRIVATE 用于多个进程共同操作一个 SharedPreferences 文件。

方式 2：Activity.getPreferences()方法。该方法自动将当前活动的类名作为 SharedPreferences 的文件名，在其底层调用 Activity.getSharedPreferences(String name, int mode)方法，其参数为文件名和四种操作模式之一。

方式 3：PreferenceManager.getDefaultSharedPreferences(Context)方法。该方法会自动使用当前程序的包名作为前缀来命名 SharedPreferences 文件。

（2）步骤 2：获取 Editor 对象。在 Android 系统中，调用 SharedPreferences 对象的 edit()方法，获取 SharedPreferences.Editor 对象，程序代码如下。

```
SharedPreferences.Editor editor = getSharedPreferences("data", MODE_PRIVATE).edit();
```

（3）步骤 3：添加 SharedPreferences 数据。在 Android 系统中，调用 put 方法，以键值对的形式向 SharedPreferences.Editor 对象中添加数据，程序代码如下。

```
editor.putString("name", "温湿度传感器");
editor.putInt("account", "20");
editor.putBoolean("used",false);
```

(4) 步骤 4：提交 SharedPreferences 数据。在 Android 系统中，调用 commit()方法提交 SharedPreferences 数据，程序代码如下。

```
editor.putString("name", "温湿度传感器");
editor.putInt("account", "20");
editor.putBoolean("used",false);
editor.commit();
```

2.4.2　Android 系统约束布局

1. 约束布局的概念与原理

在 Android 系统中，约束布局即 ConstraintLayout 布局方式，其主要作用是解决 Android 程序设计过程中使用布局嵌套过多的问题，以灵活的方式定位和调整小部件。自 Android Studio 2.3 版本起，Android API 9 以上的应用系统，其官方默认的布局方式均为 ConstraintLayout 布局。

在 Android 系统中，约束布局是 Jetpack 的一部分，在使用时需要在模块的 build.gradle 文件中添加 Jetpack 依赖。与相对布局(RelativeLayout)相比，约束布局以无嵌套的方式创建复杂的大型布局，其中所有的视图均根据同级视图与父布局之间的关系进行布局，因此其灵活性要高于 RelativeLayout，并且更易于与 Android Studio 的布局编辑器配合使用。

2. 约束布局的属性

约束布局继承自 ViewGroup 类，具有其父类的全部属性，同时具有自身独特的属性。约束布局属性的表示方法不同于其他布局方式，其常用的属性如下。

- app：layout_constraintLeft_toLeftOf 属性。该属性表示某组件的左侧边框与其他组件的左侧边框对齐，或者在其左边。
- app：layout_constraintLeft_toRightOf 属性。该属性表示某组件的左侧边框与其他组件的右侧边框对齐，或者在其右边。
- app：layout_constraintRight_toLeftOf 属性。该属性表示某组件的右侧边框与其他组件的左侧边框对齐，或者在其左边。
- app：layout_constraintRight_toRightOf 属性。该属性表示某组件的右侧边框与其他组件的右侧边框对齐，或者在其右边。
- app：layout_constraintTop_toTopOf 属性。该属性表示某组件的顶部边框与其他组件的顶部边框在水平方向上对齐，或者在其上边。
- app：layout_constraintTop_toBottomOf 属性。该属性表示某组件的顶部边框与其他组件的底部边框在水平方向上对齐，或者在其下边。
- app：layout_constraintBottom_toTopOf 属性。该属性表示某组件的底部边框与其他组件的顶部边框在水平方向上对齐，或者在其上边。

- app：layout_constraintBottom_toBottomOf 属性。该属性表示某组件的底部边框与其他组件的底部边框在水平方向上对齐，或者在其下边。
- app：layout_constraintBaseline_toBaselineOf 属性。该属性表示某组件与其他组件的基线对齐。
- app：layout_editor_absoluteX 属性。该属性表示某组件在布局中 X 轴的绝对坐标点。
- app：layout_editor_absoluteY 属性。该属性表示某组件在布局中 Y 轴的绝对坐标点。
- app：layout_constraintGuide_begin 属性。该属性表示在布局中引导线距顶部或左边框的距离。
- app：layout_constraintGuide_end 属性。该属性表示在布局中引导线距底部或右边框的距离。
- app：layout_constraintGuide_percent 属性。该属性表示在整个布局中引导线距离左边框的百分比。
- app：layout_constraintStart_toEndOf 属性。该属性表示某组件的左边界在其他组件右边界的右边，或表示某组件在其他组件的右边。
- app：layout_constraintStart_toStartOf 属性。该属性表示某组件的左边界与其他组件的左边界在同一条垂直线上。
- app：layout_constraintEnd_toStartOf 属性。该属性表示某组件的右边界与其他组件的左边界在同一条垂直线上。

3. 约束布局的定义及使用

在约束布局中，要定义组件的布局及位置，必须为该组件添加至少一个水平方向或垂直方向的约束，否则该组件将绘制于界面的左上角。约束布局中的组件对象可以是一个视图，也可以是其父类布局（ConstraintLayout 布局本身），还可以是不可见的组件，例如，引导线（Guideline）等。在约束布局中，若缺少必要的约束属性，Android Studio 开发环境会在编辑器的右上角显示警告提示信息，但程序编译不会报错。下面以两个 TextView 组件的相对位置，说明约束布局的使用方法，代码如下。

```
<TextView
    app:layout_constraintStart_toStartOf="parent"
    app:layout_constraintTop_toTopOf="parent"
    android:id="@+id/text1"
    android:layout_width="wrap_content"
    android:layout_height="wrap_content"
    android:text="text1" />
<TextView
    android:id="@id/text2"
    android:layout_width="wrap_content"
    android:layout_height="wrap_content"
    android:text="text2"
    app:layout_constraintCircle="@id/text1"
    app:layout_constraintCircleAngle="120"
```

```
app:layout_constraintCircleRadius="150dp"
tools:layout_editor_absoluteX="148dp"
tools:layout_editor_absoluteY="101dp" />
```

上述代码在约束布局中定义了两个具有一定角度关系的 TextView 组件。第 1 行粗体字代码表示 TextView2 与 TextView1 的相对位置;第 2 行粗体字代码表示 TextView2 与 TextView1 成 120°角;第 3 行粗体字代码表示 TextView2 与 TextView1 的距离为 150dp,如图 2.20 所示。

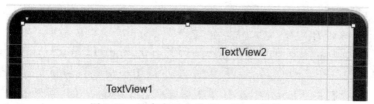

图 2.20 约束布局中的 TextView 组件

2.4.3 视频监控界面组件设计

1. 内容流(TextureView)组件

(1) TextureView 组件的概念及原理。在 Android 系统中,TextureView 组件是结合了 View 组件和 SurfaceTexture 组件的 View 类型的对象。TextureView 组件的主要作用是展示 Android 系统的内容流,这些流可以来自应用进程或者是跨进程的,例如,视频流、OpenGL 等。自 Android Studio 4.0 版本起,在 Android API 14 以上的 Android 应用中,均引入了 TextureView 组件。与 SurefaceView 组件不同,TextureView 组件不会创建一个独立的窗口,而是类似于普通的 View 类型的组件。也就是说,TextureView 组件只能用于开启了硬件加速的窗口中,否则无法绘制任何内容。TextureView 组件可以将内容流直接投影到 View 类型的组件中,可以用于实现即时预览等功能。这种区别使得 TextureView 组件可以和其他普通的 View 类型的组件一样执行平移、旋转、缩放等动画操作。

(2) TextureView 组件的属性与方法。TextureView 组件不会在 WMS 中单独创建窗口,而是作为 View 视图中的一个普通的 View 类型的组件。因此,TextureView 组件能够像任何其他视图一样支持视图转换。例如,只需设置其 Alpha 属性、Rotation 属性、透明度属性等,即可旋转 TextureView 组件。

- getSurfaceTexture ( ) 方法。该方法返回 TextureView 组件视图使用的 SurfaceTexture。
- getBitmap(width, height)方法。该方法返回关联 TextureView 组件的位图表示形式。
- getTransform(Matrix transform)方法。该方法返回与 TextureView 组件视图关联的转换方式。
- isOpaque()方法。该方法表示 TextureView 组件视图是否透明。
- lockCanvas()方法。该方法用于编辑 TextureView 组件中的像素。
- setOpaque(boolean opaque)方法。该方法用于设置 TextureView 组件是否处于透

明状态。

- setTransform(Matrix transform)方法。该方法将转换设置为与 TextureView 组件视图关联。
- unlockCanvasAndPost(Canvas canvas)方法。该方法完成对 TextureView 组件中像素的编辑。

（3）TextureView 组件的使用。TextureView 组件中的 draw()方法和 onDraw()方法都是被定义成 final 的，不能被子类覆盖。因此，必须可以通过实现 TextureView. SurfaceTextureListener 接口，然后重写 onSurfaceTextureAvailable()方法。下面通过播放 MP4 视频，说明 TextureView 的使用方法，步骤如下。

第 1 步：新建项目，添加视频资源和图片资源。在 Android Studio 开发环境中，新建一个空白的项目工程。在工程中与 res 目录并列处新建一个 assets 目录，将配套资源中的 ansen.mp4 文件复制到 assets 目录中。然后，将配套资料中的 back.png 图片复制到 drawable 目录中，该图片用于程序启动时显示，主要用于防止切换视频时出现黑屏。

第 2 步：添加读取存储卡的权限。在项目工程中，打开 AndroidManifest.xml 文件，在 <application>…</application>标签的上方，添加读取外部储存卡的权限，代码如下。

```
<uses-permission android:name="android.permission.WRITE_EXTERNAL_STORAGE"/>
```

第 3 步：新建播放视频的工具类。在项目工程中，新建一个 Java 类文件，命名为 "TextureViewTest.java"，该文件使用 MediaPlayer 在 TextureView 组件中播放 MP4 视频。由于代码较长，此处仅给出 MediaPlayer 播放视频的代码，具体实现请参照配套资料中的程序代码。

```
mediaPlayer = new MediaPlayer();
mediaPlayer.setAudioStreamType(AudioManager.STREAM_MUSIC);
File file=new File(Environment.getExternalStorageDirectory()+"/ansen.mp4");
mediaPlayer.setDataSource(file.getAbsolutePath());
Surface s = new Surface(surface);
mediaPlayer.setSurface(s);
mediaPlayer.setLooping(true);
mediaPlayer.setScreenOnWhilePlaying(true);
mediaPlayer.prepare();
mediaPlayer.setOnPreparedListener(new OnPreparedListener() {
@Override
public void onPrepared(MediaPlayer mp) {
    System.out.println("开始播放视频");
    mediaPlayer.start();
}
```

上述代码定义了使用 MediaPlayer 和 TextureView 组件播放 MP4 视频的方法。第 1 行粗体字代码表示获取视频文件所在的路径；第 2 行粗体字代码表示将 MediaPlayer 播放的内容流显示到 TextureView 组件中；第 3 行粗体字代码定义了 MediaPlayer 播放视频的监听事件；第 4 行粗体字代码表示开始播放视频。

第 4 步：定义界面布局。在项目工程中，打开 activity_main.xml 文件，将布局的根元素设置为<RelativeLayout>…</RelativeLayout>，在其中添加一个 TextureView 组件和一个 ImageView 组件。

```
<TextureView
    android:id="@+id/textureview"
    android:layout_width="wrap_content"
    android:layout_height="wrap_content"/>
<ImageView
    android:id="@+id/video_image"
    android:layout_width="match_parent"
    android:layout_height="match_parent"
    android:src="@drawable/back"/>
```

在上述布局中,TextureView 组件在默认状态下为不可见,直到播放视频时设置为可见。ImageView 组件显示的图片为 drawable 目录下名为 back.png 的图片资源。

第 5 步:实现 TextureView 组件播放视频的功能。在项目工程中,打开 MainActivity.java 文件,首先获取界面中的 TextureView 组件和 ImageView 组件,然后开启一个线程播放视频,最后自定义播放视频的方法,实现 TextureView 组件播放视频的功能。由于代码较长,此处仅给出 TextureView 组件播放视频的自定义方法的代码,具体实现请参照配套资料中的程序代码。

```
private class PlayerVideo extends Thread{
    @Override
    public void run(){
        try {
            File file=new File(Environment.getExternalStorageDirectory()+
"/ansen.mp4");
            if(!file.exists()){
                copyFile();
            }
            mMediaPlayer= new MediaPlayer();
            mMediaPlayer.setDataSource(file.getAbsolutePath());
            mMediaPlayer.setSurface(surface);
            mMediaPlayer.setAudioStreamType(AudioManager.STREAM_MUSIC);
            mMediaPlayer.setOnPreparedListener(new OnPreparedListener() {
                @Override
                public void onPrepared(MediaPlayer mp){
                    videoImage.setVisibility(View.GONE);
                    mMediaPlayer.start();
                }
            });
            mMediaPlayer.prepare();
        } catch (Exception e) {
            e.printStackTrace();
        }
    }
}
```

上述代码定义了一个名为"PlayerVideo"的类,用于播放 assets 目录中的视频资源,如图 2.21 所示。第 1 行粗体字代码表示该类运行于子线程之中;第 2 行粗体字代码表示在外部存储卡中获取 ansen.mp4 文件，若该视频文件不存在，则复制文件；第 3 行粗体字代码定义了播放视频的监听事件；第 4 行粗体字代码表示重写 TextureView 组件的 onPrepared()方法；第 5 行粗体字代码表示开始播放视频，并显示，如图 2.21 所示。

图 2.21　播放视频

2. 通知（Notification）组件

（1）Notification 组件的概念与原理。在 Android 系统中，Notification 即通知组件，是一个可以在应用程序的用户界面之外显示给用户的消息组件。作为 Android 用户界面的重要组成部分，Notification 组件的主要作用是在应用的 UI 之外显示消息，向用户提供提醒、来自其他人的通信，或来自应用本身的即时信息。Notification 组件以不同的位置和格式向用户显示消息，例如，状态栏中的图标、通知抽屉中更详细的条目、应用程序图标上的徽章，以及自动配对的可穿戴设备。Notification 组件发出通知时，首先在状态栏中显示为一个图标。用户可以在状态栏上向下滑动以打开通知抽屉，在其中查看更多详细信息并根据通知执行操作。通知在通知抽屉中保持可见，直到被应用程序或用户关闭。

（2）Notification 组件的属性与方法。在 Android 系统中，Notification 组件继承自 Service 类，具有父类的全部属性，同时具有自身独特的属性与方法。Notification 组件至少具有 3 类属性：小图标、通知标题、详细信息，其常用属性及方法如下。

- Notification.FLAG_SHOW_LIGHTS 属性。该属性用于显示三色灯提醒（非默认状态）。
- Notification.DEFAULT_VIBRATE 属性。该属性用于添加默认振动提醒。
- Notification.DEFAULT_SOUND 属性。该属性用于添加默认声音提醒。
- Notification.DEFAULT_LIGHTS 属性。该属性用于添加默认三色灯提醒。
- Notification.DEFAULT_ALL 属性。该属性用于添加振动、声音、三色灯 3 种提醒。

以上为 Notification 组件常用的五个属性，其还具备以下常用方法。

- setContentTitle(CharSequence)方法。该方法用于设置 Notification 组件的标题。
- setContentText(CharSequence)方法。该方法用于设置 Notification 组件内容。
- setSubText(CharSequence)方法。该方法用于设置通知内容下方的说明文字。
- setTicker(CharSequence)方法。该方法用于设置收到通知时在顶部显示的文字信息。
- setWhen(long)方法。该方法用于设置收到通知的时间。
- setSmallIcon(int)方法。该方法用于设置右下角及顶部显示的小图标。
- setLargeIcon(Bitmap)方法。该方法用于设置通知内容左侧的大图标。
- setAutoCancel(boolean)方法。该方法用于单击通知后是否取消。
- setDefaults(int)方法。该方法用于向通知添加声音、闪灯和振动效果。
- setVibrate(long[])方法。该方法用于设置振动方式。
- setLights(int argb, int onMs, int offMs)方法。该方法用于设置三色灯，参数分别表示：灯光颜色、灯光持续时间、灯光熄灭时间。

- setSound(Uri)方法。该方法用于设置通知铃声,可以是系统铃声,也可以是自定义铃声。
- setOngoing(boolean)方法。该方法用于设置通知状态,其参数若为 true,表示通知正在进行。
- setProgress(int,int,boolean)方法。该方法用于设置带进度条的通知,参数分别表示:进度条的最大数值、当前进度、进度是否确定。
- setContentIntent(PendingIntent)方法。该方法用于设置通知执行的次数。

以上为 Notification 组件的常用属性及方法,在实际应用过程中,这些属性及方法通常将组合使用,以达到最优的系统执行效率。

(3) Notification 组件的使用。自 Android Studio 4.1 版本起,在 Android API 16 以上的应用中,均使用展开式通知模板,也称为通知样式,可以提供较大的通知内容区域来显示信息。用户可以通过单指向上或向下滑动的手势来展开通知,支持以按钮的形式向通知添加其他操作,还允许用户在设置中按应用关闭通知。下面通过一个实例说明 Notification 组件的使用方法,步骤如下。

第 1 步:新建项目,设置界面布局。在 Android Studio 开发环境中,新建一个空白项目,命名为 NotificationTest。在 activity_main.xml 文件中,添加一个按钮组件,程序代码如下。

```xml
<LinearLayout xmlns:android="http://schemas.android.com/apk/res/android"
    xmlns:tools="http://schemas.android.com/tools"
    android:layout_width="match_parent"
    android:layout_height="match_parent"
    android:gravity="center"
    tools:context=".MainActivity">
    <Button
        android:layout_width="wrap_content"
        android:layout_height="wrap_content"
        android:id="@+id/send_notification"
        android:text="发送通知消息"/>
</LinearLayout>
```

上述代码在线性布局中添加了一个按钮组件,粗体字代码表示该按钮在界面中心位置显示。

第 2 步:创建通知消息。在 Android Studio 开发环境中,打开 MainActivity.java 文件,在 onCreate()方法中,创建一个 NotificationManager 对通知进行管理,程序代码如下。

```java
NotificationManager manager = (NotificationManager) getSystemService(NOTIFICATION_SERVICE);
//创建 channel
NotificationChannel channel = null;
if (Build.VERSION.SDK_INT >= Build.VERSION_CODES.O) {
    channel = new NotificationChannel("normal", "channelName",NotificationManager.IMPORTANCE_HIGH);
    manager.createNotificationChannel(channel);
}
```

上述代码使用 NotificationManager 类对通知进行管理。第 1 行粗体字代码表示定义一个 NotificationManager 类的对象 manager；第 2 行粗体字代码调用 NotificationChannel 方法创建通知消息，其中的 IMPORTANCE_HIGH 为常量，表示通知的重要等级为最高级；第 3 行粗体字代码调用 createNotificationChannel() 生成通知内容。

第 3 步：创建按钮单击事件。在 onCreate() 方法中，创建通知消息代码的下方，首先与界面上定义的按钮组件相关联，然后实现单击该按钮的监听事件，代码如下。

```
Button buttonSendNotification = findViewById(R.id.send_notification);
buttonSendNotification.setOnClickListener(v -> {
    Notification notification = new NotificationCompat.Builder(this, "normal")
        .setContentTitle("智能家居")
        .setContentText("欢迎使用智能家居系统")
        .setWhen(System.currentTimeMillis())
        .setSmallIcon(R.mipmap.ic_launcher)
        .setLargeIcon(BitmapFactory.decodeResource(getResources(),R.mipmap.ic_
launcher))
        .setAutoCancel(true)
        .build();
    manager.notify(100, notification);
});
```

上述代码定义了一个名为"buttonSendNotification"的按钮组件，并实现了该按钮的单击事件，弹出通知消息。第 1～6 行粗体字代码设置了通知的标题、内容、显示时间、消息小图标、文字左侧大图标、单击自动取消 6 项属性；第 7 行粗体字代码调用 build() 方法生成消息；第 8 行粗体字代码调用消息对象的 notify() 方法将消息显示出来，第 1 个参数是通知的 ID，第 2 个参数是通知对象。

图 2.22　视频监控界面设计

2.4.4　任务实战：智能家居视频监控界面设计

1. 任务描述

运用 Android Studio 开发环境和设计素材，设计智能家居视频监控界面，如图 2.22 所示。具体要求如下。

（1）界面无标题栏，全屏显示。显示背景图片，素材为配套资料中的 background.png 图片。

（2）界面顶端显示标题"视频监控"字样，字体加粗，文字大小 24，居中显示。

（3）标题下方为视频监控区域，实时播放家居环境监控。

（4）监控区域下方为操作区域，具有上、下、左、右四个方向的按钮。

（5）方向按钮的下方为"开始监控""停止监控""视频抓拍"三个按钮。

2. 任务分析

根据任务描述,智能家居视频监控界面总体采用约束布局的方式,在其中添加 TextView、TextureView、ImageView、Button 组件。界面中显示背景图片可设置其 android:background 属性,其值为 drawable 目录中的 background.png 图片。在约束布局中,使用标签组件(TextView)显示界面的标题;使用内容流组件(TextureView)显示及播放监控视频;使用图像组件(ImageView)显示抓拍的图片;使用列表组件(Spinner)供用户选择视频刷新的时间,单位为 s;使用按钮组件(Button)分别表示四个方向按钮,以及"开始监控""停止监控""视频抓拍"三个操作按钮;使用通知组件(Notification)显示视频消息。

3. 任务实施

根据任务分析,在智能家居工程项目中,打开 activity_video_monitor.xml 文件。在该文件中设置约束布局,在其中添加 TextView、TextureView、ImageView、Button 等组件,操作步骤如下。

设置界面布局及背景。在 activity_video_monitor.xml 文件中,将布局的根元素设置为约束布局:＜androidx.constraintlayout.widget.ConstraintLayout＞…＜/androidx.constraintlayout.widget.ConstraintLayout＞,其布局的背景 android:background 属性设置为 drawable 目录中的 background.png 图片,程序代码如下。

```
<androidx.constraintlayout.widget.ConstraintLayout
    xmlns:android="http://schemas.android.com/apk/res/android"
    xmlns:app="http://schemas.android.com/apk/res-auto"
    xmlns:tools="http://schemas.android.com/tools"
    android:layout_width="match_parent"
    android:layout_height="match_parent"
    android:background="@drawable/background"
    tools:context=".VideoMonitorActivity">
    <!-->此处为界面组件<-->
</androidx.constraintlayout.widget.ConstraintLayout>
```

上述代码将视频监控界面定义为约束布局。需要注意的是,约束布局使用的根元素为 androidx.constraintlayout.widget.ConstraintLayout,在 ConstraintLayout 前面应添加完整的 Android 系统的组件类的路径。粗体字代码部分表示其界面背景为 drawable 目录中的 background.png 图片。至此,智能家居视频监控界面就设计完成了,在 Android 设备中运行,可以看到如图 2.22 所示的效果。

2.4.5　任务拓展:使用 Notification 组件查看监控图片

在智能家居系统中,视频监控通常需要查看抓拍的监控图片。此时,就需要以通知的方式提醒用户查看抓拍的图片。下面进一步优化视频监控界面设计,在其中加入发送和删除通知的按钮。当单击"发送通知"按钮时,以语音方式提醒用户查看通知。单击通知消息,弹出监控画面,步骤如下。

(1) 添加图片资源。在智能家居工程项目中,将配套资料中的 largenotify.png、

smallnotify.png、room.png 3 个图片文件添加到 drawable 目录中。其中，largenotify.png 用于通知组件中消息内容文字右侧的大图标，smallnotify.png 用于通知组件的小图标，room.png 为抓拍的监控画面。

（2）添加语音资源。在智能家居工程项目的 res 目录中，新建一个 raw 目录。将配套资料中的 msg.mp3 音频文件复制到 raw 目录中。该音频为通知提醒的语音，内容为"您有新的消息，请注意查收"。

（3）添加第二个 Activity。在智能家居工程项目中，添加一个新的 Activity 文件（含布局文件），命名为"SecondActivity.java"。该 Activity 中包含监控画面的图片，当单击通知消息时，弹出该 Activity。

（4）添加振动和闪光权限。在弹出通知消息时，同时引发手机振动及 LED 灯闪烁。在 AndroidManifest.xml 文件中，添加 Android 系统中振动和闪光的权限，代码如下。

```
<!-- 添加操作闪光灯的权限 -->
<uses-permission android:name="android.permission.FLASHLIGHT"/>
<!-- 添加操作振动器的权限 -->
<uses-permission android:name="android.permission.VIBRATE"/>
```

（5）设计 SecondActivity 界面布局。在智能家居工程项目中，打开 activity_second.xml 布局文件，将其设置为线性布局。该布局中包含一个 ImageView 组件和一个 Button 组件。其中，ImageView 组件用于显示抓拍画面，Button 组件用于返回 MainActivity，程序代码如下。

```
<ImageView
    android:id="@+id/img"
    android:layout_width="match_parent"
    android:layout_height="wrap_content"
    android:layout_gravity="center_horizontal"
    android:src="@drawable/room"
    android:scaleType="fitCenter"/>
<Button
    android:id="@+id/back"
    android:layout_width="wrap_content"
    android:layout_height="wrap_content"
    android:text="返回"/>
```

上述代码在 LinearLayout 布局中定义了一个 ImageView 组件和一个 Button 组件。第 1 行粗体字代码表示图片组件中显示的图片来自于 drawable 目录下的 room.png 文件；第 2 个粗体字代码表示该图片在 ImageView 组件中居中显示，且自动适应组件的大小。

（6）设计 MainActivity 界面布局。在智能家居工程项目中，打开 activity_main.xml 布局文件，将其设置为线性布局。该布局中包含两个 Button 组件，分别显示"发送通知"和"删除通知"，程序代码如下。

```
<Button
    android:layout_width="wrap_content"
    android:layout_height="wrap_content"
    android:layout_marginEnd="20dp"
```

```
    android:onClick="send"
    android:text="发送通知" />
<Button
    android:layout_width="wrap_content"
    android:layout_height="wrap_content"
    android:onClick="del"
    android:text="删除通知" />
```

上述代码定义了两个按钮组件,两行粗体字代码分别以标签的形式定义了按钮组件的 onClick 单击事件,此事件在 MainActivity.java 文件中实现。

(7) 实现发送通知功能。在智能家居工程项目中,打开 MainActivity.java 文件,自定义 "发送通知"按钮的单击事件 send。由于代码较长,此处仅给出 send 事件的代码,具体的功能实现过程请参照配套资料中的程序代码。

```
NotificationManager nm = (NotificationManager) getSystemService(NOTIFICATION_
SERVICE);
public void send(View source){
    Intent intent = new Intent(MainActivity.this, SecondActivity.class);
    PendingIntent pi = PendingIntent.getActivity(MainActivity.this, 0, intent, 0);
    Notification notify = new Notification();
    if (android.os.Build.VERSION.SDK_INT >= android.os.Build.VERSION_CODES.O) {
        notify = new Notification.Builder(this, CHANNEL_ID)
            .setContentText("客厅监控画面")
            .setContentTitle("监控画面")
            .setSound(Uri.parse("android.resource://com.example.notificationtest2/"
+ R.raw.msg), null)
            .setAutoCancel(false)
            .setSmallIcon(R.drawable.smallnotify)
            .setLargeIcon(BitmapFactory.decodeResource(getResources(),R.
drawable.largenotify))
            .setContentIntent(pi)
            .build();
    }
    nm.notify(NOTIFICATION_ID, notify);
}
```

上述代码定义了"发送通知"按钮的单击事件 send,实现单击通知消息启动第二个界面显示抓拍图片的功能。第 1 行粗体字代码运用 NotificationManager 类定义了 nm 对象,用于管理通知消息;第 2 行和第 3 行粗体字代码以 Intent 方式启动 SecondActivity;第 4～9 行粗体字代码分别设置了通知消息的标题、内容、提醒音频、是否自动取消(本项目中不会自动取消)、通知小图标、文字右侧的大图标 6 项属性;第 10 行粗体字代码表示单击消息启动 SecondActivity;第 11 行粗体字代码表示发送通知。

(8) 实现取消通知功能。在智能家居工程项目中,打开 MainActivity.java 文件,自定义 "取消通知"按钮的单击事件 del。由于代码较长,此处仅给出 del 事件的代码,具体的功能实现过程请参照配套资料中的程序代码。

```
public static final int NOTIFICATION_ID = 0x123;
public void del(View v){
```

```
    nm.cancel(NOTIFICATION_ID);
}
```

上述代码实现取消通知消息的功能。第 1 行粗体字代码定义一个全局变量 NOTIFICATION_ID，用于标记通知 ID；第 2 行粗体字代码调用 NotificationManager 类型对象 nm 的 cancel（）方法，将通知消息在任务栏中删除，其参数为全局变量 NOTIFICATION_ID。至此，在通知消息中查看抓拍的监控视频画面的功能就全部实现了，在 Android 设备中运行程序，将看到如图 2.22 所示的效果。

2.5　智能家居系统设置界面设计

2.5.1　BroadCastReceiver 组件

1. BroadCastReceiver 组件的概念与原理

在 Android 系统中，BroadCastReceiver 即广播接收器组件，是一个基于 Android 系统的全局监听器，广泛应用于各程序间通信。BroadCastReceiver 组件的主要作用是监听系统全局的广播消息，接收来自 Android 系统和其他应用程序组件的广播，并对其做出响应。例如，常见的系统广播有通知时区改变、电量低、用户改变了语言选项等。

BroadcastReceiver 组件包含 3 个部分：广播发布者、广播接收者、消息中心。该组件拥有自己的进程，只要系统中存在与之匹配的广播消息，且该广播以 Intent 的形式发送，BroadcastReceiver 组件就会被激活。与其他三大组件不同的是，在 Android 系统中注册了一个广播之后，在每次以 Intent 的形式发布广播的时候，系统都会创建与之对应的广播接收者实例，并自动触发其 onReceive（）方法。当 onReceive（）方法被执行完成之后，BroadcastReceiver 的实例就会被销毁。

2. BroadCastReceiver 组件的分类

BroadCastReceiver 作为 Android 系统的四大组件之一，主要在应用程序内部，以及不同应用程序之间进行多线程通信，其广播类型如下。

（1）标准广播（Normal Broadcast）。该广播是一种完全异步执行的广播，在广播发出之后，所有的广播接收器几乎都会在同一时刻接收到这条广播消息，接收广播消息没有先后顺序。标准广播的执行效率比较高，同时也意味着它是无法被截断的。

（2）有序广播（Ordered Broadcast）。该广播是一种同步执行的广播，广播发出之后，同一时刻只会有一个广播接收器能够收到这条广播消息。当这个广播接收器中的逻辑执行完毕后，广播才会继续传递，故此时接收广播消息是有先后顺序的。优先级高的广播接收器就可以先收到广播消息，并且前面的广播接收器还可以截断正在传递的广播，这样后面的广播接收器就无法收到广播消息了。

（3）本地广播（Local Broadcast）。该广播可以理解为一种局部广播，广播的发送者和接收者都同属于一个 Android 应用。相比于标准广播，在 Android 应用内的广播优势主要体现在安全性和执行效率较高。注册广播时，应将 exported 属性设置为 false，使非本应用内部发出的此广播不被接收。在广播发送和接收时,应增设相应权限 permission,用于权限验证。发送广播时指定该广播接收器所在的包名,此广播将只会发送到此包中与之相匹配的有效广播接收器中。

3. BroadCastReceiver 组件的使用

在 Android 系统中,广播可以进行数据传递、发送通知,类似于观察者模式。通过继承 BroadcastReceiver 基类来自定义广播,接收广播必须先定义一个具体的广播接收者,而实现方式则是通过继承 BroadcastReceiver 并实现其抽象方法 onReceive(Context context, Intent intent)。应用接收广播后就会在 onReceive()方法中进行处理。需要注意的是,该方法是运行在主线程中的,因此不能进行耗时操作。下面通过一个实例说明 BroadCastReceiver 组件的使用方法。在该实例中,单击"发送广播"按钮,将发送两个广播消息,系统接收消息后以消息框的形式显示,操作步骤如下。

(1) 新建工程项目,添加图片资源。在 Android Studio 开发环境中,新建一个空白工程项目,命名为"BroadCastReceiverTest"。将配套资料中的 powerlow.png 图片复制到项目的 drawable 目录中。

(2) 新建接收静态注册消息的 Java 类。在工程项目中,新建一个 Java 类文件,命名为 "MyBroadcastReceiver.java"。该 Java 类文件用于接收静态注册的消息,程序代码如下。

```
public class MyBroadcastReceiver extends BroadcastReceiver {
    @Override
    public void onReceive(Context context, Intent intent) {
        String name = intent.getExtras().getString("name");
        Toast.makeText(context, "广播1已发送..."+name, Toast.LENGTH_SHORT).show();
    }
}
```

上述代码定义了用于接收 BroadCastReceiver 组件的静态注册消息的 Java 类。第 1 行粗体字代码表示重写该类的 onReceive()方法,用于接收静态注册消息;第 2 行粗体字代码以 Intent 方式接收 BroadCastReceiver 组件传递的广播消息,并赋值给字符串变量 name。

(3) 新建接收动态注册消息的 Java 类。在工程项目中,新建一个 Java 类文件,命名为 "MyBroadcastReceiver2.java"。该 Java 类文件用于接收动态注册的消息,程序代码如下。

```
public class MyBroadcastReceiver2 extends BroadcastReceiver {
    private NotificationManager manager;
    @Override
    public void onReceive(Context context, Intent intent) {
        manager = (NotificationManager) context.getSystemService(Context.
NOTIFICATION_SERVICE);
        String name = intent.getExtras().getString("key");
        Notification notification = new NotificationCompat.Builder(context,
"normal")
                .setContentTitle("电量不足")
                .setContentText("电量还剩 10%"+"快通知:"+name)
                .setWhen(System.currentTimeMillis())
                .setSmallIcon(R.drawable.powerlow)
```

```
        .setAutoCancel(true)
        .build();
    manager.notify(100, notification);
    }
}
```

上述代码定义了用于接收 BroadCastReceiver 组件的动态注册消息的 Java 类，在该类中实现了电池电量低的广播通知。第 1 行粗体字代码表示重写该类的 onReceive()方法，在其中以 Notification 通知的形式发送广播消息；第 2 行粗体字代码定义了 Notification 组件，并发送电池电量剩余 10%的通知消息；第 3 行粗体字代码将广播消息显示在界面中。

（4）注册静态广播。在工程项目中，打开 AndroidManifest.xml 文件，在＜activity＞…＜/activity＞标签的下方，注册用于接收静态广播的 Java 类文件 MyBroadcastReceiver.java，程序代码如下。

```
<receiver android:name=".MyBroadcastReceiver"
    android:exported="true">
    <intent-filter>
        <action android:name="Action_1" />
    </intent-filter>
</receiver>
```

上述代码中，第 1 行粗体字代码表示通过 receiver 标签注册名为".MyBroadcastReceiver"的组件；第 2 行粗体字代码表示静态广播的名称"Action_1"。

（5）注册动态广播。动态广播消息在 Activity 文件中注册。在工程项目中，打开 MainActivity.java 文件，首先通过 MyBroadcastReceiver2 类定义动态广播的接收器 receiver，然后在 onCreate()方法的下方，自定义 onResume()方法，用于注册动态广播，程序代码如下。

```
MyBroadcastReceiver2 receiver= new MyBroadcastReceiver2();
protected void onResume() {
    super.onResume();
    //获取一个过滤器
    IntentFilter filter = new IntentFilter();
    filter.addAction("Action_2");
    registerReceiver(receiver,filter);              //注册
}
```

上述代码中，第 1 行粗体字代码表示通过 MyBroadcastReceiver2 类定义动态广播的接收器 receiver；第 2 行粗体字代码以 IntentFilter 方式获取一个过滤器；第 3 行粗体字代码表示在过滤器中添加注册动态广播名称"Action_2"；第 4 行粗体字代码表示注册动态广播消息。

（6）项目界面布局设计。本项目的界面布局较为简单，在界面中仅包含两个按钮，分别用于发送静态广播和动态广播。在工程项目中，打开 activity_main.xml 布局文件，添加两个按钮组件，代码如下。

```
<Button
    android:id="@+id/send1"
```

```
android:layout_width="match_parent"
android:layout_height="wrap_content"
android:onClick="click"
android:text="发送静态广播" />
<Button
android:id="@+id/send2"
android:layout_width="match_parent"
android:layout_height="wrap_content"
android:onClick="click"
android:text="发送动态广播" />
```

上述代码在线性布局中定义了两个按钮组件,分别用于发送静态广播和动态广播。两行粗体字代码部分均以标签的形式定义两个按钮的 onClick 单击事件。

(7) 实现分别发送静态广播和动态广播。在工程项目中,打开 MainActivity.java 文件,在 onCreate()方法的下方,自定义单击事件 onClick,程序代码如下。

```
public void click(View v) {
    switch (v.getId()) {
        case R.id.send1:                         //发送一条静态注册普通广播
            Intent intent = new Intent();
            intent.putExtra("name", "智能家居系统");
            intent.setAction("Action_1");
            intent.setPackage(getPackageName());
            sendBroadcast(intent);               //发送广播
            break;
        case R.id.send2:                         //发送一条动态注册普通广播
            Intent intent2 = new Intent();
            intent2.putExtra("key", "智能家居系统");
            intent2.setAction("Action_2");
            sendBroadcast(intent2);
            break;
    }
}
```

上述代码通过 switch…case 语句实现了两个按钮的单击事件。其中,按钮 send1 用于发送静态注册广播,按钮 send2 用于发送动态注册广播。由于 Android 系统在 8.0 版本以后,注册静态广播的方式有所改变,故需要加入粗体字部分所示的程序代码,该代码表示以 Intent 方式设置应用程序的包名称。至此,发送静态广播和动态广播的功能全部实现,在 Android 设备中运行程序,可以看到如图 2.23 所示的效果。

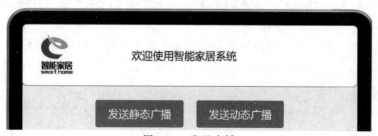

图 2.23　发送广播

2.5.2　Android 系统相对布局

1．相对布局的概念与原理

在 Android 系统中，当界面中需要呈现多个组件，且各组件之间的相对位置要求清晰、明确时，使用线性布局就需要嵌套多个 LinearLayout 布局。由此造成程序执行效率低下，以及代码阅读困难等问题。故 Android 官方推出了相对布局方式。相对布局即 RelativeLayout 布局方式，是 Android GUI 设计中最常用的布局方式，是一个在界面中以相对位置显示子视图的视图组。在相对布局中，每个组件的位置可以指定为相对于同级别组件的位置，或相对于父级别区域（RelativeLayout 本身）的位置。

2．相对布局的常用属性

在 Android 系统中，相对布局是通过相对定位的方式让组件出现在布局中的任意位置。在相对布局中如果不指定组件的位置，那么所有组件会被放置于布局的左上角。因此，必须首先指定第一个组件的位置，再根据此位置，运用相关的属性设置其他组件的位置。相对布局常用的属性如下。

- android:layout_centerHorizontal 属性。该属性用于设置组件是否位于父容器的水平居中位置。
- android:layout_centerVertical 属性。该属性用于设置组件是否位于父容器的垂直居中位置。
- android:layout_centerInParent 属性。该属性用于设置组件是否位于父容器的中心位置。
- android:layout_alignParentTop 属性。该属性用于设置组件是否与父容器顶端对齐。
- android:layout_alignParentBottom 属性。该属性用于设置组件是否与父容器底端对齐。
- android:layout_alignParentLeft 属性。该属性用于设置组件是否与父容器左端对齐。
- android:layout_alignParentRight 属性。该属性用于设置组件是否与父容器右端对齐。
- android:layout_toRightOf 属性。该属性用于设置组件位于给定 ID 的组件的右侧。
- android:layout_toLeftOf 属性。该属性用于设置组件位于给定 ID 的组件的左侧。
- android:layout_above 属性。该属性用于设置组件位于给定 ID 的组件的上方。
- android:layout_below 属性。该属性用于设置组件位于给定 ID 的组件的下方。
- android:layout_alignTop 属性。该属性用于设置组件是否与给定 ID 的组件的上边界对齐。
- android:layout_alignBottom 属性。该属性用于设置组件是否与给定 ID 的组件的下边界对齐。
- android:layout_alignLeft 属性。该属性用于设置组件是否与给定 ID 的组件的左边界对齐。

- android:layout_alignRight 属性。该属性用于设置组件是否与给定 ID 的组件的右边界对齐。

3. 相对布局的使用

在 Android 系统中,使用相对布局可以通过 XML 布局文件方式,也可以通过 Java 代码方式。在布局文件中,使用 android:<属性>=<属性值>的方式设置组件的属性;在 Java 代码文件中,首先需通过 RelativeLayout 类定义相对布局对象,然后调用该对象的相关方法设置布局属性。下面通过一个实例,说明相对布局的使用方法。该实例包含两个界面,第 1 个界面使用 XML 方式实现相对布局,第 2 个界面通过 Java 代码方式实现相对布局,步骤如下。

(1) 新建工程项目,添加 Activity。在 Android Studio 开发环境中,新建一个空白的 Android 工程项目,命名为“RelativeLayoutTest”。在该项目中,添加一个 Activity,命名为 “SecondActivity”。该 Activity 无须添加布局文件。

(2) 在 XML 布局文件中设置第 1 个界面。在工程项目中,打开 activity_main.xml 布局文件,将布局根元素修改为相对布局<RelativeLayout>…</RelativeLayout>。在该相对布局中,添加 5 个 Button 组件,其位置分别位于界面的左上角、右上角、左下角、右下角、中央。由于 5 个 Button 组件的属性类似,除左上角的 Button 组件给出具体属性外,其余 Button 组件仅给出表示相对位置的属性,程序代码如下。

```
<Button
    android:layout_width="wrap_content"
    android:layout_height="wrap_content"
    android:layout_alignParentLeft="true"
    android:layout_alignParentTop="true"
    android:text="btn1" />
<Button
    android:layout_alignParentTop="true"
    android:layout_alignParentRight="true"
    android:text="btn2" />
<Button
    android:layout_centerInParent="true"
    android:text="第 2 个界面" />
<Button
    android:layout_alignParentLeft="true"
    android:layout_alignParentBottom="true"
    android:text="btn4" />
<Button
    android:layout_alignParentRight="true"
    android:layout_alignParentBottom="true"
    android:text="btn3" />
```

上述代码中,第 1 行和第 2 行粗体字代码表示该 Button 组件位于界面的左上角;第 3 行和第 4 行粗体字代码表示该 Button 组件位于界面的右上角;第 5 行粗体字代码表示该 Button 组件位于界面的中央;第 6 行和第 7 行粗体字代码表示该 Button 组件位于界面的左下角；第 8 行和第 9 行粗体字代码表示该 Button 组件位于界面的右下角。

（3）在 Java 代码文件中设置第 2 个界面的相对布局方式。在工程项目中，SecondActivity 没有对应的布局文件。打开 SecondActivity. java 文件，自定义 SecondActivity 类，程序代码如下。

```java
public class SecondActivity extends AppCompatActivity {
    private Button btn1;
    private  RelativeLayout re;
    @Override
    protected void onCreate(Bundle savedInstanceState) {
        super.onCreate(savedInstanceState);
        //setContentView(R.layout.activity_second);
        init();
    }
    private void init() {
        btn1 = new Button(getApplicationContext());
        btn1.setText("返回");
        re = new RelativeLayout(getApplicationContext());
        re.setBackgroundColor(Color.BLUE);
        RelativeLayout.LayoutParams layte = new RelativeLayout.LayoutParams(
            RelativeLayout.LayoutParams.WRAP_CONTENT,
            RelativeLayout.LayoutParams.WRAP_CONTENT
        );
        layte.addRule(RelativeLayout.CENTER_HORIZONTAL);
        re.addView(btn1, layte);
        setContentView(re);
    }
}
```

上述代码通过纯 Java 代码方式定义了相对布局。第 1 行粗体字代码运用 RelativeLayout 类定义了相对布局对象 re；第 2 行粗体字代码为注释语句，由于第 2 个界面采用纯 Java 代码方式自定义，不可使用原有的"setContentView（R. layout. activity_second）；"语句，应使用"setContentView（re）；"语句；第 3 行粗体字代码为自定义方法 init （），该方法用于初始化界面；第 4 行粗体字代码表示将相对布局对象 re 实例化；第 5 行粗体字代码表示设置相对布局的背景为蓝色；第 6 行粗体字代码运用 RelativeLayout 的 LayoutParams 类定义布局参数对象 layte，并设置了 android：layout_width 和 android：layout_height 两个参数；第 7 行粗体字代码调用布局参数对象 layte 的 addRule（）方法，将该相对布局中的组件设置为在水平方向上居中；第 8 行粗体字代码表示将按钮组件 btn1 添加到相对布局中；第 9 行粗体字代码表示根据相对布局对象 re 生成 SecondActivity 的界面。至此，采用 XML 和纯 Java 代码两种方式生成相对布局的程序就完成了，在 Android 设备中运行本程序，可以看到如图 2.24 所示的效果。

2.5.3 系统设置界面组件设计

1. 单选按钮（RadioButton）组件

（1）RadioButton 组件的概念及原理。在 Android 系统中，单选按钮即 RadioButton 组

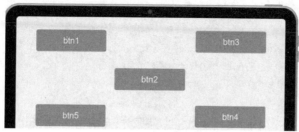

图 2.24　相对布局中的按钮

件。RadioButton 组件是圆形的单选框,是设计 Android 程序界面常用的组件之一,其主要作用是为用户提供由两个或多个互斥选项组成的选项集。RadioButton 组件通常与 RadioGroup 组件配合使用,允许用户在一个 RadioGroup 组件中选择一个选项,同一组中的单选按钮有互斥效果。在 RadioGroup 中的 RadioButton 控件可以有多个,但同时有且仅有一个可以被选中。当用户选择某单选按钮时,同一组中的其他单选按钮不能同时选定。

(2) RadioButton 组件的常用属性。在 Android 系统中,RadioButton 组件继承自 TextView 类,具有父类的全部属性,同时具有自身特殊的属性。RadioButton 组件主要实现单选功能,其常用属性如下。

- android:checked 属性。该属性用于设置 RadioButton 组件的选中状态,其值可选为 true 或 false。若该属性值为 true,则表示 RadioButton 被选中,反之,则未被选中。
- android:text 属性。该属性用于设置 RadioButton 组件显示的文本信息。
- android:textColor 属性。该属性用于设置 RadioButton 组件显示文字的颜色。
- android:textSize 属性。该属性用于设置 RadioButton 组件显示文字的大小,单位通常为 sp。
- android:button 属性。该属性用于设置 RadioButton 组件前的圆形单选按钮是否显示,若其值为"@null",则单选按钮不显示。

以上 5 项为 RadioButton 组件的常用属性,该组件通常与 RadioGroup 组件配合使用,其属性如下。

- android:orientation 属性。该属性用于设置多个 RadioButton 组件的排列方向,其值可选为 horizontal 或 vertical。前者表示水平排列,后者表示垂直排列。
- android:checkedButton 属性。该属性用于设置某个 RadioButton 组件默认被选中,其属性值为该 RadioButton 组件的 ID。

(3) RadioButton 组件的使用。在 Android 系统中,需要将 RadioButton 组件放入 RadioGroup 组件中,才能实现单选功能。否则,将会出现多个 RadioButton 组件同时被选中的情况,程序代码如下。

```
<RadioGroup
    android:layout_width="wrap_content"
    android:layout_height="wrap_content"
    android:orientation="vertical">
<RadioButton
    android:layout_width="wrap_content"
    android:layout_height="wrap_content"
```

```
        android:text="温湿度传感器"
        android:checked="true"/>
    <RadioButton
        android:layout_width="wrap_content"
        android:layout_height="wrap_content"
        android:text="光照度传感器"/>
</RadioGroup>
```

上述代码定义了一个 RadioGroup 组件，其中包含两个 RadioButton 组件。第 1 行粗体字代码表示两个 RadioButton 组件在 RadioGroup 组件中垂直方向排列；第 2 行粗体字代码表示第 1 个 RadioButton 组件在默认状态下被选中。

2. 复选框（CheckBox）组件

（1）CheckBox 组件的概念及原理。在 Android 系统中，复选框即 CheckBox 组件，是一种 Android 界面设计的基础组件。CheckBox 组件提供了多项选择的功能，可以同时选中一个或多个选项。CheckBox 组件主要用于打开或关闭某选项，其组件状态取决于选择选项的状态，包括：未选择、已选择、混合选择三种状态。经典 CheckBox 组件的结构包括一个方框和一个标签，其中，方框用于选择选项，标签用于显示文字。典型的复选框中包含一个小的×符号，或者是空白的，其状态由项目是否被选择来决定。

（2）CheckBox 组件的属性。在 Android 系统中，CheckBox 组件继承自 Button 类，具有父类的全部属性，同时具有自身特殊的属性。CheckBox 组件主要实现多个选项同时选中的功能，其常用属性如下。

- android:checked 属性。该属性用于设置 CheckBox 组件选项的选中状态。
- android:layout_width 属性。该属性用于设置 CheckBox 组件在布局中的宽度。
- android:layout_height 属性。该属性用于设置 CheckBox 组件在布局中的高度。
- android:text 属性。该属性用于设置 CheckBox 组件显示的文本信息。
- android:textColor 属性。该属性用于设置 CheckBox 组件文字的颜色。
- android:textStyle 属性。该属性用于设置 CheckBox 组件的字体风格。
- android:textSize 属性。该属性用于设置 CheckBox 组件文字的大小，常用单位为 sp。
- android:background 属性。该属性用于设置 CheckBox 组件的背景颜色或图片。

（3）CheckBox 组件的使用。在 Android 系统中，通常使用构造器创建 CheckBox 组件。使用 CheckBox 组件首先在 XML 文件当中使用<CheckBox/>标签定义组件，然后在 Java 代码文件中定义 CheckBox 的对象，最后为 CheckBox 组件设置监听器，包括 OnClickListener 监听器和 OnCheckChangeListener 监听器。CheckBox 组件的程序代码如下。

```
<CheckBox
    android:layout_width="match_parent"
    android:layout_height="wrap_content"
    android:text="烟雾传感器"
    android:checked = "true" />
<CheckBox
```

```
    android:layout_width="match_parent"
    android:layout_height="wrap_content"
    android:text="火焰传感器"
    android:checked = "false" />
<CheckBox
    android:layout_width="match_parent"
    android:layout_height="wrap_content"
    android:text="人体红外传感器"
    android:checked = "true" />
```

上述代码定义了 3 个 CheckBox 组件，表示 3 种传感器类型。其中，第 1 个和第 3 个 CheckBox 组件为选中状态，第 2 个 CheckBox 组件为未选中状态。

2.5.4　任务实战：智能家居系统设置界面设计

1. 任务描述

运用 Android Studio 开发环境和设计素材，设计智能家居系统设置界面，如图 2.25 所示，具体要求如下。

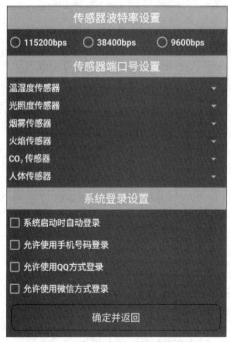

图 2.25　智能家居系统设置界面

（1）界面无标题栏，全屏显示。显示背景图片，素材为配套资料中的 background.png 图片。

（2）界面顶端显示标题"传感器波特率设置"字样，字体加粗，文字大小为 20，居中显示。

（3）该标题下方显示三种波特率的单选按钮，水平排列。

（4）波特率单选按钮的下方显示标题"传感器端口号设置"字样，字体加粗，文字大小为 20，居中显示。

（5）该标题下方显示"温湿度传感器""光照度传感器""烟雾传感器""火焰传感器""CO_2 传感器""人体传感器"6 类传感器的可选端口编号（COM1～COM6）。

（6）传感器端口号下方显示标题"系统登录设置"字样，字体加粗，文字大小为 20，居中显示。

（7）该标题下方显示自动登录、手机号登录、QQ 登录、微信登录 4 种登录方式的复选框。

（8）登录方式的下方显示"确定并返回"按钮。

2. 任务分析

根据任务描述，智能家居视频监控界面总体采用相对布局的方式，在其中添加 TextView、RadioGroup、RadioButton、CheckBox、Spinner、Button 组件。界面中显示背景图片可设置其 android:background 属性，其值为 drawable 目录中的 background.png 图片。在相对布局中，使用标签组件（TextView）显示界面中的 3 个标题，并设置其 text、textStyle、textColor、gravity 属性；使用单选按钮组（RadioGroup）组件和单选按钮（RadioButton）组件显示传感器波特率；使用列表（Spinner）组件供用户选择各类传感器的连接端口；使用复选框（CheckBox）组件分别表示四种登录方式。

3. 任务实施

根据任务分析，在智能家居工程项目中，打开 activity_setup.xml 文件。使用 <RelativeLayout>…</RelativeLayout> 标签在该文件中设置相对布局，在其中添加 TextView、RadioGroup、RadioButton、CheckBox、Spinner、Button 等组件，操作步骤如下。

（1）设置界面背景。在 activity_setup.xml 文件的相对布局 <RelativeLayout> 标签中添加代码 android:background="@drawable/background"，将背景设置为 drawable 目录下的 background.png 图片。

（2）添加表示传感器波特率的标题。在 activity_setup.xml 文件的 <RelativeLayout>…</RelativeLayout> 标签中，添加一个 TextView 组件，设置其属性，程序代码如下。

```xml
<TextView
    android:layout_width="match_parent"
    android:layout_height="40dp"
    android:background="#65C294"
    android:gravity="center"
    android:text="传感器波特率设置"
    android:textColor="#FFFFFF"
    android:textStyle="bold"
    android:textSize="20sp" />
```

上述代码在相对布局的顶端定义了一个标签组件，用于表示传感器波特率设置。粗体字代码部分分别表示标题的背景、文字居中、文字颜色、粗体、字号等属性，此处不再赘述。

（3）添加波特率单选按钮组件。表示传感器波特率的标题的下方，添加一个 RadioGroup 组件，在其中添加 3 个 RadioButton 组件，分别表示传感器的 3 种波特率，程序代码如下。

```
<RadioGroup
    android:layout_width="match_parent"
    android:layout_height="wrap_content"
    android:orientation="horizontal">
        <RadioButton
            android:layout_width="match_parent"
            android:layout_height="wrap_content"
            android:text="115200bps"
            android:textSize="16sp"
            android:textStyle="bold"/>
        <!-->此处为波特率为 38400 和 9600 的 RadioButton 组件<-->
</RadioGroup>
```

上述代码在 RadioGroup 组件中定义了 3 个 RadioButton 组件。由于 RadioButton 组件的属性类似,此处仅给出第 1 个组件的属性设置。第 1 行粗体字代码表示 3 个 RadioButton 组件在 RadioGroup 组件中水平排列;第 2～4 行粗体字代码分别表示 RadioButton 组件的文本、文字大小、粗体 3 项属性。

(4) 添加表示传感器端口号的标题。在 3 个传感器波特率单选按钮组件的下方,添加一个 TextView 组件,用于表示传感器端口号。该组件的属性与传感器波特率标题组件的属性类似,此处不再赘述。

(5) 添加用于设置传感器端口号的组件。在传感器端口号标题的下方,添加一个 6 行 2 列的表格布局,在第 1 列中添加 TextView 组件,用于表示传感器的名称;在第 2 列中添加 Spinner 组件,用于表示传感器的端口编号,其可选项为 COM1～COM6。由于表格布局较长,此处仅给出一个 TableRow,程序代码如下。

```
<TableLayout
    android:layout_width="match_parent"
    android:layout_height="wrap_content">
    <TableRow
        android:layout_width="match_parent">
        <TextView
            android:layout_width="match_parent"
            android:layout_height="wrap_content"
            android:text="温湿度传感器"/>
        <Spinner
            android:id="@+id/tempcom"
            android:layout_width="match_parent"
            android:layout_height="wrap_content"
            android:spinnerMode="dropdown" />
    </TableRow>
    <!-->此处为其余 5 个表示传感器端口的组件<-->
</TableLayout>
```

上述代码定义了一个表格布局,其中包含两列。第 1 行粗体字代码表示传感器的名称为“温湿度传感器”;第 2 行粗体字代码设置了 Spinner 组件的显示窗体的方式,dropdown 表示采用下拉列表方式显示数据。

(6) 添加表示系统设置的标题。在表示传感器端口的组件的下方,添加一个 TextView

组件，用于表示系统参数设置。该组件的属性与上述两个标题组件的属性类似，此处不再赘述。

(7) 添加用于系统设置的组件。在系统设置标题的下方，添加 4 个 CheckBox 组件，分别表示自动登录、手机号登录、QQ 登录、微信登录 4 种登录方式。由于各 CheckBox 组件的属性设置类似，此处仅给出第 1 个 CheckBox 组件的属性，程序代码如下。

```xml
<CheckBox
    android:layout_width="wrap_content"
    android:layout_height="wrap_content"
    android:text="系统启动时自动登录"
    android:textSize="16sp"
    android:textStyle="bold"
    android:textColor="#FFFFFF"/>
```

上述代码定义了表示系统启动时自动登录的复选框组件。三行粗体字代码分别表示 CheckBox 组件的文字大小、粗体、文字颜色。

2.5.5　任务拓展：自定义表示传感器类型的单选按钮样式

在智能家居系统中，为使界面设计更加美观，通常采用自定义样式表示单选按钮的外观。一般来说，改变单选按钮的外观需要首先自定义样式文件，然后在界面布局文件中，将该样式文件引用到 RadioButton 组件上，步骤如下。

(1) 添加图片资源。在智能家居工程项目中，将配套资料中的"checked.png"和"unchecked.png"图片复制到 drawable 目录中，分别表示 RadioButton 组件的选中及未选中状态。

(2) 添加 RadioButton 组件的样式资源。在 drawable 目录中，新建一个 resource 类型的样式文件，命名为"radio_style.xml"。将上述两个图片资源添加到该文件中，代码如下。

```xml
<?xml version="1.0" encoding="utf-8"?>
<selector xmlns:android="http://schemas.android.com/apk/res/android" >
    <item
        android:drawable="@drawable/checked"
        android:state_checked="true"/>
    <item
        android:drawable="@drawable/unchecked"
        android:state_checked="false"/>
    <item
        android:drawable="@drawable/unchecked"/>
</selector>
```

上述代码自定义了 RadioButton 组件选中及未选中时的状态。其中的粗体字代码部分表示选中及未选中状态对应的图片。

(3) 在样式文件中添加自定义的样式资源。在工程项目中，打开 values\style.xml 文件，将上述自定义的样式资源添加到该文件中，代码如下。

```xml
<?xml version="1.0" encoding="utf-8"?>
<resources>
```

```
    <style name="CustomRadio" parent="@android:style/Widget.CompoundButton.
CheckBox">
        <item name="android:button">@drawable/radio_style</item>
    </style>
</resources>
```

上述代码在样式文件 style.xml 中添加了 RadioButton 组件的自定义样式。粗体字代码部分表示该样式资源来自于 drawable 目录下的 radio_style.xml 文件。

（4）实现 RadioButton 组件的自定义样式。在 activity_main.xml 文件中，首先定义 RadioGroup 组件，然后在其中添加两个 RadioButton 组件，将 style.xml 文件中的样式资源引用到 RadioButton 组件中，程序代码如下。

```
<RadioGroup
    android:layout_width="match_parent"
    android:layout_height="wrap_content"
    android:orientation="vertical">
    <RadioButton
        android:layout_width="wrap_content"
        android:layout_height="wrap_content"
        android:text="温湿度传感器"
        style="@style/CustomRadio" />
    <RadioButton
        android:layout_width="wrap_content"
        android:layout_height="wrap_content"
        android:text="光照度传感器"
        style="@style/CustomRadio" />
</RadioGroup>
```

上述代码定义了两个 RadioButton 组件，分别表示两类传感器。粗体字代码部分表示将 style.xml 文件中的样式资源引用到 RadioButton 组件中。运行程序，可以看到如图 2.25 所示的效果。

2.6　智能家居设备控制界面设计

2.6.1　Android 系统网格布局

1. 网格布局的概念与原理

在 Android 系统中，网格布局即 GridLayout 布局，是最常用的布局方式之一，具有十分强大的界面布局功能。网格布局是一个由行和列组成的二维布局方式，各行、列以数字为索引号，可以平均分配空间，也可以根据需要自动调整行高及列宽。网络布局将 Android 界面划分为若干单元格，各单元格可以任意组合，从而形成不同类型的网格布局。在网格布局中，各组件具有固定的位置。Android 组件可以占据一个或多个单元格，也可以占据整行或整列，以形成较为复杂的界面布局。

2. 网格布局的常用属性

在 Android 系统中，GridLayout 布局使用虚细线将布局划分为行、列和单元格，同时支持一个组件在行、列上都有交错排列。网络布局直接继承 ViewGroup 类，其常用属性如下。

- android:orientation 属性。该属性用于设置表格布局中组件的排列方式，其值可选为 horizontal（水平排列）或 vertical（垂直排列）。其中，horizontal 为默认值。
- android:columnCount 属性。该属性用于设置表格布局的列数。
- android:rowCount 属性。该属性用于设置表格布局的行数。
- android:layout_row 属性。该属性用于设置某组件所在的行序号，计数从 0 开始。
- android:layout_column 属性。该属性用于设置某组件所在的列序号，计数从 0 开始。
- android:layout_rowWeight 属性。该属性用于设置某组件占据的行的权重。
- android:layout_columnWeight 属性。该属性用于设置某组件占据的列的权重。
- android:layout_gravity 属性。该属性用于设置某组件在单元格中的位置。
- android:layout_rowSpan 属性。该属性用于设置某组件占据的行数。
- android:layout_columnSpan 属性。该属性用于设置某组件占据的列数。

3. 网格布局的使用

自 Android 系统 4.0 版本起，在程序设计过程中引入了网格布局，其目的是减少嵌套布局。需要注意的是，使用 layout_columnSpan 属性和 layout_rowSpan 属性时，要加上 layout_gravity 属性，否则没有效果；另外，item 属性在边缘时宽高计算会出现错误，需要手动设置宽度和高度，否则达不到预期的效果。下面通过一个实例说明表格布局的使用方法。该实例模拟计算机的数字键盘界面，操作步骤如下。

（1）新建工程项目，定义网格布局。在 Android Studio 开发环境中，新建一个空白的 Android 工程项目，命名为"GridLayoutTest"。在 activity_main.xml 文件中，定义数字界面的布局，代码如下。

```
<GridLayout xmlns:android="http://schemas.android.com/apk/res/android"
    android:layout_height="wrap_content"
    android:layout_width="wrap_content"
    android:layout_gravity="center"
    android:columnCount="4"
    android:orientation="horizontal">
    <!-->此处为数字键盘组件<-->
</GridLayout>
```

上述代码将数字键盘界面定义为网格布局方式。第 1 行粗体字代码表示该网格布局包含 4 列；第 2 行粗体字代码表示该网格布局中的组件按水平方向排列。

（2）添加表示数字键的组件。数字键采用 Button 组件表示，有"0"至"9"及"00"共 11 个组件。在 activity_main.xml 文件中，数字键从第 2 行第 1 列开始，至第 5 行第 3 列止。其中，数字"0"占据第 5 行第 1 列至第 5 行第 2 列，数字"00"占据第 5 行第 3 列。由于数字键组件的代码较长，且属性类似，此处仅给出数字"0"的布局代码，具体实现方式请参照配套资料中的程序代码。

```
<Button
    android:layout_width="wrap_content"
```

```
    android:layout_height="wrap_content"
    android:text="0"
    android:layout_gravity="fill"
    android:layout_columnSpan="2"/>
```

上述代码中,粗体字部分代码表示设置网格布局的 layout_columnSpan 属性,其属性值为 2 表示数字键"0"的 Button 组件占据两列的位置。

（3）添加表示运算符号的组件。运算符号键也采用 Button 组件表示,包括"+""-""＊""/""="五个运算符号。其中,"+"组件占据第 4 行第 4 列至第 6 行第 4 列;"-"组件占据第 3 行第 4 列;"＊"组件占据第 2 行第 4 列;"/"组件占据第 1 行第 4 列;"="组件占据第 6 行第 1 列至第 6 行第 3 列。由于运算符号组件的属性类似,此处仅给出"="组件的布局代码,具体实现方式请参照配套资料中的程序代码。

```
<Button
    android:layout_width="wrap_content"
    android:layout_height="wrap_content"
    android:text="="
    android:layout_gravity="fill"
    android:layout_columnSpan="3"/>
```

由于运算符号"="组件与数字"0"组件的属性类似,此处不再赘述。至此,模拟计算器键盘数字键区域的界面设计就完成了,在 Android 设备中运行程序,可以看到如图 2.26 所示的效果。

图 2.26　计算器键盘

2.6.2　设备控制界面组件设计

1. 开关（Switch）组件

（1）Switch 组件的概念及原理。在 Android 系统中,开关组件即 Switch 组件,是 Android 程序设计过程中常用的界面组件之一。从本质上来说,Switch 组件是一个按钮组件,其外观是仿照 iOS 系统中开关组件的样式效果。Switch 组件适用于只存在两种状态的事件场景,例如,"打开"或"关闭"。默认状态下,Switch 组件包含一个滑块,可向左或向右滑动。该滑块可自定义为动画效果,或使用帧布局方式刷新。

（2）Switch 组件的属性。在 Android 系统中,Switch 组件继承自 Button 类,具有 Button 组件的所有属性,同时具有自身独特的属性。Switch 组件的常用属性如下。

- android:showText 属性。该属性用于设置打开或关闭 Switch 组件时滑块上是否显示文字。
- android:textOn 属性。该属性用于设置 Switch 组件打开时的文字,需要将 showText 属性设置为 true。
- android:textOff 属性。该属性用于设置 Switch 组件关闭时的文字,需要将 showText 属性设置为 true。
- android:splitTrack 属性。该属性用于设置一个间隙,使滑块与底部图片分隔。

- android:switchMinWidth 属性。该属性用于设置开关的最小宽度。
- android:switchPadding 属性。该属性用于设置滑块内文字间隔。
- android:track 属性。该属性用于设置底部横条的图片，可以自定义。
- android:thumb 属性。该属性用于设置滑块的图片，可以为自定义。
- android:typeface 属性。该属性用于设置 Switch 组件的字体。
- android:checkedSwitch 属性。该属性用于设置 Switch 组件是否默认为打开状态。

（3）Switch 组件的使用。在 Android 系统中，Switch 组件的使用需首先在布局文件中定义组件的各类属性，然后在 Java 代码文件中定义该组件，最后实现 Switch 组件的单击响应事件，步骤如下。

第 1 步：定义 Switch 组件。在布局文件中，定义 Switch 组件的各类属性，程序代码如下。

```
<Switch
    android:id="@+id/notificate_sw"
    android:layout_width="wrap_content"
    android:layout_height="wrap_content"
    android:checked="true"
    android:text="消息设置"/>
```

上述代码中，粗体字代码部分表示 Switch 组件默认处于打开状态。

第 2 步：实现 Switch 组件的单击监听事件。在 Activity 文件的 onCreate()方法中，添加 Switch 组件状态变化的监听事件，程序代码如下。

```
mSwitch.setOnCheckedChangeListener(new CompoundButton.OnCheckedChangeListener() {
    @Override
    public void onCheckedChanged(CompoundButton buttonView, boolean isChecked) {
        if (isChecked){
            mText.setText("开启");
        }else {
            mText.setText("关闭");
        }
    }
});
```

上述代码中，第 1 行粗体字代码表示定义 Switch 组件单击后状态变化的监听事件；第 2 行粗体字代码表示重写 Switch 组件的 onCheckedChanged()方法，用于响应该组件状态变化所执行的事件，如图 2.27 所示。

图 2.27　Switch 组件

2. 进度条（ProgressBar）组件

（1）ProgressBar 组件的概念及原理。在 Android 系统中，ProgressBar 即进度条组件，是 Android 程序设计过程中常用的 UI 组件之一，具有较强的实用性。

ProgressBar 组件的主要作用是以百分比的形式，动态显示当前耗时事件的操作进度，避免用户长时间等待而造成体验感降低。ProgressBar 组件的应用场景较多,例如,用户登录、网络状态请求、消息发送与接收等耗时较长的操作。执行耗时操作时,若缺少 ProgressBar 组件指示当前进度,会给用户造成卡机、假死等错觉,造成用户体验较差。此时,就需要在耗时操作的事件中加入 ProgressBar 组件,可以直观地显示当前操作的进度,增强用户体验。

（2）ProgressBar 组件的常用属性和方法。在 Android 系统中,ProgressBar 组件直接继承于 View 类,具有 View 类组件的所有属性,同时具有自身特殊的属性。ProgressBar 组件的常用属性如下。

- android:max 属性。该属性用于设置进度条的最大值。
- android:progress 属性。该属性用于设置进度条已完成进度值。
- android:progressDrawable 属性。该属性用于设置进度条轨道对应的 Drawable 对象。
- android:indeterminate 属性。该属性用于设置是否显示精确进度,其值可选为 true 或 false。若属性值为 true,则进度条不精确地显示进度。
- android:indeterminateDrawable 属性。该属性用于设置不显示进度的进度条的 Drawable 对象。
- android:indeterminateDuration 属性。该属性用于设置不精确显示进度的持续时间。
- android:secondaryProgress 属性。该属性用于设置二级进度条,即缓冲进度。

以上为 ProgressBar 组件的常用属性,此外,ProgressBar 组件还具有以下常用方法。

- getMax()方法。该方法用于返回进度条的范围上限。
- getProgress()方法。该方法用于返回当前进度的数值。
- getSecondaryProgress()方法。该方法用于返回二级进度,即缓冲进度的数值。
- incrementProgressBy(int diff)方法。该方法用于指定增加的进度数值。
- isIndeterminate()方法。该方法用于指示进度条是否在不确定模式下。
- setIndeterminate(boolean indeterminate)方法。该方法用于设置进度条的不确定模式。

（3）ProgressBar 组件的使用。在 Android 系统中,通常使用 ProgressBar 组件的 android:progress 属性和 android:secondaryProgress 属性表示进度。前者表示 ProgressBar 组件本身的进度,后者表示执行耗时操作时的缓存进度。下面通过一个实例说明 ProgressBar 组件的使用方法,步骤如下。

第 1 步:新建项目,定义 ProgressBar 组件。在 Android Studio 开发环境中,新建一个空白的 Android 工程项目,命名为"ProgressBarTest"。在项目的 activity_main.xml 文件中,定义一个水平方向的 ProgressBar 组件,程序代码如下。

```
<ProgressBar
    android:id="@+id/sys_progress"
    style="@android:style/Widget.ProgressBar.Horizontal"
    android:layout_width="match_parent"
    android:layout_height="30dp"
    android:layout_marginTop="20dp"
    android:max="100" />
```

上述代码中，第1行粗体字代码表示进度条的样式为水平方向的默认样式；第2行粗体字代码表示进度条的最大数值为100。

第2步：定义进度条循环播放的方法。在工程项目中，打开 MainActivity.java 文件，首先定义 ProgressBar 组件对象，并与界面中的进度条组件相关联；然后在 onCreate()方法中定义 Handler 对象，用于发送播放进度条的消息，程序代码如下。

```java
private ProgressBar sysProgressBar;
private Handler handler;
@Override
protected void onCreate(Bundle savedInstanceState) {
    super.onCreate(savedInstanceState);
    setContentView(R.layout.activity_main);
    sysProgressBar = findViewById(R.id.sys_progress);
    handler = new Handler(this);
    handler.postDelayed(new Runnable() {
        @Override
        public void run() {
            handler.postDelayed(this, 50);
            handler.sendEmptyMessage(1);
        }
    }, 0);
}
```

上述代码中，第1行和第2行粗体字代码分别定义了进度条组件对象和 Handler 对象；第3行粗体字代码表示将进度条组件对象与界面中名为"sys_progress"的 Progress 组件相关联；第4行粗体字代码表示调用对象 handler 的 postDelayed()方法传递消息；第5行粗体字代码表示调用 handler 对象的 sendEmptyMessage()方法发送播放进度条的消息，其参数为消息的 ID。

（4）实现循环播放进度条的功能。在 onCreate()方法的下方，定义处理消息的方法 handleMessage()，接收 handler 对象传递的消息，若其消息编号为1，则执行进度条增加进度数值的操作，程序代码如下。

```java
public boolean handleMessage(Message msg) {
    switch (msg.what) {
        case 1:
            if (progress == 100) {
                progress = 0;
            } else {
                progress++;
            }
            sysProgressBar.setProgress(progress);
            break;
    }
    return false;
}
```

上述代码中，第1行粗体字代码表示重写 Handler 类的 handleMessage()方法，用于处理 handler 对象发送的消息；第2行和第3行粗体字代码使用 switch…case 语句，判断消息的 ID 是否为 1；第 4 行粗体字代码调用 ProgressBar 组件的 setProgress()方法，进度条每次增加的数值为 progress 的值。至此，循环播放进度条的程序就完成了，在 Android 设备中运行程序，可以看到程序已正常运行。

2.6.3　任务实战：智能家居设备控制界面设计

1. 任务描述

运用 Android Studio 开发环境和设计素材，设计智能家居设备控制界面，如图 2.28 所示。具体要求如下。

图 2.28　智能家居设备控制界面

（1）界面无标题栏，全屏显示。显示背景图片，素材为配套资料中的 background.png 图片。

（2）界面顶端显示标题"智能家居设备控制"字样，字体加粗，文字大小为 20，居中显示。

（3）该标题下方显示报警灯、风扇、照明灯、LED 显示屏幕 4 类设备及开关按钮。

（4）四类设备的下方显示"返回"按钮。

2. 任务分析

根据任务描述，智能家居设备控制界面整体采用网格布局的方式，在界面中添加 TextView、Switch、Button 组件。界面中显示背景图片可设置其 android:background 属性，其值为 drawable 目录中的 background.png 图片。在相对布局中，使用标签（TextView）组件显示界面标题以及四类智能家居设备的名称，并设置其 text、textStyle、textColor、gravity 属性；使用开关（Switch）组件打开或关闭设备。

3. 任务实施

根据任务分析，在智能家居工程项目中，打开 activity_dev_control.xml 文件。使用 <GridLayout>…</GridLayout> 标签在该文件中设置网格布局，并在布局中添加 TextView、Switch、Button 等组件。设置智能家居设备控制界面的操作步骤如下。

（1）设置界面背景。在 activity_dev_control.xml 文件的网格布局<GridLayout>标签中添加代码 android:background="@drawable/background"，将背景设置为 drawable 目录下的 background.png 图片。该网格布局整体为 6 行 2 列。

（2）添加界面标题。在 activity_dev_control.xml 文件的＜GridLayout＞…＜/GridLayout＞标签中，添加一个 TextView 组件。该 TextView 组件占据第 1 行第 1 列和第 1 行第 2 列，程序代码如下。

```
<TextView
    android:layout_width="match_parent"
    android:layout_height="40dp"
    android:background="#65C294"
    android:gravity="center"
    android:text="智能家居设备控制"
    android:textColor="#FFFFFF"
    android:textStyle="bold"
    android:textSize="20sp" />
```

上述代码在网格布局的顶端定义了一个标签组件，用于表示传感器波特率设置。粗体字代码部分分别表示标题的背景、文字居中、文字颜色、粗体、字号等属性，此处不再赘述。

（3）添加设备控制组件。在 activity_dev_control.xml 文件中，标题组件的下方定义报警灯、风扇、照明灯、LED 显示屏幕 4 类设备组件及开关按钮，这些组件占据网格布局的第 2 行第 1 列至第 5 行第 2 列。由于组件代码较长，此处仅给出第 2 行的标签组件与开关组件的代码，程序如下。

```
<TextView
    android:layout_width="match_parent"
    android:layout_height="wrap_content"
    android:text="报警灯"
    android:textSize="16sp"
    android:textStyle="bold"
    android:textColor="#FFFFFF"/>
<Switch
    android:id="@+id/alarm_switch"
    android:layout_width="match_parent"
    android:layout_height="wrap_content"
    android:checked="false" />
```

上述代码在网格布局的第 2 行定义了一个标签组件和一个开关组件。粗体字代码部分表示开关组件默认状态为关闭，需单击后转换为打开状态。

（4）添加"返回"按钮组件。在设备组件的下方，定义一个 Button 组件，用于返回主界面。Button 组件设置较为简单，此处不再赘述。至此，智能家居设备控制界面就设计完成了，在 Android 设备中运行智能家居项目，可以看到如图 2.28 所示的效果。

2.6.4 任务拓展：使用评分条评价智能家居设备使用

在智能家居系统中，为提升用户体验，需要对设备使用情况进行评分。此时，就需要使用 RatingBar 组件。RatingBar 是基于 SeekBar 的组件，是 ProgressBar 的扩展，其主要作用是使用星形来显示等级评定。智能家居设备评价满分为五星，每次递进半星，操作步骤如下。

（1）添加图片资源。在智能家居项目中，将配套资料中的"rate_back.png""rate_empty.

png""rate_full.png"三个图片文件添加到 drawable 目录中。其中,rate_back.png 图片用于
显示未得分的星形,rate_empty.png 用于显示半星,rate_full 用于显示全星。

(2)自定义评分条样式。在智能家居项目中的 drawable 目录下,新建一个资源文件
rating_layer.xml。该文件用于自定义评分条的 3 种分数状态,程序代码如下。

```xml
<?xml version="1.0" encoding="utf-8"?>
<layer-list xmlns:android="http://schemas.android.com/apk/res/android">
    <item android:id="@android:id/background"
        android:drawable="@drawable/rate_back" />
    <item android:id="@android:id/secondaryProgress"
        android:drawable="@drawable/rate_empty" />
    <item android:id="@android:id/progress"
        android:drawable="@drawable/rate_full" />
</layer-list>
```

上述代码定义了 RatingBar 组件的 3 种分数状态的样式。第 1 行粗体字代码中的
background 表示未得分时的样式;第 2 行粗体字代码中的 secondaryProgress 表示得半星
时的样式;第 3 行粗体字代码中的 progress 表示得全星时的样式。

(3)添加评分条样式资源。在智能家居工程项目的 values\styles.xml 文件中,添加上
述步骤自定义的评价样式,程序代码如下。

```xml
<resources>
    <style name="MyRatingBarStyle" parent="@android:style/Widget.RatingBar">
        <item name="android:progressDrawable">@drawable/rating_layer</item>
        <item name="android:minHeight">48dp</item>
        <item name="android:maxHeight">48dp</item>
    </style>
</resources>
```

上述代码添加了名为"MyRatingBarStyle"的评分条的自定义样式资源。第 1 行粗体字
代码表示该样式资源来自 drawable 目录下的 rating_layer.xml 样式文件;第 2 行和第 3 行
粗体字代码表示星形的宽度及高度均为48dp。

(4)界面布局设计。在智能家居工程项目中,打开 activity_main.xml 布局文件,添加一
个 TextView 组件和一个 RatingBar 组件,并设置相应的属性。TextView 组件的代码较为
简单,仅显示"请投票"文字,此处不再赘述,RatingBar 组件的程序代码如下。

```xml
<RatingBar
    style="@style/MyRatingBarStyle"
    android:layout_width="wrap_content"
    android:layout_height="wrap_content"
    android:isIndicator="false"
    android:rating="0"
    android:stepSize="0.5"
    android:numStars="5" />
```

上述代码中,第 1 行粗体字代码表示评分条组件采用的样式为 styles.xml 文件中名为
"MyRatingBarStyle"的样式;第 2 行粗体字代码表示该评分条组件中的星形是可以交互操
作的;第 3 行粗体字代码表示初始评分为 0,即显示未投票状态的星形;第 4 行粗体字代码

表示每次增加或减少半星;第 5 行粗体字代码表示评分条包含 5 个星形。

（5）实现智能家居设备投票评分功能。在 MainActivity.java 文件的 onCreate()方法中,编辑评分条组件状态改变的事件,以星形的状态获取评分的分数,程序代码如下。

```
ratingBar = (RatingBar) findViewById(R.id.ratingBar);
ratingBar.setOnRatingBarChangeListener(new RatingBar.OnRatingBarChangeListener() {
    @Override
    public void onRatingChanged(RatingBar ratingBar, float rating, boolean
fromUser) {
        Toast.makeText(MainActivity.this, "当前单击的评分:" + rating, Toast.
LENGTH_SHORT).show();
    }
});
```

上述代码中,第 1 行粗体字代码表示获取评分条组件状态变化的监听事件;第 2 行粗体字代码表示重写评分条组件的 onRatingChanged()方法,在状态改变事件中,通过 rating 参数获得评分的分数。至此,智能家居设备评价功能就全部实现了,在 Android 设备中运行项目,可以看到程序已正常运行。

2.7　项目总结与评价

2.7.1　项目总结

本项目首先阐述了 Android 系统常用的核心组件,包括:Activity、Intent、ContentProvider、SharedPreferences、Service、BroadCastReceiver 等 6 类组件的概念及使用方法。然后阐述了 Android 系统常用的布局方式,包括:线性布局（LinearLayout）、表格布局（TableLayout）、相对布局（RelativeLayout）、帧布局（FrameLayout）、绝对布局（AbsoluteLayout）、网格布局（GridLayout）。最后阐述了 Android 应用开发常用的界面设计组件,包括文本框、按钮、图像、进度条、对话框等组件。

本项目的知识点与技能点总结如下。

（1）Android Studio 与 SDK 的安装路径中不要包含中文字符,否则配置开发环境时会出现错误。

（2）Android Studio 中的 JDK 开发环境可以使用默认版本,也可以使用第三方软件安装的版本。

（3）Android Studio 开发环境与 Android 设备连接,可以使用 USB 数据线,也可以通过WiFi 连接。

（4）Android Studio 开发环境连接 MySQL 数据库、传感器,需导入用于连接的 jar 包文件。

（5）Android Studio 中导入的 jar 包文件需转换为 Android 系统支持的库文件后才能正常使用。

（6）Android Studio 的 assets 目录中的资源文件不会在 R 文件中生成资源 ID,也不会被编译到 App 中。

（7）Android Studio 中定义的资源，可以通过 XML 文件调用，也可以通过 Java 文件调用。

2.7.2 项目评价

本项目包括"智能家居系统登录界面设计""智能家居系统主界面设计""智能家居环境数据监测界面设计""智能家居视频监控界面设计""智能家居系统设置界面设计""智能家居设备控制界面设计"6 个实战任务。各任务点的评价指标及分值见表 2.1，任务共计 20 分。读者可以对照项目评价表，检验本项目的完成情况。

表 2.1 智能家居项目界面设计任务完成度评价表

实 战 任 务	评 价 指 标	分值	得分
智能家居系统登录界面设计	线性布局方式及属性设置	0.5	
	TextView 组件及属性设置	0.5	
	EditText 组件及属性设置	1.0	
	ImageView 组件及属性设置	1.0	
	Button 组件及属性设置	1.0	
智能家居系统主界面设计	帧布局方式及属性设置	1.0	
	Animation 组件及属性设置	1.0	
	ImageButton 组件及属性设置	1.0	
	Toast 组件及属性设置	1.0	
智能家居环境数据监测界面设计	表格布局方式及属性设置	1.0	
	Spinner 组件及属性设置	1.0	
	AlertDialog 组件及属性设置	1.0	
智能家居视频监控界面设计	约束布局方式及属性设置	1.0	
	TextureView 组件及属性设置	1.0	
	Notification 组件及属性设置	1.0	
智能家居系统设置界面设计	相对布局方式及属性设置	1.0	
	RadioButton 组件及属性设置	1.0	
	CheckBox 组件及属性设置	1.0	
智能家居设备控制界面设计	网格布局方式及属性设置	1.0	
	Switch 组件及属性设置	1.0	
	ProgressBar 组件及属性设置	1.0	

智能家居系统登录及注册功能的设计与实现

【项目概述】

本项目主要运用 Android Studio 开发环境、MySQL 数据库管理系统、MobTech 物联网平台实现智能家居系统用户登录及注册功能。其中,用户登录包括用户名密码验证登录、手机短信验证登录、微信验证登录、QQ 验证登录四种方式。用户注册包括身份信息注册、人脸拍照注册两种方式,需要使用 MySQL 数据库管理系统。本项目的学习思维导图如图 3.1 所示。

图 3.1 系统登录及注册功能思维导图

【学习目标】

本项目的总体目标是,通过运用 MySQL 数据库管理系统,将其与 Android Studio 集成开发环境相连,通过 SQL 实现数据表的增、删、改、查等操作,实现用户名密码登录及用户信息注册功能。通过运用 MobTech 物联网平台,实现手机短信验证登录、微信验证登录、QQ 验证登录三种方式。本项目的知识、能力、素质三维目标如下。

1. 知识目标

(1) 掌握 Android Studio 开发环境与 MySQL 数据库连接的方法。
(2) 掌握 Android Studio 开发环境操作 MobTech 物联网平台的方法。
(3) 掌握使用 Android Studio 开发环境进行人脸与指纹识别的方法。
(4) 掌握使用 Android Studio 开发环境开发第三方应用的方法。

2. 能力目标

(1) 能运用 Android Studio 开发环境操作 MySQL 数据库管理系统。
(2) 能运用 Android Studio 开发环境操作 MobTech 物联网平台。
(3) 能运用 Android Studio 开发环境实现人脸识别与指纹识别。
(4) 能运用 Android Studio 开发环境实现第三方应用登录。

3. 素质目标

（1）培养良好的代码风格。

（2）培养全局性和系统性意识。

（3）培养有效的专业沟通。

3.1 智能家居系统事件处理

3.1.1 事件监听类

1. 智能家居事件监听处理模型

在智能家居系统中，其事件监听模型主要由事件源、事件、事件监听器、事件处理 4 个部分构成，如图 3.2 所示。这 3 个部分相互作用，响应用户 UI 动作，提高 Android 应用程序交互性。

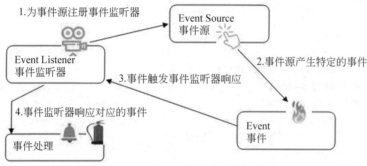

图 3.2   智能家居事件监听处理模型

（1）事件源：即 Event Source，表示事件发生的来源。在 Android 系统中，按钮、菜单、窗口等各个 UI 组件均可作为事件源。

（2）事件：即 Event，表示界面中的事件源发生的特定的事件。例如，按钮的一次单击事件。

（3）事件监听器：即 Event Listener，表示系统监听事件源所发生的事件，并对被监听的事件做出相应的响应。例如，监听"登录"按钮单击事件，处理登录业务的响应等。

2. 内部类作为事件监听器

在智能家居系统中，内部类作为事件监听器是指将组件的响应事件的监听器类定义在当前类的内部。内部类作为事件监听器一般分为以下两个步骤。

第 1 步：在 Activity 类的内部定义事件监听器。例如，以下代码：

```
View.OnClickListener myListener=new View.OnClickListener() {
    @Override
    public void onClick(View view) {
        textView1.setText("智能家居系统");
    }
};
```

上述代码中，第 1 行粗体字代码表示定义监听器对象 myListener；第 2 行粗体字代码表示重写组件的 onClick 单击事件。

第 2 步：使用监听器对象。在 Activity 类内部调用某组件的 setOnClickListener()方法，引用监听器对象 myListener，以 button 按钮为例，代码为"button.setOnClickListener(myListener);"。经过上述两个步骤，即可实现在 Android 内部类中定义监听事件。

图 3.3　飞机移动

下面通过一个实例说明内部监听类的使用方法。该实例为控制飞机移动，当用户按下 Android 设备中的方向键时，飞机可跟随方向自由移动，如图 3.3 所示。程序设计步骤如下。

（1）添加飞机图片资源。在 Android Studio 开发环境中，新建一个工程项目，命名为 plane。在该项目中，将配套资源中的 plane0.png 和 plane1.png 两张图片复制到 drawable 目录下。

（2）自定义 View。在 plane 项目中，新建一个 Java 类文件，命名为"PlaneView.java"。该文件为自定义 View，用于绘制飞机图形。

```java
public class PlaneView extends View
{
    float currentX;
    float currentY;
    private Paint p = new Paint();
    private Bitmap plane0;
    private Bitmap plane1;
    private int index;
    public PlaneView(Context context)
    {
        super(context);
        plane0 = BitmapFactory.decodeResource(context.getResources(), R.drawable.plane0);
        plane1 = BitmapFactory.decodeResource(context.getResources(), R.drawable.plane1);
        //启动定时器来切换飞机图片，实现动画效果
        new Timer().schedule(new TimerTask()
        {
            @Override public void run()
            {
                index++;
                PlaneView.this.invalidate();
            }
        }, 0L, 100L);
        setFocusable(true);
    }
    @Override
    public void onDraw(Canvas canvas)
    {
        super.onDraw(canvas);
        canvas.drawBitmap(index % 2 == 0 ? plane0 : plane1, currentX, currentY, p);
    }
}
```

上述代码中，第 1~3 行粗体字代码表示创建画笔；第 4~5 行粗体字代码表示定义两个飞机图形对象；第 6 行粗体字代码表示启动定时器来切换飞机图片，实现动画效果；第 7 行粗体字代码表示重写 onDraw()方法，调用 canvas 对象的 drawBitmap()方法绘制飞机。

（3）控制飞机图片移动。在 Android Studio 开发环境中，将 PlaneView 作为 Activity 显示的内容，并为 PlaneView 增加键盘监听事件。由于代码较长，此处仅给出触摸监听事件，程序代码如下。

```
class MyTouchListener implements View.OnTouchListener
{
    @Override
    public boolean onTouch(View v, MotionEvent event)
    {
        if (event.getX() < metrics.widthPixels / 8) {
            planeView.currentX -= speed;
        }
        if (event.getX() > metrics.widthPixels * 7 / 8) {
            planeView.currentX += speed;
        }
        if (event.getY() < metrics.heightPixels / 8) {
            planeView.currentY -= speed;
        }
        if (event.getY() > metrics.heightPixels * 7 / 8) {
            planeView.currentY += speed;
        }
        return true;
    }
}
```

上述代码重写了触摸事件的 onTouch()方法。四行粗体字代码使用 if 条件语句，判断当前飞机图片的坐标，并通过加减坐标值，控制飞机图片的位置。运行程序，可以看到如图 3.3 所示的效果。

3. 外部类作为事件监听器

在智能家居系统中，外部类作为事件监听器是指将组件的响应事件的监听器类定义在与当前类同级别的位置。外部类作为事件监听器一般分为以下两个步骤。

第 1 步：在 Android 项目中，与当前类同级别处建立一个新的 Java 类作为监听器。例如，以下代码：

```
public class OutterListener implements OnClickListener {
    private TextView test;
    private int size = 12;
    OutterListener(TextView textView) {
        this.test = textView;
    }
}
```

上述代码中，第 1 行粗体字代码表示建立名为"OutterListener"的事件监听器；第 2 行粗体字代码表示 OutterListener 监听器的响应事件。

第2步：在 MainActivity.java 中调用外部监听器，例如，代码"OutterListener outterListener＝new OutterListener(test);"表示定义一个外部监听器类的对象 outterListener，并初始化。通过以上两个步骤，即可实现外部类作为事件监听器。

下面通过一个实例，说明外部类作为事件监听器的具体使用方法。在该实例中，用户通过长按某一按钮组件，实现发送短信的功能，如图 3.4 所示。程序步骤如下。

图 3.4　调用外部类发送短信

（1）新建短信外部类。在 Android Studio 开发环境中，新建一个工程项目，命名为"SendSms"。在该项目中，新建一个事件监听类，命名为"SendSmsListener.java"，代码如下。

```
public class SendSmsListener implements View.OnLongClickListener
{
    private Activity act;
    private String address;
    private String content;
    public SendSmsListener(Activity act, String address, String content)
    {
        this.act = act;
        this.address = address;
        this.content = content;
    }
    @Override
    public boolean onLongClick(View source)
    {
        //获取短信管理器
        SmsManager smsManager = SmsManager.getDefault();
        //创建发送短信的 PendingIntent
        PendingIntent sentIntent = PendingIntent.getBroadcast(act,
        0, new Intent(), 0);
        //发送文本短信
        smsManager.sendTextMessage(address, null, content, sentIntent, null);
        Toast.makeText(act, "短信发送完成", Toast.LENGTH_LONG).show();
        return false;
    }
}
```

上述代码定义了名为"SendSmsListener"的外部事件监听类。第1行和第2行粗体字代码表示在该类的构造方法中初始化短信的地址、内容两项参数；第3行粗体字代码表示定义一个长按的方法；第4行粗体字代码表示获取短信管理器；第5行粗体字代码表示采用PendingIntent 方式发送短信；第6行粗体字代码表示调用 smsManager 对象的 sendTextMessage()方法发送短信文本。

（2）使用外部类监听事件。打开 MainActivity.java 文件，在 onCreate()方法中，调用上述定义的 SendSmsListener 类中的 onLongClick()方法，程序代码如下。

```
//获取页面中收件人地址、短信内容
address = findViewById(R.id.address);
content = findViewById(R.id.content);
Button bn = findViewById(R.id.send);
//使用外部类的实例作为事件监听器
bn.setOnLongClickListener(new SendSmsListener(this,address.getText().toString
(), content.getText().toString()));
```

上述代码定义了用于发送短信的地址 address 和内容 content。粗体字代码部分表示调用按钮 bn 的长按监听事件 OnLongClickListener,将 address 和 content 作为参数,调用 SendSmsListener 类中的 onLongClick()方法,实现短信发送功能。运行程序,可以看到如图 3.4 所示的效果。

4. Activity 类作为事件监听器

在智能家居系统中,Activity 类作为事件监听器,是指将 Activity 本身(例如 MainActivity)作为监听类,直接定义处理监听器的方法。下面通过一个实例说明 Activity 类作为事件监听器的方法。该实例比较简单,界面中包含一个 TextView 标签和一个 Button 按钮。程序代码如下。

```
public class MainActivity extends Activity implements View.OnClickListener
{
    private TextView show;
    @Override
    protected void onCreate(Bundle savedInstanceState)
    {
        super.onCreate(savedInstanceState);
        setContentView(R.layout.activity_main);
        show = findViewById(R.id.show);
        Button bn = findViewById(R.id.bn);
        bn.setOnClickListener(this);
    }
    @Override
    public void onClick(View v){
        show.setText("bn 按钮被单击了!");
    }
}
```

上述代码将 MainActivity 本身作为监听事件。第 1 行粗体字代码使用 implements 关键字,表示继承 View.OnClickListener 监听事件类。第 2 行粗体字代码调用 bn 按钮的 setOnClickListener()方法,其参数 this 表示直接使用 Activity 作为事件监听器。第 3 行粗体字代码重写了按钮 bn 的 onClick()方法。在 Android Studio 开发环境中运行程序,如图 3.5 所示。

图 3.5 Activity 类作为事件监听器

5. 绑定标签作为事件监听器

在智能家居系统中,绑定标签作为事件监听器,是指直接在界面布局文件中为指定标签

绑定事件处理方法。在 Android 界面中，大部分标签元素都支持 onClick、onLongClick 等

图 3.6　绑定标签作为事件监听器

属性，这些属性的属性值就是一个形如 onClick(View source)方法的方法名。下面通过一个实例说明绑定标签作为事件监听器的具体使用方法。在界面中单击按钮，调用布局文件中绑定的事件标签，如图 3.6 所示。程序步骤如下。

（1）绑定按钮单击事件。在 Android Studio 开发环境中，新建一个工程项目，命名为 BindTag。在该项目的界面文件中，定义一个 EditText 组件和一个 Button 组件，并为 Button 组件绑定 onClick 事件。

```
<TextView
    android:id="@+id/show"
    android:layout_width="match_parent"
    android:layout_height="wrap_content"
    android:padding="10dp"
    android:textSize="18sp" />
<!-- 在标签中为按钮绑定事件处理方法 -->
<Button
    android:layout_width="wrap_content"
    android:layout_height="wrap_content"
    android:onClick="clickHandler"
    android:text="单击我" />
```

上述代码定义了一个 EditText 组件和一个 Button 组件。粗体字部分代码表示在标签中为按钮绑定事件处理方法，方法名称为"clickHandler"。

（2）实现按钮单击事件。在上述界面布局文件中，为 Button 按钮绑定一个事件处理方法 clickHanlder()，这就意味着需要在该界面布局对应的 Activity 中定义一个 void clickHandler(View source)方法，该方法负责处理按钮的单击事件。按钮单击事件代码如下。

```
public void clickHandler(View source)
{
    show.setText("bn按钮被单击了。");
}
```

上述定义的方法名称与界面文件中绑定的单击事件的标签名称一致，运行程序，效果如图 3.6 所示。

3.1.2　基于回调的事件处理

1.智能家居系统的事件回调机制

在智能家居项目中，Android 系统还提供了一种基于回调的事件处理模型。从代码实现的角度来看，基于回调的事件处理模型更加简单。如果说事件监听机制是一种委托式的事件处理，那么回调机制则恰好与之相反。对于基于回调的事件处理模型来说，事件源与事

件监听器是统一的,或者说事件监听器完全消失了。当用户在 GUI 组件上激发某个事件时,组件自己特定的方法将会负责处理该事件。

为了使用回调机制类处理 GUI 组件上所发生的事件,需要为该组件提供对应的事件处理方法。而 Java 又是一种静态语言,无法为某个对象动态地添加方法,因此只能继承 GUI 组件类,并重写该类的事件处理方法来实现。为了实现回调机制的事件处理,Android 为所有 GUI 组件都提供了一些事件处理方法,以 View 为例,该类包含如下方法。

- boolean onKeyDown(int keyCode,KeyEvent event)方法。表示当用户在该组件上按下某个按键时触发该方法。
- boolean onKeyLongPress(int keyCode,KeyEvent event)方法。表示当用户在该组件上长按某个按键时触发该方法。
- boolean onKeyShortcut(int keyCode,KeyEvent event)方法。表示当一个键盘快捷键事件发生时触发该方法。
- boolean onKeyUp(int keyCode,KeyEvent event)方法。表示当用户在该组件上松开某个按键时触发该方法。
- boolean onTouchEvent(MotionEvent event)方法。表示当用户在该组件上触发触摸屏事件时触发该方法。
- boolean onTrackballEvent(MotionEvent event) 方法。表示当用户在该组件上触发轨迹球屏事件时触发该方法。

下面通过一个实例,说明 Android 系统的事件回调机制的具体使用方法。在该实例中,当单击界面中的按钮时,该按钮将高亮显示,如图 3.7 所示。程序步骤如下。

(1)自定义按钮类。在 Android 系统中,基于回调的事件处理机制要通过自定义 View 来实现。自定义 View 时,重写该 View 的事件处理方法即可。在 Android Studio 开发环境中,新建一个 Java 类,命名为 "MyButton"。该类用于实现自定义的按钮样式,代码如下。

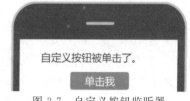

图 3.7 自定义按钮监听器

```java
public class MyButton extends Button
{
    public MyButton(Context context, AttributeSet set)
    {
        super(context, set);
    }
    @Override
    public boolean onTouchEvent(MotionEvent event)
    {
        super.onTouchEvent(event);
        //返回 true,表明该事件不会向外传播
        return true;
    }
}
```

上述代码自定义了 MyButton 按钮类。第 1 行粗体字代码表示在构造方法中调用其父类的 super()方法，用于初始化按钮组件。第 2 行粗体字代码重写了 onTouchEvent()方法，响应触摸事件。第 3 行粗体字代码采用 return true 返回语句，表明该触摸事件不会向外传播。

（2）使用自定义按钮类。在上面自定义的 MyButton 类中，重写了 Button 类的 onTouchEvent(MotionEvent event)方法，该方法将会负责处理按钮上的键盘事件。接下来在界面布局文件中使用自定义按钮类，界面代码如下。

```
<LinearLayout xmlns:android="http://schemas.android.com/apk/res/android"
    android:layout_width="match_parent"
    android:layout_height="match_parent"
    android:orientation="vertical">
        <com.mybutton.event.MyButton
        android:layout_width="match_parent"
        android:layout_height="wrap_content"
        android:text="单击我" />
</LinearLayout>
```

上述代码在界面中使用了 MyButton 自定义类。粗体字代码部分表示引用 MyButton 组件，此处需要注意的是，使用自定义的 View 组件时应使用全限定类名。接下来，Android 系统无须为该按钮绑定监听事件，因为该按钮本身重写了 onTouchEvent()方法。运行程序，将看到如图 3.7 所示的效果。

2. 基于回调的事件传播

在 Android 系统中，几乎所有基于回调的事件处理方法都有一个 boolean 类型的返回值，该返回值用于标识该处理方法是否能完全处理该事件，返回值为 true 或 false 两种。如果处理事件的回调方法返回 true，表明该处理方法已完全处理该事件，该事件不会传播出去。如果处理事件的回调方法返回 false，表明该处理方法并未完全处理该事件，该事件将会传播出去。

对于基于回调的事件传播而言，某组件上所发生的事情不仅激发该组件上的回调方法，也会触发该组件所在 Activity 的回调用法，只要事件能传播到该 Activity。下面的一个程序示范了 Android 系统中的事件传播，该程序重写了 Button 类的 onKeyDown(int keyCode，KeyEvent event)方法，重写了该 Button 所在 Activity 的 onKeyDown(int keyCode，KeyEvent event)方法，而且程序没有阻止事件传播，因此程序可以看到事件从 Button 传播到 Activity 的情形。

（1）自定义 MyButton 子类。在 Android Studio 开发环境中，新建一个 Java 类文件，命名为 MyButton。该类继承自 Button 类，程序代码如下。

```
public class MyButton extends Button
{
    public MyButton(Context context, AttributeSet set)
    {
        super(context, set);
    }
```

```
@Override
public boolean onTouchEvent(MotionEvent event)
{
    super.onTouchEvent(event);
    //返回 true,表明该事件不会向外传播
    return false;
    }
}
```

上述代码定义的 MyButton 按钮子类与前面自定义按钮类基本相同。第 1 行粗体字代码表示在构造方法中调用其父类的 super()方法,用于初始化按钮组件。第 2 行粗体字代码重写了 onTouchEvent()方法,响应触摸事件。第 3 行粗体字代码采用 return false 返回语句,表明该触摸事件将会继续向外传播。

(2) 重写 onTouchEvent()方法。在 MainActivity.java 文件中,重写 public boolean onTouchEvent(MotionEvent event)方法。该方法会在某个按键按下时被回调,代码如下。

```
@Override
public boolean onTouchEvent(MotionEvent event)
{
    super.onTouchEvent(event);
    return false;
}
```

从上面的程序可以看出,粗体字代码重写了 Activity 的 onTouchEvent(MotionEvent event)方法,当该 Activity 包含的所有组件上按下某个键时,该方法都可能被触发,只要该组件没有完全处理该事件。运行上面的程序,先把焦点移动到程序界面的按钮上,然后按下模拟器右边的按键,程序正常运行。

3. 响应智能家居系统的设置事件

在开发 Android 应用时,有时候可能需要让应用程序随系统设置而进行调整,例如,判断系统的屏幕方向、判断系统方向的方向导航设备等。除此之外,有时候可能还需要让应用程序监听系统设置的更改,对系统设置的更改做出响应。

在智能家居系统中,Configuration 类专门用于描述各种智能设备上的配置信息,这些配置信息既包括用户特定的配置项,也包括系统的动态设备配置。Android 系统通过调用 Activity 的如下方法来获取 Configuration 对象:Contiguration ctg = getResources().getConfiguration();。下面通过一个实例,说明 Configuration 设置事件的具体用法。在该实例中,通过 4 个 EditText 组件显示屏幕方向、触摸屏方式等。由于程序代码较长,此处仅给出在按钮监听事件中获取系统的 Configuration 对象的方法。

```
bn.setOnClickListener(view -> {
    Configuration cfg = getResources().getConfiguration();
    String screen = cfg.orientation == Configuration.ORIENTATION_LANDSCAPE ? "横
向屏幕" : "竖向屏幕";
    String mncCode = cfg.mnc + "";
    String naviName = cfg.orientation == Configuration.NAVIGATION_NONAV?
"没有方向控制" :
```

```
(cfg.orientation == Configuration.NAVIGATION_WHEEL)?"滚轮控制方向":
(cfg.orientation == Configuration.NAVIGATION_DPAD) ?"方向键控制方向":
 "轨迹球控制方向";
navigation.setText(naviName);
String touchName = cfg.touchscreen == Configuration.TOUCHSCREEN_NOTOUCH?"无
触摸屏": "支持触摸屏";
ori.setText(screen);
mnc.setText(mncCode);
touch.setText(touchName);
});
```

上述代码中,粗体字部分代码用于获取系统的 Configuration 对象,显示设备的使用
状态。

3.1.3　Handler 消息传递机制

1. 智能家居系统的 Handler 类

在智能家居系统中,Android 的消息传递机制是另一种形式的"事件处理"。这种机制
主要是为了解决 Android 应用的多线程问题。由于 Android 平台不允许 Activity 新启动的
线程访问该 Activity 中的界面组件,这样就会导致新启动的线程无法动态改变界面组件的
属性值。但在实际 Android 应用开发中,尤其是涉及动画、计算等,需要让新启动的线程周
期性地改变界面组件的属性值。此时,就需要借助于 Handler 的消息传递机制来实现了。

Handler 类的主要作用有两个:一是在新启动的线程中发送消息;二是在主线程中获
取、处理消息。此过程涉及两个问题:新启动的线程何时发送消息? 主线程何时去获取并
处理消息? 为了让主线程能适时地处理新启动的线程所发送的消息,通常采用回调的方式。
只需要重写 Handler 类中处理消息的方法,当新启动的线程发送消息时,Handler 类中处理
消息的方法被自动回调。Handler 类采用以下方法处理消息。

- void handleMessage(Message msg)方法。该方法用于处理消息,通常被重写。
- final boolean hasMessages(int what)方法。该方法用于检查消息队列中是否包含
  what 属性为指定值的消息。
- final boolean hasMessages(int what, Object object)方法。该方法用于检查消息队
  列中是否包含 what 属性为指定值且 object 属性为指定对象的消息。
- sendEmptyMessage(int what)方法。该方法用于发送空消息。
- final boolaon sendEmptyMessageDelayed(int what, long dlayMilis)方法。该方法
  用于指定多少毫秒之后发送空消息。
- final boolean sendMessage(Message msg)方法。该方法用于立即发送消息。

借助上述方法,智能家居系统可以有效地利用 Handler 进行消息传递。

2. 智能家居系统 Handler 类使用

在智能家居项目中,有较多的场景需要涉及线程的操作。例如,动态背景、实时采集数
据、动态更新数据等。下面通过一个实例,说明 Handler 类的具体用法。在该实例中,通过
一个线程,周期性地修改 ImageView 组件所显示的图片,形成动画效果。由于界面较为简

单,此处不再赘述。程序步骤如下。

(1) 设置图片资源。在 Android Studio 开发环境中,新建一个工程项目,命名为 "HandlerTest"。在该项目中,将配套资料中的"android.png""java.png""javaee.png""ajax.png""swift.png"5 张图片复制到 drawable 目录中。

(2) 使用 Timer 定时器。在 onCreate()方法中,使用 Timer 定时器,周期性地执行指定任务,间隔 0.5s 显示 1 次图片,形成动画效果。代码如下。

```
//定义一个计时器,让该计时器周期性地执行指定任务
new Timer().schedule(new TimerTask()
{
    @Override public void run()
    {
        //发送空消息
        myHandler.sendEmptyMessage(0x123);
    }
}, 0, 500);
```

上述代码中,第 1 行及第 3 行粗体字代码使用 TimerTast()方法,定义一个计时器,让该计时器每间隔 0.5s,周期性地执行指定任务。第 2 行粗体字代码调用 myHandler 对象的 sendEmptyMessage()方法发送空消息,其中,what 属性指定为 0x123 数据。

(3) 周期性地显示图片。在 onCreate()方法外部,定义一个 MyHandler 类,用于处理线程发送的空消息,动态地修改显示的图片,程序代码如下。

```
static class MyHandler extends Handler
{
    private WeakReference<MainActivity> activity;
    public MyHandler(WeakReference<MainActivity> activity){
        this.activity = activity;
    }
    //定义周期性显示的图片 ID
    private int[] imageIds = new int[]{R.drawable.java,
    R.drawable.javaee, R.drawable.ajax,
    R.drawable.android, R.drawable.swift};
    private int currentImageId = 0;
    @Override
    public void handleMessage(Message msg){
        //如果该消息是本程序所发送的
        if (msg.what == 0x1233){
            //动态地修改所显示的图片
            activity.get().show.setImageResource(
            imageIds[currentImageId++ % imageIds.length]);
        }
    }
}
MyHandler myHandler = new MyHandler(new WeakReference(this));
```

上述代码定义了 MyHandler 类。第 1~3 行粗体字代码表示定义周期性显示的图片 ID。第 4 行粗体字代码重写了 handleMessage()方法。第 5 行粗体字代码判断该消息是否

图 3.8　Handler 显示动画效果

为本程序所发送的。第 6 行粗体字代码定义了 MyHandler 类的对象 myHandler，用于交替显示 5 张图片的动态效果，如图 3.8 所示。

3.1.4　任务实战：建立智能家居系统事件监听类

1. 任务描述

运用 Android Studio 开发环境和设计素材，设计智能家居系统的监听事件，具体要求如下。

（1）在系统登录功能中，实现单击"登录"按钮的监听事件。

（2）在用户注册功能中，实现单击"确定"按钮的监听事件。

（3）在智能家居主界面中，单击各功能按钮，实现页面跳转的监听事件。

（4）在数据采集功能中，实现单击"开始采集"按钮的监听事件。

（5）在设备控制功能中，单击"打开"按钮或"关闭"按钮的监听事件。

2. 任务分析

根据任务描述，系统"登录"按钮和用户注册功能的"确定"按钮分别位于不同的界面中，可在界面设计中分别绑定不同的"onClick"标签，对应不同的 Java 方法。智能家居主界面各按钮相对集中，可以采用代码复用的方法，在同一个内部类中，建立"onClick"方法，然后在 Activity 文件中调用。数据采集功能和设备控制功能与传感器设备相关，需要引入外部的 jar 文件方可使用。因此，可在当前类的外部建立一个新类，在其中设置用于控制设备及获取传感器数据的方法。同时，采用 Handler 消息传递机制。

3. 任务实施

根据任务分析，在智能家居项目中建立事件监听类，采用内部类、外部类、绑定标签 3 种方式，涉及登录功能、注册功能、主界面跳转功能、数据采集功能、设备控制功能。消息发送采用 Handler 消息传递机制来实现。建立事件监听类的步骤如下。

（1）绑定标签的事件监听类。该方法用于实现单击"登录"按钮和"注册"按钮的监听事件。以"登录"按钮为例，在 smarthome 项目中，首先打开 activity_login.xml 文件，定义 onClick 标签；然后在 LoginActivity.java 文件中实现 onClick()方法。程序代码如下。

① 定义 onClick 标签。下列程序中的粗体字部分代码表示"登录"按钮的 onClick 单击事件。该事件的名称为 login，采用标签的形式绑定其监听事件。

```
<Button
    android:layout_width="wrap_content"
    android:layout_height="wrap_content"
    android:text="登录"
    android:id="@+id/button"
    android:onClick="login"/>
```

② 实现 login()方法。下列程序中的粗体字部分代码表示在 LoginActivity.java 文件中，在 onCreate()方法的外部，定义 login()方法，响应绑定标签的 onClick 事件。登录成功后显示成功信息。

```
public void login(View view) {
    t_login = (TextView) findViewById(R.id.tvlogin);
    t_login.setText("登录成功");
}
```

经过上述两个步骤后,即可以绑定标签的形式,实现"登录"按钮的监听事件。"注册"按钮的监听事件与之类似,只需首先在 activity_regist.xml 文件中绑定按钮标签,然后在 RegistActivity.java 文件中调用该标签事件即可,此处不再赘述。

(2) 内部类实现事件监听。在智能家居项目的主界面中,包含 6 个功能按钮,跳转到 6 个不同的界面。若分别定义 6 个按钮的监听事件,代码重复率就会比较高。因此,可采用内部类定义监听事件的方式,首先在主界面的 Activity 类的内部,定义一个新类,继承自 View.OnClickListener 类。在该类中,使用 switch…case 语句实现不同按钮的单击监听事件;然后,仍然在 Activity 类内部,在 onCreate() 方法中,调用内部类中的方法。程序步骤如下。

① 定义 MyOnClickListener 类。在 MainActivity.java 文件中,新建 MyOnClickListener 类,用于响应"环境监测""视频监控""设备控制""切换用户""系统设置"5 个按钮的跳转功能,以及"退出系统"按钮的退出功能,程序代码如下。

```
class MyOnClickListener implements View.OnClickListener{
    @Override
    public void onClick(View v) {
    switch (v.getId()){
        case R.id.envbtn:
            Intent intent = new Intent(MainActivity.this,DataCollectActivity.
class);
            startActivity(intent);
            break;
        case R.id.monitbtn:
            Intent intent = new Intent(MainActivity.this,VideoMonitorActivity.
class);
            startActivity(intent);
            break;
        case R.id.devbtn:
            Intent intent = new Intent(MainActivity.this,DevControlActivity.
class);
            startActivity(intent);
            break;
        case R.id.switchbtn:
            Intent intent = new Intent(MainActivity.this,LoginActivity.class);
            startActivity(intent);
            break;
        case R.id.setupbtn:
            Intent intent = new Intent(MainActivity.this,SetupActivity.class);
            startActivity(intent);
            break;
        case R.id.exitbtn:
            android.os.Process.killProcess(android.os.Process.myPid());
            break;
```

```
                default:
                    System.exit(0);
            }
        }
    }
```

② 为按钮设置监听事件。在 MainActivity.java 文件中，在 onCreate()方法内部，调用 setOnClickListener()方法，为 6 个按钮设置监听事件，代码如下。

```
MyOnClickListener myOnClickListener = new MyOnClickListener();
envbtn.setOnClickListener(myOnClickListener);
monitbtn.setOnClickListener(myOnClickListener);
devbtn.setOnClickListener(myOnClickListener);
switchbtn.setOnClickListener(myOnClickListener);
setupbtn.setOnClickListener(myOnClickListener);
exitbtn.setOnClickListener(myOnClickListener);
```

经过上述两个步骤，主界面中各按钮跳转功能的监听事件就完成了。采用绑定标签的方式实现监听事件，其好处是代码复用率高、可读性强。

（3）建立数据采集和设备控制外部类。在智能家居系统中，实现数据采集功能需要读取传感器数据，实现设备控制功能需要连接执行器。以上功能均需要在智能家居项目中建立外部类，引入外部 jar 文件，调用外部类中的方法，实现数据采集和设备控制功能。

① 新建外部类 MyOnClickListener。与内部类方式不同，在智能家居项目中，与 MainActivity.java 文件同级别处，新建一个 Java 类，命名为"MyOnClickListener"。在其中新建"get_Temp()""get_Hum()""get_Light()""get_CO2()""get_Body()"五个采集环境数据的方法，以及"fan_Control()""lamp_Control()""alarm_Control()""ledScreen_Control()"四个设备控制的方法。代码如下。

```
class MyOnClickListener implements View.OnClickListener{
    @Override
        public void onClick(View v) {
        switch (v.getId()){
            case R.id.temphumbtn:
                get_Temp();
                get_Hum();
                break;
            case R.id.lightbtn:
                get_Light();
                break;
            case R.id.co2tn:
                get_CO2();
                break;
            case R.id.bodybtn:
                get_Body();
                break;
            case R.id.fanbtn:
                fan_Control();
                break;
            case R.id.lampbtn:
```

```
            lamp_Control();
            break;
        case R.id.alarmbtn:
            alarm_Control();
            break;
        case R.id.ledbtn:
            ledScreen_Control();
            break;
        default:
            System.exit(0);
        }
    }
}
```

② 为按钮设置监听事件。在 MainActivity.java 文件中,在 onCreate()方法内部,调用外部类 MyOnClickListener 中的 onClick(View v)方法,设置各按钮的监听事件。程序代码与内部类事件监听的代码类似,仅将按钮对象替换为数据采集按钮和设备控制按钮,此处不再赘述。

3.1.5　任务拓展:匿名内部类作为事件监听器

匿名内部类作为事件监听器是目前使用最广泛的事件监听器形式。在智能家居项目中,绝大多数情况下,可复用代码通常都被抽象成了业务逻辑方法,单击各按钮实现的功能各不相同。因此,大部分事件监听器只是临时使用一次,所以使用匿名内部类形式的事件监听器更合适。例如,发送短信的监听事件:

```
btn_send.setOnClickListener(new View.OnClickListener() {
    @Override
    public void onClick(View view) {
        String phone=et_phone.getText().toString();
        SMSSDK.getVerificationCode("86",phone);
    }
});
```

上面的程序中粗体字部分使用匿名内部类创建了一个事件监听器对象,"new 监听器接口"或"new 事件适配器"的形式就是用于创建匿名内部类形式的事件监听器。对于使用匿名内部类作为监听器的形式来说,唯一的缺点就是匿名内部类的语法有点不易掌握,如果读者的 Java 基础扎实,匿名内部类的语法掌握较好,通常建议使用匿名内部类作为监听器。

3.2　智能家居系统用户注册

3.2.1　用户身份信息注册

1. 新建用户信息类 User

使用用户名及密码登录需要首先建立用户信息的 Java 类,然后定义表示用户信息的成员变量、构造方法及成员函数,其步骤如下。

（1）新建 User 类。在 Android Studio 开发环境中新建一个 utils 目录,在其中建立一个 Java 类,命名为 User。该 Java 类用于设置用户信息,包括用户名、密码等,代码如下。

```
public class User {
    //此处定义成员变量、构造方法及成员函数
}
```

上述代码中,User 类使用 public 关键字修饰,表示该类的访问权限是公共的,其他类均可访问之。

（2）定义成员变量。在 User 类中新建若干变量,分别对应 users 数据表中的各个字段,代码如下。

```
private int id;
private String username,password,userauth,logintime,loginip;
private Blob userimage;
```

上述代码中,定义了 7 个成员变量。其中,userimage 表示用户照片,采用二进制数据存储。各变量采用 private 关键字作为修饰符,表示此成员变量只能在 User 类内部访问,外部类没有访问权限。

（3）定义构造方法。User 类的构造方法包括有参数和无参数两种形式,这两个构造方法是重载的。其中,无参数的构造方法是默认的。带参数的构造方法的程序代码如下。

```
public User(int idno, String uname, String pass, String auth, String time, String
ip, Blob photo) {
    this.id = idno;
    this.username = uname;
    this.password = pass;
    this.userauth = auth;
    this.logintime = time;
    this.loginip = ip;
    this.userimage = photo;
}
```

上述代码中,定义了带参数的 User 类构造方法。在该构造方法中,将参数的值赋值给每个成员变量。各成员变量前采用 this 关键字,表示该变量属于 User 类本身。

（4）定义成员函数（方法）。在 User 类中,定义各成员变量读取及写入的函数,代码如下。

```
public int getId() { return id; }
public void setId(int id1) { this.id = id1; }
public String getUsername() {return username; }
public void setUsername(String username1) { this.username = username1; }
public String getPassword() {return password; }
public void setPassword(String password1) { this.password = password1; }
public String getUserauth() { return userauth; }
public void setUserauth(String userauth1) { this.userauth = userauth1; }
public String getLogintime() { return logintime; }
public void setLogintime(String logintime1) { this.logintime = logintime1; }
public String getLoginip() { return loginip; }
```

```
public void setLoginip(String loginip1){ this.loginip = loginip1; }
public Blob getUserimage(){ return userimage; }
public void setUserimage(Blob userimage1){ this.userimage = userimage1; }
```

上述代码定义了 14 个成员函数,分别为 7 个成员变量的 set 及 get 方法。其中,set 方法用于设置成员变量的值,get 方法用于获取成员变量的值。

2. 新建数据库帮助类 DbHelper

智能家居系统实现用户注册功能,需要连接并访问 MySQL 数据库管理系统。由于智能家居系统涉及的数据库操作较多,各操作的代码较为类似,可建立一个 Java 类 DbHelper,将用户注册功能的代码封装到该类中,然后在 Activity 代码中调用类中的方法即可实现注册功能,其步骤如下。

(1) 新建 DbHelper 类文件。在 utils 目录中,新建一个 Java 类文件,命名为 DbHelper。该类主要实现 smarthome 数据库的增、删、改、查等操作,程序代码如下。

```
import java.sql.Blob;
import java.sql.Connection;
import java.sql.DriverManager;
import java.sql.PreparedStatement;
import java.sql.ResultSet;
import java.sql.SQLException;
import java.util.ArrayList;
import java.util.List;
public class DbHelper {
    //此处定义成员变量、构造方法及成员函数
}
```

上述代码定义了一个公共访问类 DbHelper,由于该类主要涉及数据库操作,五行粗体字代码表示引入涉及数据库操作的头文件。

(2) 定义成员变量。在 DbHelper 类中定义用于操作数据库的成员变量,代码如下。

```
private static Connection connection;
private PreparedStatement ps;                    //操作整合 SQL 语句的对象
private ResultSet rs;                            //查询结果的集合
```

上述代码在 DbHelper 类中定义了三个成员变量。其中,connection 变量用于连接 MySQL 数据库管理系统;ps 为 PreparedStatement 类型的对象,主要用于执行 SQL 语句;rs 变量为数据库操作结果的集合。

(3) 定义连接数据库的成员函数。实现用户注册功能需连接 MySQL 数据库管理系统,在 DbHelper 类中定义远程连接 smarthome 数据库的成员函数,程序代码如下。

```
public static Connection getConnection(String ip, String port, String password){
    if (connection==null){
        try {
            Class.forName("com.mysql.jdbc.Driver");
            connection= DriverManager.getConnection("jdbc:mysql://" + ip + ":" +
port + "/smarthome? useUnicode=true&characterEncoding=utf8", "root",password);
        } catch (ClassNotFoundException | SQLException e) {
```

```
            e.printStackTrace();
        }
    }
    return connection;
}
```

上述代码中，第 1 行粗体字代码表示定义连接 MySQL 数据库管理系统的方法 getConnection()，该方法包含 3 个参数，ip 参数为 MySQL 数据库的网络地址，port 表示访问 MySQL 数据库的端口，password 表示连接 smarthome 数据库的密码。第 2 行粗体字代码表示调用 DriverManager 类的 getConnection()方法远程连接 smarthome 数据库，并赋值给数据库连接对象 connection。

（4）定义用户注册的方法。实现用户注册功能需要查询用户名是否存在，然后执行增加用户信息数据的操作。在 DbHelper 类中定义查询用户名和增加用户数据的成员方法，查询用户名方法的代码如下。

```
public List<User> getUser(String username){
    List<User> list = new ArrayList<>();
    String sql = "select * from users where username='" + username + "'";
    try {
        if(connection!=null&&(!connection.isClosed())){
            ps= (PreparedStatement) connection.prepareStatement(sql);
            if(ps!=null){
                rs= ps.executeQuery();
                if(rs!=null){
                    while(rs.next()){
                        User user=new User();
                        user.setId(rs.getInt("ID"));
                        user.setUsername(rs.getString("username"));
                        user.setPassword(rs.getString("password"));
                        user.setUserauth(rs.getString("userauth"));
                        user.setLogintime(rs.getString("logintime"));
                        user.setLoginip(rs.getString("loginip"));
                        user.setUserimage(rs.getBlob("userimage"));
                        list.add(user);
                    }
                }
            }
        }
    } catch (SQLException e) {
        e.printStackTrace();
    }
    return list;
}
```

上述代码中，第 1 行粗体字代码定义了获取用户信息的成员方法 getUser()，该方法包含一个参数 username，表示根据用户名查询用户信息，该方法的返回类型为 List＜User＞，表示以 User 类为参数的列表；第 2 行粗体字代码定义了查询用户信息的 SQL 语句；第 3 行粗体字代码表示执行 SQL 语句，并赋值给 PreparedStatement 类型的对象 ps；第 4 行粗体字代码表示执行查询数据库的方法，并赋值给数据集合对象 rs；第 5 行粗体字代码定义了 User 类的对象 user；第 6～12 行粗体字代码表示调用 User 类的 set 方法，将查询出的 users 数据表中各字段的值赋值给 User 类的各成员变量；第 13 行粗体字代码表示将查询结果添加到 list 列表中，以显示用户信息。增加用户信息数据的成员方法如下。

```java
public int insertUser(List
    int result=-1;
    if((list!=null)&&(list.size()>0)){
        String sql="insert into users(username,password,userauth,logintime,
loginip,userimage) values (?,?,?,?,?,?)";
        try {
            if(connection!=null&&(!connection.isClosed())){
                for(User user:list){
                    ps= (PreparedStatement) connection.prepareStatement(sql);
                    ps.setString(1,username);
                    ps.setString(2,password);
                    ps.setString(3,userauth);
                    ps.setString(4,logintime);
                    ps.setString(5,loginip);
                    ps.setBlob(6,userphoto);
                    result = ps.executeUpdate();
                }
            }
        } catch (SQLException e) {
            e.printStackTrace();
        }
    }
    return result;
}
```

上述代码中，第 1 行粗体字代码定义了增加用户信息的成员方法 insertUser()，该方法包含一个 List<User>类型的参数 list，用于存放 User 类中的各成员变量的数据；第 2 行粗体字代码定义了增加用户信息数据的 SQL 语句，由于 users 数据表中的 ID 字段为自动增加属性，故在该 SQL 语句中只需增加其他 6 个字段的信息即可；第 3 行粗体字代码表示采用 for 循环的遍历形式将 list 列表中各列的数据依次添加到 users 数据表的各个字段中；第 4 行粗体字代码表示执行数据库更新，并将结果赋值给 result。

3. 用户信息注册功能

在智能家居工程项目中，实现用户信息注册功能需首先连接 MySQL 数据库管理系统中的 smarthome 数据库，然后调用 DbHelper 类中的 getUser()方法判断要注册的用户名是否已经存在，若不存在，最后调用 DbHelper 类中的 insertUser()方法将用户信息添加到 users 数据表中。用户注册的程序代码如下。

```java
DbHelper dbhelp = new DBHelper();
Connection conn = dbhelp.getConnection("192.168.0.1","3306","123456");
if(conn != null){
    if(dbhelp.getUser(username) != null){
```

```
    if(dbhelp.insertUser(List<User>) == 1){
        Toast.makeText(MainActivity.this,"用户注册成功",Toast.LENGTH_LONG).
show();
    }
    }
}
```

上述代码中，第 1 行粗体字代码表示调用 DbHelper 类的 getConnection()方法，连接 smarthome 数据库；第 2 行粗体字代码调用 getUser()方法判断 username 是否存在；第 3 行粗体字代码表示若 username 不存在，则调用 insertUser()方法插入用户信息，若返回值为 1，表示插入用户信息成功。

3.2.2　人脸拍照注册

1.开启摄像头设备

在 Android Studio 开发环境中，开启摄像头硬件设备，并使用 TextureView 进行画面预览。需要注意的是：第一，预览画面时，应设置 TextureView 的默认缓冲区大小，否则可能会引起画面变形；第二，在创建摄像头会话前，应初始化呈现画面的目标 Surface 组件。开启摄像头设备的步骤如下。

第 1 步：获取 CameraManager。通过 CameraManager 根据摄像头 ID 获取摄像头参数 CameraCharacteristics。若仅预览，则只需根据呈现目标获取所支持的输出尺寸。若需进行人脸检测坐标换算，则需要获取摄像头成像尺寸。

第 2 步：回调 CameraDevice 对象。通过 CameraManager 开启摄像头，在回调函数中获取 CameraDevice 对象，并通过 CameraDevice 对象创建 CameraCaptureSession 会话。

第 3 步：预览画面。通过 CameraCaptureSession 发起的会话，配置摄像头成像的参数，如自动对焦、白平衡、曝光、人脸检测等，并发送预览或者拍照请求。

第 4 步：人脸拍照。在预览请求的回调中处理人脸检测，在 ImageReader 的回调中处理拍照结果。

获取摄像头信息并拍照的程序代码如下。

```
CameraCharacteristics characteristics = cManager.getCameraCharacteristics(cId);
StreamConfigurationMap map = characteristics.get(CameraCharacteristics.SCALER_
STREAM_CONFIGURATION_MAP);
Size[] previewSizes = map.getOutputSizes(SurfaceTexture.class);
Size[] captureSizes = map.getOutputSizes(ImageFormat.JPEG);
cOrientation = characteristics.get(CameraCharacteristics.SENSOR_ORIENTATION);
Rect cRect = characteristics.get(CameraCharacteristics.SENSOR_INFO_ACTIVE_
ARRAY_SIZE);
cPixelSize = characteristics.get(CameraCharacteristics.SENSOR_INFO_PIXEL_ARRAY
_SIZE);
```

上述代码中，第 1 行粗体字代码表示获取开启相机的相关参数；第 2 行粗体字代码表示获取拍照尺寸；第 3 行粗体字代码表示获取成像尺寸。

2.获取人脸成像画面

前置摄像头的成像画面相对于预览画面顺时针旋转 90°并外加翻转。原画面的 left、

top、bottom、right 四个位置转变为预览画面的 bottom、right、top、left 位置,并且由于坐标原点由左上角变为右下角,X 轴方向和 Y 轴方向都要进行坐标换算。后置摄像头的成像画面相对于预览画面顺时针旋转 270°,其 left、top、bottom、right 四个位置转变为 bottom、left、top、right,并且由于坐标原点由左上角变为左下角,X 轴方向和 Y 轴方向都要进行坐标换算。获取人脸成像画面的程序代码如下。

```
canvas.drawRect(canvas.getWidth()-b,canvas.getHeight()-r,canvas.getWidth()-
t,canvas.getHeight()-l,getPaint());
canvas.drawRect(canvas.getWidth()-b,l,canvas.getWidth()-t,r,getPaint());
```

上述代码中,分别调用 canvas 类的 getWidth()方法和 getHeight()方法进行坐标转换。

3. 实现人脸拍照功能

根据人脸的成像尺寸,与标注人脸的 TextureView 的尺寸进行换算,得到缩放比例。由于拍摄的角度关系,将画面转到人脸同角度时需要注意,长边与短边的对应关系可以是长边相互对应,短边相互对应,也可以是长边与短边相对应。实现人脸拍照功能的程序代码如下。

```
private Surface getCaptureSurface(){
    if(cImageReader == null){
        cImageReader = ImageReader.newInstance(getCaptureSize().getWidth(),
getCaptureSize().getHeight(), ImageFormat.JPEG, 2);
        cImageReader.setOnImageAvailableListener(new ImageReader.
OnImageAvailableListener(){
            @Override
            public void onImageAvailable(ImageReader reader) {
                onCaptureFinished(reader);
            }}, getCHandler());
        captureSurface = cImageReader.getSurface();
    }
    return captureSurface;
}
```

上述代码定义了获取拍照图像的方法 getCaptureSurface()。第 1 行粗体字代码表示调用 ImageReader 类的 newInstance()方法获取图像信息,并赋值给对象 cImageReader。第 2 行粗体字代码表示调用对象 cImageReader 的 getSurface()方法获取人脸检测的图片,并赋值给 captureSurface 对象。第 3 行粗体字代码表示返回 captureSurface 对象至主调函数,实现人脸图像拍摄功能。

3.2.3　任务实战:实现智能家居系统用户注册功能

1. 任务描述

运用 Android Studio 开发环境和设计素材,设计并实现智能家居系统用户注册功能,具体要求如下。

(1) 在用户注册界面中,可输入用户名和密码两项用户信息,且文本框中禁止输入中文。

（2）在用户注册界面中，单击人脸拍照，可打开 Android 设备的前置摄像头实现人脸拍照，如图 3.9 所示。

图 3.9　人脸拍照识别

（3）单击"注册"按钮，首先判断用户名是否存在，然后进行用户信息和人脸照片提交。若用户名已经存在，则弹出消息框说明。

2. 任务分析

根据任务描述，用户名和密码采用 EditText 组件，只允许输入英文、数字、符号，应设置其 inputType 属性。实现人脸拍照功能须设置 Android 系统的相机权限，获取 CameraManager 对象，捕获人脸信息，转换为图片。判断要注册的用户名是否存在需调用 DbHelper 类中的 getUser()方法，查询 smarthome 数据库的 users 表中是否已经存在该记录。提交用户信息和人脸识别图片需要调用 DbHelper 类中的 insertUser()方法，将用户信息和图片作为记录插入 users 数据表中。

3. 任务实施

根据任务分析，在智能家居工程项目的 activity_regist.xml 界面文件中，实现单击人脸拍照按钮功能和注册按钮功能，以及返回按钮功能，具体操作步骤如下。

（1）添加使用 Android 相机的权限。在 Android Studio 开发环境中，打开 smarthome 项目的 AndroidManifest.xml 文件，在与＜application＞…＜/application＞同级处添加以下代码。

```
<uses-permission android:name="android.permission.CAMERA" />
<uses-feature android:name="android.hardware.camera" />
<uses-feature android:name="android.hardware.camera2" />
<uses-feature android:name="android.hardware.camera.autofocus" />
```

上述代码中，第 1 行粗体字代码表示添加相机的前置摄像头权限；第 2 行粗体字代码表示添加相机的后置摄像头权限；第 3 行粗体字代码表示添加摄像头自动对焦的权限。

（2）实现用户名及密码文本框中禁止输入中文的功能。在 Android Studio 开发环境中，打开 RegistActivity.java 文件，在与 onCreate()方法同级处，自定义 isChinese()方法，用于判断输入的字符是否为英文,程序代码如下。

```
public boolean isChinese(str: String){
    if (str.isEmpty()) {
        return false;
    }
    for (c in str.toCharArray()) {
        if (c >= 0x4E00.toChar() && c <= 0x9FA5.toChar())
            return true;
    }
    return false;
}
```

上述代码定义了判断输入的字符是否为中文的方法 isChinese(),其中的粗体字部分代码表示根据输入字符的 ASCII 值判断是否在中文字符的范围内,只要存在一个中文字符就停止输入。

(3) 实现人脸拍照功能。在 Android Studio 开发环境中,打开 RegistActivity.java 文件,实现摄像头回调方法 onCameraFrame()。在界面中 photobtn 按钮的单击事件中调用该方法,程序代码如下。

```
public Mat onCameraFrame(Mat aInputFrame) {
    Imgproc.cvtColor(aInputFrame, grayscaleImage, Imgproc.COLOR_RGBA2RGB);
    MatOfRect faces = new MatOfRect();
    if (cascadeClassifier != null) {
        cascadeClassifier.detectMultiScale(grayscaleImage, faces, 1.1, 2, 2, new
Size(absoluteFaceSize, absoluteFaceSize), new Size());
    }
    Rect[] facesArray = faces.toArray();
    int faceCount = facesArray.length;
    if (faceCount > 0) {
        openCvCameraView.takePhoto("sdcard/user.jpg");
    }
    return aInputFrame;
}
```

上述代码定义了人脸拍照的方法 onCameraFrame()。第 1 行粗体字代码表示检测人脸拍摄的区域范围;第 2 行粗体字代码表示将人脸保存为图片,文件名为 user.jpg,存放于SD 卡中;第 3 行粗体字代码表示返回人脸拍照的信息至主调函数。

(4) 实现“注册”按钮功能。在 Android Studio 开发环境中,打开 RegistActivity.java 文件,自定义 userRegist()方法。首先连接 MySQL 数据库管理系统中的 smarthome 数据库,然后在 users 数据表中判断用户名是否存在,最后将用户名、密码、人脸图片提交到 users 数据表中。userRegist()方法的代码如下。

```
public void userRegist (String username, String password, Blob photo){
    Connection conn = DbHelper.getConnection();
    if(conn != null){
        List<User> list = DbHelper.getUser(username);
        if(list != null){
```

```
        Toast.makeText(this,"用户已存在",Toast.LENGTH_LONG).show();
    }else{
        int result = DbHelper.insertUser(username,password,photo);
        if(result == 1){
            Toast.makeText(this,"用户注册成功",Toast.LENGTH_LONG).show();
        }
    }
    }
}
```

上述代码中,第 1 行粗体字代码表示自定义用户注册的方法 userRegist(),该方法包含 3 个参数,分别表示 3 项用户信息;第 2 行粗体字代码表示连接 MySQL 数据库管理系统中的 smarthome 数据库;第 3 行粗体字代码表示调用 DbHelper 类的 getUser()方法,根据用户名查询 users 数据表中的用户信息,并将查询结果赋值给列表类型的变量 list,用于判断用户名是否存在;第 4 行粗体字代码表示调用 DbHelper 类的 insertUser()方法,将用户信息插入 users 数据表,并将结果赋值给 result,若结果为 1 表示注册成功。

3.2.4　任务拓展：实现多个人脸识别功能

在智能家居系统中,有时需要同时识别多个人脸信息。例如,家居环境中摄像头对多名人员的监控。此时,使用 Google 自带的原生 API 捕获人脸信息就显得力不从心了。此时,可以使用 camera2 + FaceDetector 技术来实现多个人脸信息识别。运用该技术的特征模型,检测眼睛、双目间距、眉眼特征等关键信息,测算出人脸相对于镜头的角度、人脸的大致位置、眉心点位置等。该技术的优点是,当人脸有遮挡物时(例如口罩)也可以辨认出不同的人脸数量。实现多个人脸识别的操作步骤如下。

(1) 百度云注册并新建应用程序。打开百度云网站 http://console.bce.baidu.com/ai/? fromai＝1♯/ai/ocr/app/list,注册、登录后,单击"创建应用",填写人脸识别模块信息和应用名称。应用接口请勾选"人脸检测""人脸对比""人脸查找"3 个复选框,如图 3.10 所示。

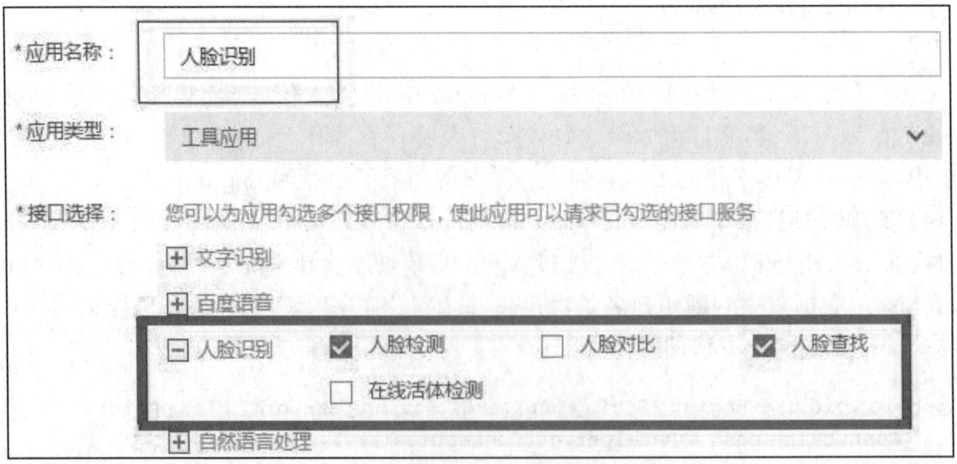

图 3.10　百度云建立人脸识别应用

(2) 添加 jar 包。使用配套资料中的"aip-java-sdk-4.1.0.jar"第三方库 jar 包,将其添加到 Android Studio 项目的 libs 目录中。然后,右击,在弹出的快捷菜单中选择 Add As Library 选项,待 build.gradle(Module:app)自动出现代码 implementation files('libs\\aip-java-sdk-4.1.0.jar'),说明 jar 包添加成功。

(3) 加入相机拍照权限。在 AndroidManifest.xml 文件中,加入以下相机拍照权限。

```
<uses-permission android:name="android.permission.INTERNET" />
<uses-permission android:name="android.permission.READ_EXTERNAL_STORAGE"/>
<uses-permission android:name="android.permission.WRITE_EXTERNAL_STORAGE"/>
<uses-permission android:name="android.permission.ACCESS_NETWORK_STATE"/>
```

(4) 多个人脸识别方法。以网络方式调用百度云的人脸识别函数,申请权限进行人脸识别。此处仅给出调用百度云接口的方法,具体代码请参考配套资料中的完整程序代码。

```
new Thread(new Runnable() {
    @Override
    public void run() {
        HashMap< String, String> options = new HashMap< > (); options.put ("face_
fields","age,gender,race,beauty,expression,type");
        AipFace client=new AipFace("10734368","6cvleSFbyRIRHzhijfYrHZFj",
"SDnCUfrtH0lgrK01HgTe2ZRLNsmCx5xy");
        client.setConnectionTimeoutInMillis(2000);
        client.setSocketTimeoutInMillis(6000);
        res=client.detect(arrays,options);
        try{
            Message message = Message.obtain();
            message.what = 1;
            message.obj = res;
            handler.sendMessage(message);
            }catch (Exception e){
            e.printStackTrace();
            Message message = Message.obtain();
            message.what = 2;
            handler.sendMessage(message);
        }
    }
}).start();
```

上述代码以线程的方式,调用百度云的接口函数,实现每间隔 2s 检测 1 次人脸信息的功能。第 1 行粗体字代码表示获取人脸的年龄、性别、肤色、颜值、笑容 5 项属性,以散列表的形式存储。第 2 行粗体字代码表示调用 AipFace 构造方法,连接到百度云的"人脸识别"应用接口,其中,"appId""apiKey""secretKey"3 项参数分别表示应用 ID、应用连接字符串、密钥。

3.3　智能家居系统登录

3.3.1　用户名及密码登录

1. 数据库服务器连接设置

在 activity_setup 界面中,输入数据库服务器的 IP 地址和端口编号,实现连接 MySQL

数据库管理系统的参数设置。连接数据库服务器的参数保存在 db.txt 文件中，操作步骤如下。

（1）添加权限。在 AndroidManifest.xml 文件中，添加读写文件的权限，如下。

```
<uses-permission android:name="android.permission.INTERNET" />
<uses-permission android:name="android.permission.WRITE_EXTERNAL_STORAGE" />
```

（2）定义文本框组件。在 SetupActivity.java 文件的 onCreate()方法中，定义两个 EditText 组件 ip 和 port，用于输入数据库服务器的 IP 地址和端口编号，程序代码如下。

```
EditText ip = findViewById(R.id.dbip);
EditText port = findViewById(R.id.dbport);
```

（3）实现数据库连接参数写入功能。在 SetupActivity.java 文件的 onCreate()方法中，定义"确定并返回"按钮的监听事件，该事件中实现将数据库服务器的 IP 地址和端口编号写入 db.txt 文件的方法。

```
okbtn.setOnClickListener(new View.OnClickListener() {
    @Override
    public void onClick(View v) {
        String ipaddr = ip.getText().toString().trim();
        String portno = port.getText().toString().trim();
        FileOutputStream fos;
        try {
            fos=openFileOutput("db.txt",MODE_APPEND);
            fos.write(ipaddr.getBytes());
            fos.write(portno.getBytes());
            fos.close();
        } catch (Exception e) {
            e.printStackTrace();
        }
    }
});
```

上述代码实现了将数据库服务器的 IP 地址和端口编号写入 db.txt 文件的方法。第 1 行粗体字代码表示以输出流格式定义文件对象 fos；第 2 行粗体字代码表示以追加写入的方式打开 db.txt 文件；第 3 行和第 4 行粗体字代码表示调用 fos 对象的 write()方法，将服务器的 IP 地址和端口编号写入 db.txt 文件。

2. 连接 smarthome 数据库

在 LoginActivity.java 文件中，首先定义一个 Button 类型的按钮对象 loginbtn，然后在该按钮的单击监听事件中实现连接 MySQL 数据库管理系统的 smarthome 数据库，程序代码如下。

```
Button loginbtn = findViewById(R.id.loginbutton);
loginbtn.setOnClickListener(new View.OnClickListener() {
    @Override
    public void onClick(View v) {
```

```
DbHelper dbHelper = new DbHelper();
Connection conn = dbHelper.getConnection("192.168.0.1","3306","123456");
if(conn != null){
    //此处为判断用户信息的代码
}
}
});
```

上述代码定义了连接 smarthome 数据库的单击事件。第 1 行粗体字代码表示定义 DbHelper 类的对象 dbHelper，并实例化。第 2 行粗体字代码表示调用 dbHelper 对象的 getConnection()方法，连接 MySQL 数据库管理系统的 smarthome 数据库，其中的三个参数需根据实际情况调整。

3. 验证用户名及密码信息

在 loginbtn 按钮的监听事件代码中，首先定义一个 List<User>类型的 list 对象，用于接收返回的用户信息。然后对比用户名和密码信息，两者均正确则进入 MainActivity 界面。程序代码如下。

```
List<User> list = dbHelper.getUser(username.getText().toString().trim());
if(list.size() > 0){
    String pass = list.get(2).toString().trim();
    if(pass.equals(password.getText().toString().trim())){
        Intent intent = new Intent(LoginActivity.this,MainActivity.class);
        startActivity(intent);
    }else{
        Toast.makeText(this,"用户名或密码错误", Toast.LENGTH_SHORT).show();
    }
}else{
    Toast.makeText(LoginActivity.this,"用户名或密码错误。", Toast.LENGTH_SHORT).
show();
}
```

上述代码实现了验证用户名和密码的功能。第 1 行粗体字代码表示调用 dbHelper 对象的 getUser()方法获取用户信息，并将结果赋值给 List<User>类型的 list 对象。第 2 行粗体字代码表示输入的用户名信息是否存在。第 3 行粗体字代码表示获取 list 对象的索引为 2 的值，该结果为密码信息。第 4 行粗体字代码表示判断输入的密码与数据库存储的密码是否匹配，若匹配则进入 MainActivity 界面。

3.3.2　手机短信验证登录

1. MobTech 平台创建短信验证项目

打开 MobTech 平台的网址 https://www.mob.com/，单击"注册"按钮，建立一个账号（若已有账号可以忽略），登录进入 MobTech 平台。选择"开发者服务"|"短信验证"|"创建应用"，填写相关信息，创建短信应用。应用创建完成后，如图 3.11

图 3.11　创建短信应用

所示。

2. 配置 MobSDK

在 MobTech 平台中，单击新建完成的短信应用，进入配置界面。单击"SDK 下载"按钮，将适合于 Android Studio 的 MobSDK 包下载到本地。在 Android Studio 中，进入 MobSDK 工程文件，打开工程的 build.gradle 文件（非模块的 build.gradle 文件），配置 MobSDK 开发环境，写入项目的版本号，如图 3.12 所示。

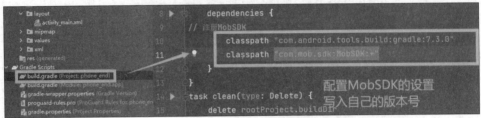

图 3.12 配置 MobSDK

3. 实现短信验证登录功能

（1）添加权限。在 AndroidManifest.xml 文件中，添加网络、存储、定位信息等权限，如下。

```
<uses-permission android:name="android.permission.INTERNET" />
<uses-permission android:name="android.permission.RECORD_AUDIO" />
<uses-permission android:name="android.permission.ACCESS_NETWORK_STATE" />
<uses-permission android:name="android.permission.ACCESS_WIFI_STATE" />
<uses-permission android:name="android.permission.CHANGE_NETWORK_STATE" />
<uses-permission android:name="android.permission.READ_PHONE_STATE" />
<uses-permission android:name="android.permission.READ_CONTACTS" />
<uses-permission android:name="android.permission.WRITE_EXTERNAL_STORAGE"
tools:ignore="CoarseFineLocation" />
<uses-permission android:name="android.permission.READ_EXTERNAL_STORAGE" />
<uses-permission android:name="android.permission.ACCESS_FINE_LOCATION"
tools:ignore="CoarseFineLocation" />
<uses-permission android:name="android.permission.CAMERA" />
```

（2）实现获取短信功能。在 MainActivity.java 文件中，使用 Handler 线程获取短信，代码如下。

```
Handler handler = new Handler(Looper.getMainLooper()){
    public void handleMessage(Message msg) {
        int arg = msg.arg1;
        if(arg==1){
            get_code_id.setText("重新获取");
            count = 60;
            timer.cancel();
            get_code_id.setEnabled(true);
        }else{
            get_code_id.setText(count+"");
```

```
    }
  };
};
```

3.3.3　微信验证登录

1. 创建微信登录第三方应用

与短信验证登录 Android 系统类似，微信登录 Android 系统也可以使用 MobTech 平台，如图 3.13 所示。首先，登录 https://www.mob.com/，选择 ShareSDK，创建微信登录应用。然后，填写应用信息，配置 ShareSDK，生成包名、应用签名、App ID 三项关键属性。这三项属性将在 Android Studio 中开发登录程序时使用。

图 3.13　微信登录 SDK

2. 添加微信登录 SDK

（1）添加依赖。在 Android Studio 开发环境中，打开下载的 ShareSDK，在工程的 build.gradle(app) 文件中，添加如下依赖。

```
dependencies {
    compile fileTree(dir: 'libs', include: ['*.jar'])
    androidTestCompile('com.android.support.test.espresso:espresso-core:2.2.2', {
        exclude group: 'com.android.support', module: 'support-annotations'
    })
    compile 'com.android.support:appcompat-v7:25.3.1'
    compile 'com.android.support.constraint:constraint-layout:1.0.2'
    compile 'com.tencent.mm.opensdk:wechat-sdk-android-with-mta:+'
    testCompile 'junit:junit:4.12'
}
```

（2）添加权限。在 Android Studio 开发环境的 AndroidManifest.xml 文件中，添加以下权限。

```
<uses-permission android:name="android.permission.INTERNET"/>
<uses-permission android:name="android.permission.ACCESS_NETWORK_STATE"/>
<uses-permission android:name="android.permission.ACCESS_WIFI_STATE"/>
<uses-permission android:name="android.permission.READ_PHONE_STATE"/>
<uses-permission android:name="android.permission.WRITE_EXTERNAL_STORAGE"/>
```

3. 调用微信应用接口

（1）创建全局变量。在 Android Studio 开发环境中，创建全局变量，其作用是存储 app_id，以及微信 API 对象，程序代码如下。

```
public class Constants {
```

```
public static final String APP_ID = "wx_*******"; //替换为申请到的 App ID
    public static IWXAPI wx_api;                         //全局的微信 API 对象
}
```

（2）发送登录请求。在 Android Studio 开发环境中，打开 MainActivity.java 文件，在 onCreate()方法中创建微信 API 并注册到微信，其功能是发送登录请求，程序代码如下。

```
Constants.wx_api = WXAPIFactory.createWXAPI(mContext, Constants.APP_ID, true);
Constants.wx_api.registerApp(Constants.APP_ID);
```

（3）实现登录请求功能。在 MainActivity.java 文件中，实现单击某按钮发送登录请求的功能。

```
@Override
    public void onClick(View v) {
        switch (v.getId()){
            case R.id.btn_weixin:
            if(!ConstantUtils.wx_api.isWXAppInstalled()){
                MyToast.makeText(mContext,"未安装微信客户端",Toast.LENGTH_SHORT).
show();
                return;
            }
            final SendAuth.Req req = new SendAuth.Req();
            req.scope = "snsapi_userinfo";
            req.state = "wechat_sdk_demo_test";
            Constants.wx_api.sendReq(req);
            break;
        }
    }
```

3.3.4　QQ 验证登录

1. 创建 QQ 验证登录

QQ 验证登录与微信验证登录较为类似，同样使用 ShareSDK 作为开发环境。在 MobTech 平台的首页，找到"应用接入"|"创建移动应用"|"移动应用（安卓）"，创建应用后使用"完善信息"|"保存"。MobTech 平台提供了 APP ID 和 APP KEY。创建 QQ 验证登录应用如图 3.14 所示。

2. 将 ShareSDK 部署到 Android Studio

在 Android Studio 开发环境中，打开下载的 ShareSDK，在工程的 build.gradle（app）文件中，添加申请的 appId 和 appKey，程序代码如下。

```
MobSDK {
    appKey "31c48ca47c70e"
    appSecret "2d7adbfcd73363bbbe41aeff60e41e4f"
    ShareSDK {
        loopShare true
        devInfo {
```

图 3.14　创建 QQ 验证登录

```
SinaWeibo {
appKey "568898243"
appSecret "38a4f8204cc784f81f9f0daaf31e02e3"
callbackUri "http://www.sharesdk.cn"
}
QQ {
      appId "101906011"
      appKey "676d885e518445fed4d7d2341ff2d56f"
   }
   }
   }
}
```

3. 实现 QQ 验证登录功能

（1）添加权限。在 Android Studio 开发环境的 AndroidManifest.xml 文件中，添加以下权限。

```
<uses-permission android:name="android.permission.GET_TASKS" />
<uses-permission android:name="android.permission.INTERNET" />
<uses-permission android:name="android.permission.ACCESS_WIFI_STATE" />
<uses-permission android:name="android.permission.ACCESS_NETWORK_STATE" />
<uses-permission android:name="android.permission.CHANGE_WIFI_STATE" />
<uses-permission android:name="android.permission.WRITE_EXTERNAL_STORAGE" />
<uses-permission android:name="android.permission.READ_PHONE_STATE" />
<uses-permission android:name="android.permission.MANAGE_ACCOUNTS"/>
<uses-permission android:name="android.permission.GET_ACCOUNTS"/>
<!-- 蓝牙分享所需的权限 -->
```

```
<uses-permission android:name="android.permission.BLUETOOTH" />
<uses-permission android:name="android.permission.BLUETOOTH_ADMIN" />
```

（2）回调代码。在 MainActivity.java 文件中，实现代码回调，程序如下。

```
<activity
    android:name="com.mob.tools.MobUIShell"
    android:theme="@android:style/Theme.Translucent.NoTitleBar"
    tools:ignore="LockedOrientationActivity">
    <!-- QQ 和 QQ 空间分享 QQ 登录的回调必须要配置的 -->
    <intent-filter>
        <data android:scheme="tencent101906011" />
        <action android:name="android.intent.action.VIEW" />
        <category android:name="android.intent.category.BROWSABLE" />
        <category android:name="android.intent.category.DEFAULT" />
    </intent-filter>
</activity>
```

3.3.5 任务实战：实现智能家居系统用户登录功能

1. 任务描述

运用 Android Studio 开发环境和设计素材，设计并实现智能家居系统用户登录功能，具体要求如下。

（1）在用户登录界面中，可输入用户名和密码两项用户信息，且文本框中禁止输入中文。

（2）单击"登录"按钮，实现根据用户名及密码登录的功能，登录时首先判断用户名和密码的格式。

（3）在界面中，单击 按钮，实现手机命令验证登录功能；单击 按钮，实现微信验证登录功能；单击 按钮，实现 QQ 验证登录功能。这三类功能为第三方登录功能，需有登录的反馈信息。

2. 任务分析

根据任务描述，用户名和密码采用 EditText 组件，禁止输入中文表示只允许输入英文、数字、符号等，应设置其 inputType 属性。登录时判断用户名及密码的格式，需使用正则表达式，根据规则筛选符合条件的字符。实现用户名及密码登录功能需要在 Android Studio 开发环境中连接 smarthome 数据库的 user 数据表。实现第三方应用登录功能，需要在 MobTech 平台上首先配置短信登录、QQ 登录、微信登录的 SharedSDK，然后将 SDK 部署在 Android Studio 开发环境中，最后调用相应的接口实现第三方登录功能。

3. 任务实施

根据任务分析，在智能家居工程项目的 activity_login.xml 界面文件中，单击"登录"按钮，实现根据用户名及密码登录的功能；单击第三方应用图标按钮，实现短信、QQ 微信登录功能。具体步骤如下。

（1）添加登录所需的权限。在 Android Studio 开发环境中，打开 smarthome 项目的 AndroidManifest.xml 文件，在与＜application＞…＜/application＞同级处添加用户名密码登录以及第三方应用登录所需的系统权限。关于添加 Android 系统权限，在 3.2.1 节～3.2.4 节中有较为详细的说明，此处不再赘述。

（2）定义"登录"按钮。在 LoginActivity.java 文件中的 onCreate()方法之前，定义"登录"按钮、三个第三方应用登录的图片按钮，以及用户名和密码的文本框组件，程序代码如下。

```
private Button loginbtn;
private ImageButton cellphonebtn,wechatbtn,qqbtn;
private EditText username,password;
```

上述代码中，loginbtn 为"登录"按钮，cellphonebtn 为短信验证登录的图片按钮，wechatbtn 为微信验证登录的图片按钮，qqbtn 为 QQ 验证登录的图片按钮，username 和 password 分别为用户名、密码的文本框组件。定义的组件均采用 private 关键字修饰，表示仅在 LoginActivity 类中可以访问。

（3）实现用户名及密码登录功能。在 LoginActivity.java 文件中的 onCreate()方法中，定义 loginbtn 按钮的监听器程序，实现用户名及密码登录功能，程序代码如下。

```
loginbtn.setOnClickListener(new View.OnClickListener() {
    @Override
    public void onClick(View v) {
        DbHelper dbHelper = new DbHelper();
        Connection conn = dbHelper.getConnection("192.168.0.1","3306","123456");
        if(conn != null){
            List<User> list = dbHelper.getUser(username.getText().toString().
trim());
            if(list.size() > 0){
                String pass = list.get(2).toString().trim();
                if(pass.equals(password.getText().toString().trim())){
                    Intent intent = new Intent(LoginActivity.this,MainActivity.
class);
                    startActivity(intent);
                }else{
                    Toast.makeText(this,"用户名或密码错误。", Toast.LENGTH_SHORT).
show();
                }
            }else{
                Toast.makeText(this,"用户名或密码错误。", Toast.LENGTH_SHORT).show();
            }
        }
    }
});
```

（4）实现第三方应用登录功能。在 LoginActivity.java 文件中的 onCreate()方法中，首先初始化 Mob 平台的 SDK，然后使用 EventHandler 线程，调用 Mob 平台提供的第三方应用登录接口。代码如下。

```
MobSDK.init(LoginActivity.this, "37550254c2130","e0d047a83d11b4082d6c1fc8e5d48e17");
handler = new EventHandler(){
    @Override
    public void afterEvent(int event, int result, Object data) {
    if (result == SMSSDK.RESULT_COMPLETE){
        if (event == SMSSDK.EVENT_SUBMIT_VERIFICATION_CODE) {
            runOnUiThread(new Runnable() {
                @Override
                public void run() {
                    Toast.makeText(this,"验证成功", Toast.LENGTH_SHORT).show();
                    Intent intent = new Intent(LoginActivity.this,MainActivity.
class);
                    startActivity(intent);
                }
            });
        }else if (event == SMSSDK.EVENT_GET_VERIFICATION_CODE){
            runOnUiThread(new Runnable() {
                @Override
                public void run() {
                    Toast.makeText(this,"验证码已发送", Toast.LENGTH_SHORT).show();
                }
            });
        }else if (event == SMSSDK.EVENT_GET_SUPPORTED_COUNTRIES){
        }
    }else{
        ((Throwable)data).printStackTrace();
        Throwable throwable = (Throwable) data;
        try {
            JSONObject obj = new JSONObject(throwable.getMessage());
            final String des = obj.optString("detail");
            if (!TextUtils.isEmpty(des)){
                runOnUiThread(new Runnable() {
                    @Override
                    public void run() {
                        Toast.makeText(this,"提交错误信息", Toast.LENGTH_SHORT).
show();
                    }
                });
            }
        } catch (JSONException e) {
            e.printStackTrace();
        }
    }
    }
};
MobSDK.registerEventHandler(handler);
```

上述代码实现了以线程的方式发送消息，判断登录信息的功能。第 1 行粗体字代码表示初始化 MobSDK；第 2 行粗体字代码表示发送消息后的回调消息已经完成；第 3 行粗体字代码表示提交验证信息成功;第 4 行粗体字代码表示调用 MobSDK 的 registerEventHandler()方法发送消息。

3.3.6   任务拓展:实现指纹识别登录功能

在智能家居系统中,指纹识别通常应用于门锁、各类安全设置等场景中。指纹识别通过指纹传感器采集信息,进行指纹图像的预处理,然后进行特征点提取,最后进行特征匹配。一般指纹识别的用途有:系统解锁、应用锁、支付认证、普通的登录认证。在 Android 6.0 以上的系统中,各厂商对 Android 系统和指纹识别模块进行了普遍化的定制,以提升手机的安全性。在 Android Studio 中实现指纹验证的步骤如下。

(1)判断 Android 设备系统版本。在 build.gradle 模块中,加入判断 Android 系统是否为 6.0 以上版本的判断语句,代码如下: if(Build. VERSION. SDK _ INT ＞＝ Build. VERSION_CODES.M){}。

(2)添加权限。在 AndroidManifest.xml 文件中,添加触摸传感器的权限,代码如下。

```
<!--AndroidP(9.0)的生物识别权限-->
<uses-permission android:name="android.permission.USE_BIOMETRIC" />
<!--AndroidP(6.0)的开启触摸传感器与身份认证的权限-->
<uses-permission android:name="android.permission.USE_FINGERPRINT" />
```

(3)检查 Android 设备硬件是否支持指纹识别。在 MainActivity.java 文件中,新建一个 checkSupport()方法,该方法用于检测 Android 设备的硬件是否支持指纹识别,代码如下。

```
public static SupportResult checkSupport(Context context) {
    FingerprintManager fingerprintManager = context.getSystemService
(FingerprintManager.class);
    if (!fingerprintManager.isHardwareDetected()) {
        return SupportResult.DEVICE_UNSUPPORTED;
    }
    KeyguardManager keyguardManager = (KeyguardManager) context. getSystemService
(Context.KEYGUARD_SERVICE);
    if (!keyguardManager.isKeyguardSecure()) {
        return SupportResult.SUPPORT_WITHOUT_KEYGUARD;
    }
    if (fingerprintManager.hasEnrolledFingerprints()) {
        return SupportResult.SUPPORT;
    }
    return SupportResult.SUPPORT_WITHOUT_DATA;
}
```

上述代码实现了检测 Android 设备是否支持指纹识别的功能。第 1 行粗体字代码使用 FingerprintManager 类定义了指纹识别服务;第 2 行粗体字代码使用条件语句判断 Android 设备硬件是否支持指纹识别;第 3 行粗体字代码表示 Android 设备判断是否处于安全保护中;第 4 行粗体字代码表示检测 Android 设备是否已经存在指纹数据;第 5 行粗体字代码表示设备支持指纹识别但是没有指纹数据。

3.4　项目总结与评价

3.4.1　项目总结

本项目首先阐述了运用 Android Studio 实现智能家居系统用户注册功能的方法，包括用户身份信息注册功能、人脸拍照注册功能，并提出了实现多个人脸识别的拓展性任务。然后，实现了用户名和密码登录功能，以及运用 MobTech 平台实现第三方应用登录的功能。包括：手机短信验证登录、微信登录、QQ 验证登录三种第三方应用登录功能，并且提出了指纹识别登录的拓展性任务。

本项目的知识点与技能点总结如下。

（1）在 smarthome 项目中建立 Users 和 DbHelper 两个 Java 类，其中，Users 类用于构造用户信息，包括用户名、密码、权限、登录时间、登录 IP 等成员变量，以及获取用户信息、设置用户信息两种成员函数。DbHelper 类主要用于以网络方式连接 MySQL 数据库管理系统，提供增、删、改、查等方法。

（2）智能家居系统的人脸识别功能主要使用 TextureView 组件实现，在 AndroidManifest.xml 文件中添加前置摄像头、后置摄像头、网络、存储卡设备等权限。通常采用 camera2 ＋ FaceDetector 技术来实现多个人脸信息识别，在物联网云平台上注册人脸识别应用，将 SDK（或 jar 包）导入 Android Studio 开发环境，调用人脸识别应用的接口，实现人脸检测、识别功能。

（3）智能家居系统的第三方应用登录功能主要基于 MobTech 平台实现，首先在平台上新建第三方登录的应用，包括短信验证模块、微信登录模块、QQ 登录模块；然后配置各模块的参数信息，获取应用 ID 和密钥信息；接下来，将 SDK 导入 Android Studio 开发环境，配置 build.gradle；最后，编写代码，调用 MobTech 平台提供的第三方应用登录接口，实现第三方应用登录功能。

3.4.2　项目评价

本项目包括"实现智能家居系统用户注册功能"和"实现智能家居系统用户登录功能"两个实战任务。各任务点的评价指标及分值见表 3.1，任务共计 20 分。读者可以对照项目评价表，检验本项目的完成情况。

表 3.1　智能家居项目注册与登录功能设计任务完成度评价表

实 战 任 务	评 价 指 标	分值	得分
实现智能家居系统用户注册功能	Users 类的成员变量、成员方法正确，错误 1 项扣 0.1 分，扣完为止	2.0	
	DbHelper 类的成员变量、成员方法正确，错误 1 项扣 0.1 分，扣完为止	2.0	
	Android Studio 连接 MySQL 数据库正确，错误本项不得分	2.0	

实 战 任 务	评 价 指 标	分值	得分
实现智能家居系统用户注册功能	Android Studio 实现 MySQL 数据库的增、删、改、查功能正确,错误 1 项扣 0.1 分,扣完为止	2.0	
	Android Studio 实现人脸检测的方法正确,错误本项不得分	2.0	
实现智能家居系统用户登录功能	Android Studio 实现用户名、密码检验方式正确,错误不项不得分	2.0	
	MobTech 平台配置短信、微信、QQ 三种登录方式的参数正确,错误 1 项扣 0.1 分,扣完为止	2.0	
	Android Studio 调用短信验证登录接口的方式正确,错误本项不得分	2.0	
	Android Studio 调用 QQ 验证登录接口的方式正确,错误本项不得分	2.0	
	Android Studio 调用微信验证登录接口的方式正确,错误本项不得分	2.0	

智能家居环境监测功能的设计与实现

【项目概述】

本项目主要运用 Android Studio 开发环境,控制传感器和摄像头设备,实现云平台数据监测、ZigBee 数据监测,以及视频监控功能。其中,云平台数据监测方式包括温湿度数据监测、光照度数据监测、人体运动状态数据监测;ZigBee 数据监测功能包括烟雾数据监测、火焰数据监测、二氧化碳数据监测功能;视频监控功能包括方向调节功能、抓拍功能、实时监控功能。本项目的学习思维导图如图 4.1 所示。

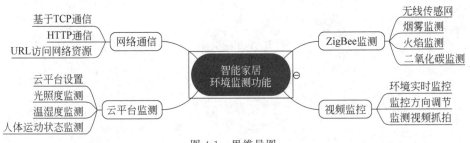

图 4.1　思维导图

【学习目标】

本项目的总体目标是,运用 Android Studio 开发环境实现智能家居环境数据采集与监控功能。通过物联网云平台,实现温湿度数据监测、光照度数据监测、人体运动状态数据监测;通过 ZigBee 方式,实现烟雾数据监测、火焰数据监测、二氧化碳数据监测功能;通过网络摄像头,实现方向调节功能、抓拍功能、实时监控功能。本项目的知识、能力、素质三维目标如下。

1. 知识目标

(1) 掌握 Android Studio 设置物联网云平台参数的方法。
(2) 掌握 Android Studio 设置 ZigBee 参数的方法。
(3) 掌握使用 Android Studio 设置视频监控参数的方法。

2. 能力目标

(1) 能运用 Android Studio 设置物联网云平台参数。

（2）能运用 Android Studio 设置 ZigBee 参数。

（3）能运用 Android Studio 设置视频监控参数。

3．素质目标

（1）团队协作意识。

（2）严谨、细致的工作作风。

4.1　智能家居系统网络通信

4.1.1　智能家居网络通信方式

1．基于 TCP 的 Socket 通信模型

在智能家居系统中，TCP/IP 通信协议是一种可靠的网络协议，它在通信的两端各建立一个 Socket，从而在通信的两端之间形成网络虚拟链路，如图 4.2 所示。一旦建立了虚拟的网络链路，两端的程序就可以通过虚拟链路进行通信。Android Studio 开发环境对基于 TCP 的网络通信提供了良好的封装，使用 Socket 对象来代表两端的通信接口，并通过 Socket 产生输入流和输出流进行网络通信。

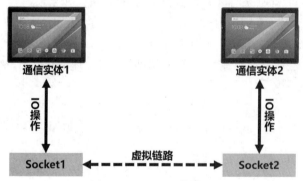

图 4.2　Socket 通信模型

在智能家居系统中，IP 协议是在 Internet 中使用的一个关键协议，它的全称是 Internet Protocol，即 Internet 协议，通常简称为 IP 协议。通过使用 IP 协议，智能家居项目基于计算机网络，可连接不同类型的 Android 设备。要使 Android 设备通过网络与传感器设备进行通信，必须使其基于同一种网络协议。

IP 协议可以保证 Android 设备能够正常发送和接收传感器数据，负责将消息从一个终端传送到另一个终端，消息在传送的过程中被分割成若干个小型的数据包。通过各种不同类型的 Android 设备中的 IP 协议，保证了数据可以正常发送和接收，但还不能解决数据分组在传输过程中可能出现的问题。

因此，在计算机网络中的 Android 设备还需要安装 TCP，以此提供可靠并且无差错的通信服务。TCP 被称作一种端对端协议，因为它为两台 Android 设备之间的通信提供了重要的支持：当两台 Android 设备有通信需求时，TCP 会让它们建立一个连接，用于发送和接

收数据的虚拟链路。TCP 负责收集这些信息包，并将其按适当的次序放好传送，在接收端确认连接后再将其正确地还原。

TCP/IP 保证了数据包在传送中准确无误，使用了重发机制：当一个通信实体发送一个消息给另一个通信实体后，需要收到另一个通信实体的确认信息，如果没有收到另一个通信实体的确认信息，则会再次重发刚才发送的信息。通过这种重发机制，TCP/IP 向应用程序提供可靠的通信连接，使它能够自动适应网上的各种变化，即使在 Internet 暂时出现堵塞的情况下，也能够保证通信的可靠。

综上所述，虽然 IP 和 TCP 这两个协议的功能不尽相同，也可以分开单独使用，但它们是在同一时期作为一个协议来设计的，并且在功能上也是互补的。只有两者结合，才能保证 Internet 在复杂的环境下正常运行。凡是要连接到 Internet 的计算机，都必须同时安装和使用这两个协议，因此在实际中常把这两个协议统称为 TCP/IP。

2. 使用 ServerSocket 创建智能家居服务端

从图 4.2 可以看出，TCP 通信的两个通信实体之间并没有服务器端、客户端之分，而是两个通信实体之间建立的虚拟链路。在两个通信实体没有建立虚拟链路之前，必须有一个通信实体先做出"主动姿态"，即主动地接收来自其他通信实体的连接请求。Java 语言中，能接收其他通信实体连接请求的类是 ServerSocket 对象。该对象用于监听来自客户端的 Socket 连接，包含一个监听来自客户端连接请求的方法。如果没有连接，它将一直处于等待状态。为了创建 ServerSocket 对象，提供了以下 4 个构造器。

（1）Socket accept()构造器。该构造器用于连接 Socket 服务。当客户端接收到 Socket 的连接请求时，该方法将返回与连接客户端 Socket 对应的连接；否则，该方法将一直处于等待状态，线程被阻塞。

（2）ServerSocket(int port)构造器。该构造器用于创建 ServerSocket 对象。Android 系统使用指定的端口创建一个 ServerSocket 对象，该端口应该是有一个有效的端口整数值，范围是 0～65 535。

（3）ServerSocket(int port,int backlog)。该构造器用于指定连接的 ServerSocket 服务队列的长度。该构造器与 ServerSocket(int port)构造器相比，增加了一个用于改变连接队列长度的参数 backlog。

（4）ServerSocket(int port,int backlog,InetAddress localAddr)。该构造器用于绑定 IP 地址到 ServerSocket 服务对象。在 Android 设备中存在多个 IP 地址的情况下，允许通过 localAddr 这个参数将 ServerSocket 绑定到指定的 IP 地址。

当 ServerSocket 对象使用完毕后，应调用该对象的 close()方法关闭 ServerSocket 服务。通常情况下，服务器会只接收一个 Android 客户端的请求，而实际上却应该不断地接收来自不同 Android 客户端的所有请求。因此，Android Studio 会通过循环不断地调用 ServerSocket 对象的 accept()方法，代码如下。

```
ServerSocket ss = new ServerSocket(30000);
while (true){
    Socket s = ss.accept();
}
```

上述代码通过 while 循环接收连接 ServerSocket 服务。第 1 行粗体字代码表示定义一个 ServerSocket 对象 ss,并初始化。第 2 行粗体字代码表示循环调用 ss 对象的 accept()方法,并赋值给 Socket 对象 s。需要注意的是:第一,上述代码中的 ServerSocket 对象没有指定 IP 地址,则 Android 系统会为其分配本机默认的 IP 地址;第二,Android 系统推荐使用 1024 以上的连接端口,例如,程序中使用 30000 作为该 ServerSocket 对象的端口号,主要是为了避免与其他应用程序的通用端口冲突。

此外,由于 Android 设备采用无线网卡连接网络,其 IP 地址通常都是由网络运营公司动态分配的,一般不会有固定的 IP 地址,因此很少在 Android 设备上运行服务器端。ServerSocket 服务器端通常运行在有固定 IP 的服务器计算机上,本项目中所阐述的应用程序的服务器端也是运行在计算机上的。

3. 智能家居系统 Socket 客户端通信

1) Socket 通信方式

在智能家居系统中,Android 系统客户端程序通常可以使用 Socket 类的构造器连接到指定 ServerSocket 服务。Android 系统的 Socket 类提供以下两个构造器。

(1) Socket(InetAddress/String remoteAddress, int port)。该构造器用于创建连接到远程主机和远程端口的 Socket 服务。该构造器没有指定 IP 地址和端口,Android 系统动态分配 IP 地址和端口。

(2) Socket (InetAddress/String remoteAddress, int port, InetAddress localAddr, intlocalPort)。该构造器用于创建连接到指定主机、指定端口的 Socket,并指定本地 IP 地址和本地端口号。

上述两个构造器中,指定远程主机时,既可使用 InetAddress 参数,也可直接使用连接字符串。当 Android 具有多个 IP 地址时,使用连接字符串(如 192.168.0.1)来指定远程 IP 较为方便。当 Android 设备只有一个 IP 地址时,使用 InetAddress 参数连接 Socket 服务更为简单。如以下代码所示。

```
Socket s = new Socket("192.168.0.1",30000);
```

当 Android Studio 开发环境的编译器执行到以上代码时,该代码将会连接到指定服务器,让服务器端的 ServerSocket 的 accept()方法向下执行,于是服务器端和客户端就产生了一对互相连接的 Socket。此时,Android 程序无须再区分服务器、客户端,而是通过各自的 Socket 进行通信。Socket 提供如下两个方法来获取输入流和输出流。

(1) InputStream getInputStream()。该方法返回 Socket 对象对应的输入流,让程序通过该输入流从 Socket 中取出数据。

(2) OutputStream getOutputStream()。该方法返回 Socket 对象对应的输出流,让程序通过该输出流向 Socket 中输出数据。

从上述两个方法可以看出,Android Studio 在处理 Socket 通信时,是基于输入流和输出流处理 Socket 对象的。无论该输入流或输出流是文件流还是网络 Socket 产生的对象流,Android 系统都将其打包成基于 TCP/IP 的处理流,从而更方便地处理程序接口。

2）Socket 通信实例

服务器程序需要在计算机上运行。在 Android Studio 开发环境中，新建一个项目工程。在工程中新建一个 Java 类文件，命名为 SimpleServer。该 Java 类文件包含 main 函数，是可以运行的。在该文件中建立 ServerSocket 监听，并使用 Socket 类获取输出流输出，程序代码如下。

```java
public class SimpleServer
{
    public static void main(String[] args)
    {
        ServerSocket ss = new ServerSocket(30000);
        while (true)
        {
            Socket s = ss.accept();
            OutputStream os = s.getOutputStream();
            os.write("欢迎使用智能家居系统\n"
            .getBytes("utf-8"));
            os.close();
            s.close();
        }
    }
}
```

上述代码建立了 ServerSocket 监听类 SimpleServer。第 1 行粗体字代码表示创建一个 ServerSocket，用于监听客户端 Socket 的连接请求，该 ServerSocket 在 30000 端口监听，等待客户端程序的连接。第 2 行粗体字代码表示采用循环不断接收来自客户端的请求，该 ServerSocket 将会一直监听。第 3 行粗体字代码表示每当接收到客户端 Socket 的请求，服务器端也对应产生一个 Socket。第 4～5 行粗体字代码表示打开 Socket 对应输出流，并向输出流中写入一段字符串数据，编码格式为 UTF-8。

需要注意的是，上述代码并未把 OutputStream 流包装成 PrintStream，然后使用 PrintStream 直接输出整个字符串。这是因为该服务器端程序运行于 Windows 主机上，当直接使用 PrintStream 输出字符串时默认使用系统平台的字符串（即 GBK）进行编码。但该程序的客户端是 Android 应用，当客户端读取网络数据时默认使用 UTF-8 字符集进行解码，将会引发乱码。为了保证客户端能正常解析到数据，此处指定使用 UTF-8 字符集进行编码，这样就可避免乱码问题了。

4. 智能家居系统中的多线程

在上一节中，Socket 通信采用的服务器端和客户端方式只是进行了简单的通信操作，服务器接收到客户端连接之后，向客户端输出一个字符串，而客户端也只是读取服务器的字符串后就退出了。在实际的智能家居系统应用中，客户端则可能需要和服务器端保持长时间通信，即服务器需要不断地读取客户端数据，并向客户端写入数据。同时，客户端也需要不断地读取服务器数据，并向服务器写入数据。

在这种情况下，当使用传统的 BufferedReader 类的 readLine() 方法读取数据时，在该方法成功返回之前，线程将被阻塞，程序将无法继续执行。考虑到这个原因，服务器应该为每个 Socket 单独启动一条线程,每条线程负责与一个客户端进行通信。另外需要注意的是,客户端读取服务器数据的线程同样会被阻塞,所以系统应该单独启动一条线程,该线程专门负责读取服务器数据。

下面将实现一个简单的智能家居消息通信应用。在该示例程序中,服务器端程序应该包含多条线程,每个 Socket 对应一条线程,该线程负责读取 Socket 对应输入流的数据,即从客户端发送过来的数据。线程将读到的数据向每个 Socket 输出流发送一遍,将一个客户端发送的数据以广播的形式发给其他客户端,因此需要在服务器端使用 List 来保存所有的 Socket。程序的操作步骤如下。

第 1 步:在 Android Studio 开发环境中,新建一个项目 MultiThread。在该项目中,新建一个模块 Module,命名为 MultiThreadServer,该模块用于放置服务端程序代码。

第 2 步:在 MultiThreadServer 模块中,新建一个 Java 类文件,命名为"MyServer.java"。该类是 ServerSocket 监听的主类,代码如下。

```java
public class MyServer
{
    public static List< Socket > socketList = Collections.synchronizedList(new ArrayList<Socket>());
    public static void main(String[] args) throws IOException
    {
        ServerSocket ss = new ServerSocket(30000);
        while(true)
        {
            //此行代码会阻塞,将一直等待别人的连接
            Socket s = ss.accept();
            socketList.add(s);
            //每当客户端连接后启动一条 ServerThread 线程为该客户端服务
            new Thread(new ServerThread(s)).start();
        }
    }
}
```

上述代码建立了服务器接收客户端 Socket 请求的 Java 类。第 1 行粗体字代码表示定义一个 List 列表类型的对象 socketList,用于保存所有的 Socket 信息。第 2 行粗体字代码表示定义一个 ServerSocket 类的对象 ss,并指定连接超时为 30s。第 3 行粗体字代码表示接收 Socket 连接请求,需要注意的是,此行代码会阻塞,将一直等待客户端的连接。第 4 行粗体字代码表示每当客户端连接后启动一条 ServerThread 线程为该客户端服务。

第 3 步:在 MultiThreadServer 模块中,再新建一个 Java 类文件,命名为"ServerThread.java"。该类负责处理每个 Socket 通信,代码如下。

```java
public class ServerThread implements Runnable
{
    Socket s = null;
    BufferedReader br = null;
    public ServerThread(Socket s)
        throws IOException
    {
```

```
        this.s = s;
        br = new BufferedReader(new InputStreamReader(s.getInputStream() , "utf
-8"));
    }
    public void run()
    {
        try
        {
            String content = null;
            while ((content = readFromClient()) != null)
            {
                for (Iterator<Socket> it = MyServer.socketList.iterator(); it.
hasNext();)
                {
                    Socket s = it.next();
                    try{
                        OutputStream os = s.getOutputStream();
                        os.write((content + "\n").getBytes("utf-8"));
                    }
                }
            }
        }
        catch (IOException e)
        {
            e.printStackTrace();
        }
    }
}
```

上述代码定义了处理 Socket 通信的类 ServerThread。第 1 行粗体字代码表示该线程所处理的 Socket 所对应的输入流。第 2 行粗体字代码表示初始化该 Socket 对应的输入流。第 3 行粗体字代码表示采用循环不断地从 Socket 中读取客户端发送过来的数据，在循环条件中，使用 readFromCient（）方法来读取客户端数据，如果读取数据过程中捕获到 IOException 异常，则表明该 Socket 对应的客户端 Socket 出现了问题，程序就将该 Socket 从 socketList 中删除。第 4 行粗体字代码表示遍历 socketList 中的每个 Socket，并将读到的内容向每个 Socket 发送一遍，该服务器线程将读取所有的 Socket 中的数据，并转发。

此处需要注意的是，上述代码将网络的字节输入流转换为字符输入流时，指定了转换所用的字符串格式为 UTF-8，这也是由于客户端数据是采用 UTF-8 字符集的。因此，服务器端也要使用 UTF-8 字符集进行解码。当需要编写跨平台的网络通信程序时，使用 UTF-8 字符集进行编码、解码是一种较好的解决方案。

第 4 步：建立客户端程序界面。在项目 MultiThread 中，新建 Client 模块，该模块为客户端，用于连接 ServerThread。在该模块中，设计 activity_main.xml 界面文件，其布局为 LinearLayout，在其中再放置一个线性布局，以及一个文本框组件，具体代码请参考配套资料中的界面代码，此处不再赘述。

客户端程序同样是一个 Android 应用，因此需要创建一个 Android 项目，这个 Android 应用的界面中包含两个文本框，一个文本框用于接收用户输入，另一个文本框用于显示智能家居系统信息。界面中还有一个按钮,当用户单击该按钮时,程序向服务器发送系统信息。

第 5 步:实现客户端程序功能。在本项目中,每个客户端应该包含两条线程,一条线程负责生成主界面,并响应用户动作,并将用户输入的数据写入 Socket 对应的输出流中;另一条线程负责读取 Socket 对应输入流中的数据,即从服务器发送过来的数据,并负责将这些数据在程序界面上显示出来。在客户端程序中,MainActivity 负责生成程序界面,并为“发送”按钮绑定单击按钮的监听事件,程序代码如下。

```
private ClientThread clientThread;
static class MyHandler extends Handler
{
    private WeakReference<MainActivity> mainActivity;
    MyHandler(WeakReference<MainActivity> mainActivity)
    {
        this.mainActivity = mainActivity;
    }
    @Override
    public void handleMessage(Message msg)
    {
        if (msg.what == 0x123)
        {
            mainActivity.get().show.append("\n" + msg.obj.toString());
        }
    }
}
```

上述代码定义了传递消息的类 MyHandler。第 1 行粗体字代码表示运用 ClientThread 类定义子线程 clientThread。第 2 行粗体字代码表示重写 handleMessage()方法。第 3 行粗体字代码表示根据 msg.what 属性判断消息是否来自 clientThread 子线程。第 4 行粗体字代码表示,调用 MainActivity 的 show 方法,将读取的内容追加显示在文本框中,程序运行结果如图 4.3 所示。

图 4.3 MyHandler 运行结果

此处需要注意的是,当用户单击该程序界面中的“发送”按钮之后,程序将会把 input 输入框中的内容写入该 Socket 对应的输出流。除此之外,当主线程使用 Socket 连接到服务器之后,并启动了 ClientThread 来处理该线程的 Socket 通信。ClientThread 线程负责读取 Socket 输入流中的内容,并将读到的这些内容在界面上的文本框内显示出来。由于 Android 不允许子线程访问界面组件,因此定义了一个 Handler 来处理来自子线程的消息。子线程负责读取来自网络的数据,读到数据之后便通过 Handler 对象发送一条消息。

4.1.2 使用 URL 访问网络资源

1. 读取智能家居系统网络资源

在项目 3 中,已经介绍了关于 URL 的知识,现在可以将其应用到读取智能家居系统网络资源的方法中。URL(Uniform Resource Locator,统一资源定位符)是指向互联网“资源”的指针。资源可以是简单的文件或目录,也可以是对更复杂的对象的引用,以及对数据库或搜索引擎的查询。通常情况而言，URL 可以由协议名、主机、端口和资源组成。例如以下格式：http://www.crazyit.org/index.php。

在项目 3 中还有说明，在 Android Studio 开发环境中，JDK 还提供了一个 URI (Uniform Resoure Idenfiers)类，其实例代表统一资源标识符。此处需要注意的是，Java 的 URI 不能用于定位任何资源，它的唯一作用就是解析。但是，URL 则包含可打开到达该资源的输入流，因此可以将 URL 理解成 URI 的特例。

在智能家居系统应用中，其 URL 类提供了多个构造器用于创建 URL 对象，一旦获得了 URL 对象之后，可以调用如下常用方法来访问该 URL 对应的资源。

- String getFile()方法。该方法用于获取此 URL 的资源名。
- String getHost()方法。该方法用于获取此 URL 的主机名。
- String getPath()方法。该方法用于获取此 URL 的路径部分。
- int getPort()方法。该方法用于获取此 URL 的端口号。
- String getProtocol()方法。该方法用于获取此 URL 的协议名称。
- String getQuery()方法。该方法用于获取此 URL 的查询字符串部分。
- URLConnection openConnection()方法。该方法用于返回一个 URLConnection 对象，它表示到 URL 所引用的远程对象的连接。
- InputStream openStream()方法。该方法用于打开与此 URL 的连接，并返回一个用于读取该 URL 资源的输入流对象。

上述 URL 对象的前七个方法都非常容易理解，在最后一个 openStream()方法中，通过读取 URL 资源的 InputStream 输入流对象，可以非常方便地读取远程资源。下面通过一个解析图片的实例，说明 openStream()方法的具体使用方法。程序步骤如下。

第 1 步：在 Android Studio 开发环境中，新建一个 URLTest 的项目。在界面中放置一个 ImageView 组件，命名为 show。

第 2 步：打开 MainActivity.java 文件，在 onCreate()方法之前，定义用于显示图片的 MyHandler 类。该类通过网络下载图片，发送消息显示图片资源，代码如下。

```java
private ImageView show;
private Bitmap bitmap;
static class MyHandler extends Handler
{
    private WeakReference<MainActivity> mainActivity;
    MyHandler(WeakReference<MainActivity> mainActivity)
    {
        this.mainActivity = mainActivity;
    }
    @Override
    public void handleMessage(Message msg)
    {
        if (msg.what == 0x123)
        {
            mainActivity.get().show.setImageBitmap(mainActivity.get().bitmap);
        }
    }
}
```

```
    }
    private MyHandler handler = new MyHandler(new WeakReference<>(this));
```

上述代码中,第 1 行粗体字代码定义了一个 Bitmap 类型的对象 bitmap,表示从网络下载得到的图片。第 2 行粗体字代码重写了 handleMessage()方法,用于处理图片消息。第 3 行粗体字代码表示使用 ImageView 显示该图片。第 4 行粗体字代码表示定义 MyHandler 类型的对象 handler。

第 3 步:定义线程方法,用于处理图片消息。在 onCreate()方法中,定义一个线程 Thread,在其中使用 URL 方法,转换图片资源的输入流与输出流,代码如下。

```
new Thread()
{
    @Override
    public void run()
    {
        try {
            URL url = new URL("http://img10.360buyimg.com/n0"+ "/jfs/t15760/240/
1818365159/368378/350e622b/"+ "5a60cbaeN0ecb487a.jpg");
            InputStream is = url.openStream();
            bitmap = BitmapFactory.decodeStream(is);
            handler.sendEmptyMessage(0x123);
            is.close();
            //再次打开 URL 对应的资源的输入流
            is = url.openStream();
            //打开手机文件对应的输出流
            OutputStream os = openFileOutput("crazyit.png", Context.MODE_PRIVATE);
            byte[] buff = new byte[1024];
            int hasRead = -1;
            //将 URL 对应的资源下载到本地
            while ((hasRead = is.read(buff)) > 0) {
                os.write(buff, 0, hasRead);
            }
            is.close();
            os.close();
        }
        catch(Exception e)
        {
        e.printStackTrace();
        }
    }
}.start();
```

上述代码中,第 1 行粗体字代码定义一个 URL 对象,表示从网络下载图片。第 2 行粗体字代码表示打开该 URL 对应的资源的输入流。第 3 行粗体字代码表示从 InputStream 中解析出图片。第 4 行粗体字代码表示发送消息,通知 UI 组件显示该图片。第 5 行粗体字代码表示通过 while 循环语句,将 URL 对应的资源下载到本地。程序运行结果如图 4.4

图 4.4   URL 程序运行结果

所示。

运行该程序不仅可以显示该 URL 对象所对应的图片，而且会在 Android 设备文件系统的\data\data\org.crazyit.net\files\目录下生成 crazy.png 图片，即通过 URL 从网络下载的图片。

2. 发送智能家居系统连接请求

URL 的 openConnection()方法将返回一个 URLConnection 对象，该对象表示应用程序和 URL 之间的通信连接。程序可以通过 URLConnection 实例向该 URL 发送请求，读取 URL 引用的资源。通常创建一个和 URL 的连接，并发送请求、读取此 URL 引用的资源需要如下几个步骤。

（1）通过调用 URL 对象 openConnection()方法来创建 URLConnection 对象。

（2）设置 URLConnection 的参数和普通请求属性。

（3）如果只是发送 GET 方式请求，使用 connect()方法建立和远程资源之间的实际连接即可。如果需要发送 POST 方式的请求，需要获取 URLConnection 实例对应的输出流来发送请求参数。

（4）远程资源变为可用，程序可以访问远程资源的头字段，或通过输入流读取远程资源的数据。

在建立和远程资源的实际连接之前，程序可以通过如下方法来设置请求头字段。

- setAllowUserInteraction()方法。该方法用于设置 URLConnection 的 allowUserInteraction 请求头字段的值。
- setDoInput()方法。该方法用于设置该 URLConnection 的 doInput 请求头字段的值。
- setDoOutput()方法。该方法用于设置该 URLConnection 的 doOutput 请求头字段的值。
- setModifiedSince()方法。该方法用于设置该 URLConnection 的 ifModifiedSince 请求头字段的值。
- setUseCaches()方法。该方法用于设置该 URLConnection 的 useCaches 请求头字段的值。
- setRequestProperty(String key，String value)方法。该方法用于设置该 URLConnection 的 key 请求头字段的值为 value。
- addRequestProperty(String key，String value)方法。该方法用于增加 URLConnection 的 key 请求头字段的 value 值。该方法并不会覆盖原请求头字段的值，而是将新值追加到原请求头字段中。

下面通过一个解析图片的实例，说明 URL 的 Connection()方法的具体使用，程序步骤如下。

第 1 步：在 Android Studio 开发环境中，新建一个 GetPostUtil 的项目。在项目中新建两个方法：sendGet()方法和 sendPost()方法。其中，sendGet()方法用于向指定 URL 发送 GET 方法的请求；sendPost()方法用于向指定 URL 发送 POST 方法的请求。

第 2 步：实现 setGet()方法的功能。该方法包含两个请求参数，采用 name1 = value1&name2 = value2 的形式，使用 return URL 语句表示远程资源的响应，代码如下。

```
public static String sendGet(String url, String params)
{
    StringBuilder result = new StringBuilder();
    BufferedReader in = null;
    try
    {
        String urlName = url + "?" + params;
        URL realUrl = new URL(urlName);
        URLConnection conn = realUrl.openConnection();
        conn.setRequestProperty("accept", "*/*");
        conn.setRequestProperty("connection", "Keep-Alive");
        conn.setRequestProperty("user-agent","Mozilla/4.0 (compatible; MSIE
6.0; Windows NT 5.1; SV1)");
        conn.connect();
        Map<String, List<String>> map = conn.getHeaderFields();
        for (String key : map.keySet())
            System.out.println(key + "--->" + map.get(key));
        in = new BufferedReader(new InputStreamReader(conn.getInputStream()));
        String line;
        while ((line = in.readLine()) != null)
            result.append(line).append("\n");
    }
}
```

上述代码中,第1行粗体字代码运用URLConnection打开客户端和URL之间的连接。第2~4行粗体字代码表示设置URL对象通用的请求属性。第5行粗体字代码表示建立实际的网络连接。第6行粗体字代码表示使用Map方法获取所有的响应头字段。第7行粗体字代码表示使用for循环语句遍历所有的响应头字段。第8行粗体字代码表示定义BufferedReader输入流来读取URL的响应。

第3步:实现sendPost()方法的功能。该方法包含两个请求参数,采用name1＝value1&name2＝value2的形式,使用return URL语句表示远程资源的响应,代码如下。

```
public static String sendPost(String url, String params)
{
    PrintWriter out = null;
    BufferedReader in = null;
    StringBuilder result = new StringBuilder();
    try
    {
        URL realUrl = new URL(url);
        URLConnection conn = realUrl.openConnection();
        conn.setRequestProperty("accept", "*/*");
        conn.setRequestProperty("connection", "Keep-Alive");
        conn.setRequestProperty("user-agent",
        "Mozilla/4.0 (compatible; MSIE 6.0; Windows NT 5.1; SV1)");
        conn.setDoOutput(true);
        conn.setDoInput(true);
        out = new PrintWriter(conn.getOutputStream());
        out.print(params);
```

```
        out.flush();
        in = new BufferedReader(new InputStreamReader(conn.getInputStream()));
        String line;
        while ((line = in.readLine()) != null)
        {
            result.append(line).append("\n");
        }
    }
    return result.toString();
}
```

sendPost()方法与 sendGet()方法基本相同，主要区别在于发送请求部分。其中，第 1
行和第 2 行粗体字代码表示发送 POST 请求必须设置的属性。第 3 行粗体字代码表示获取
URLConnection 对象对应的输出流。请 4 行粗体字代码表示发送请求参数。第 5 行粗体
字代码使用 out.flush()方法输出缓冲流。第 6 行粗体字代码表示定义 BufferedReader 输
入流来读取 URL 的响应。

第 4 步：在 MainActivity 中实现程序功能。实现了 sendPost()方法与 sendGet()方法
后，接下来就可以在 Activity 类中通过该工具类来发送请求。该程序的界面中包含两个按
钮，一个按钮用于发送 GET 请求，另一个按钮用于发送 POST 请求。界面中还包含一个
EditText 来显示远程服务器的响应。该程序的界面布局很简单，读者可以参考配套资料中
的代码，此处不再赘述。GET 请求和 POST 请求的代码如下。

```
getBn.setOnClickListener(view -> new Thread(() ->
{
    String str = GetPostUtil.sendGet ( "http://192.168.1.88:8888/abc/a.jsp",
null);
    Message msg = new Message();
    msg.what = 0x123;
    msg.obj = str;
    handler.sendMessage(msg);
}).start());
postBn.setOnClickListener(view -> new Thread(() ->
{
    String str = GetPostUtil.sendPost("http://192.168.1.88:8888/abc/login.jsp",
"name=crazyit.org&pass=leegang");
    Message msg = new Message();
    msg.what = 0x123;
    msg.obj = str;
    handler.sendMessage(msg);
}).start());
```

上述代码中，第 1 行粗体字代码定义了 getBn 按钮组件的监听事件，用于发送 GET 请
求。第 2 行粗体字代码定义了 postBn 按钮组件的监听事件，用于发送 POST 请求。两个按
钮的监听事件中，均调用了 handler.setMessage()方法，发送消息通知 UI 线程更新 UI
组件。

至此，程序就设计完成了。在 Web 服务器中成功部署该应用之后，运行上面的
Android 应用，单击"发送 get 请求"按钮将可以看到如图 4.5 所示的输出。

图 4.5   使用 URLConnection 发送请求

在上述程序界面中,单击"发送 get 请求"按钮,程序将会向服务端应用下的 login.jsp 页面发送请求,并提交 name-crazyit.org&pass＝leegang 请求参数。借助于 URLConnection 类的帮助,应用程序可以非常方便地与指定站点交换信息,包括发送 GET 请求、POST 请求,并获取网站的响应等。

4.1.3   使用 HTTP 方式通信

1. 使用 HttpURLConnection 连接智能家居系统

在 4.1.2 节中,使用 URLConnection 类已经可以非常方便地与指定站点交换信息。该类还包含一个子类 HttURLConnection,其在 URLConnection 类的基础上做了进一步改进,增加了一些用于操作 HTTP 资源的便捷方法,如下。

- int getResponseCode()方法。该方法用于获取服务器的响应代码。
- String getResponseMessage()方法。该方法用于获取服务器的响应消息。
- String getRequestMethod()方法。该方法用于获取发送请求的方法。
- volid setRequestMethod(String method)方法。该方法用于设置发送请求的方法。

使用多线程下载文件可以更快地完成文件的下载,因为客户端启动多个线程进行下载就意味着服务器也需要为该客户端提供相应的服务。假设服务器同时最多服务 100 个用户,在服务器中一条线程对应一个用户,100 条线程在计算机内并发执行,也就是由 CPU 划分时间片轮流执行,如果应用使用了 99 条线程下载文件,那么相当于占用了 99 个用户的资源,自然就拥有了较快的下载速度。

此处需要注意的是,在实际应用中,并不是客户端并发的下载线程越多,程序的下载速度就越快。因为当客户端开启太多的并发线程之后,应用程序需要维护每条线程的开销、线程同步的开销,这些开销反而会导致下载速度降低。为了实现多线程,程序可按如下步骤进行。

(1) 创建 URL 对象。

(2) 获取指定 URL 对象所指向资源的大小,例如,HttpURLConnection 类。

(3) 在本地磁盘上创建一个与网络资源相同大小的空文件。

(4) 计算每条线程应该下载网络资源的哪个部分,即从哪个字节开始,到哪个字节结束。

(5) 依次创建、启动多条线程来下载网络资源的指定部分。

下面通过一个实用的示例来示范使用 HttpURLConnection 实现多线程下载,操作步骤如下。

第 1 步:在 Android Studio 开发环境中,新建一个 MultiThreadDown 的项目。在项目中建立名为"DownUtil"的 Java 类。该类为下载工具类,程序代码较长,此处仅给出核心代码。

```
public void download() throws Exception
{
    URL url = new URL(path);
    HttpURLConnection conn = (HttpURLConnection) url.openConnection();
    conn.setConnectTimeout(5 * 1000);
    conn.setRequestMethod("GET");
    conn.setRequestProperty("Accept-Language", "zh-CN");
    conn.setRequestProperty("Charset", "UTF-8");
    conn.setRequestProperty("Connection", "Keep-Alive");
    fileSize = conn.getContentLength();
    conn.disconnect();
    int currentPartSize = fileSize / threadNum + 1;
    RandomAccessFile file = new RandomAccessFile(targetFile, "rw");
    file.setLength(fileSize);
    file.close();
    for (int i = 0; i < threadNum; i++)
    {
        int startPos = i * currentPartSize;
        RandomAccessFile currentPart = new RandomAccessFile(targetFile,"rw");
        currentPart.seek(startPos);
        threads[i] = new DownThread(startPos, currentPartSize,currentPart);
        threads[i].start();
    }
}
```

上述代码中，第 1 行粗体字代码表示定义 HttpURLConnection 类型的对象 conn。第 2 行粗体字代码表示从网络中得到文件大小。第 3 行粗体字代码表示设置本地文件的大小。第 4 行粗体字代码表示使用 for 循环语句，执行每条线程的下载操作，包括：计算、定位下载位置，以及创建、启动下载线程。

第 2 步：实现 MainActivity 的功能。第 1 步中的 DownUtil 工具类中，包含名为 DownloadThread 的内部类。该内部类的 run()方法中负责打开远程资源的输入流，并调用 InputStream 的 skip(int)方法跳过指定数量的字节，这样就让该线程读取由它自己负责的部分。由于程序代码较长，此处仅给出核心代码。

```
@Override
public void onRequestPermissionsResult (int requestCode,    @NonNull String []
permissions, @NonNull int[] grantResults){
    if (requestCode == 0x456 && grantResults.length == 1&& grantResults[0] ==
PackageManager.PERMISSION_GRANTED){
        downBn.setOnClickListener(view ->{
            downUtil = new DownUtil(url.getText().toString(), target.getText().
toString(), 6);
            new Thread(() ->
            {
                try{
                    downUtil.download();
                }
```

```
        final Timer timer = new Timer();
        timer.schedule(new TimerTask(){
            @Override
            public void run(){
                double completeRate = downUtil.getCompleteRate();
                System.out.println(completeRate);
                Message msg = new Message();
                msg.what = 0x123;
                msg.arg1 = (int) (completeRate * 100);
                handler.sendMessage(msg);
                if (completeRate >= 1){
                    timer.cancel();
                }
            }
        }, 0, 100);
    }).start();
});
    }
}
```

上述代码中,第 1 行粗体字代码表示初始化 DownUtil 对象,其方法的最后一个参数用于指定线程的数量。第 2 行粗体字代码表示线程开始下载。第 3 行粗体字代码表示定义每秒调度获取一次系统的完成进度。第 4 行粗体字代码表示获取下载任务的完成比例。第 5 行粗体字代码表示发送消息通知界面更新进度条。第 6 行粗体字代码表示下载完全后取消任务调度。

上面的 Activity 不仅使用了 DownUtil 来控制程序下载,而且程序还启动了一个定时器,该定时器控制每隔 0.1s 查询一次下载进度,并通过程序中的进度条来显示任务的下载进度。该程序不仅需要访问网络,还需要访问系统 SD 卡,在 SD 卡中创建文件,因此必须授予该程序访问网络、访问 SD 卡文件的权限。

2. 使用 HttpClient 智能家居客户端

在一般情况下,如果只是需要 Web 站点的某个简单页面提交请求并获取服务器响应,完全可以使用前面所介绍的 HttpConnection 来完成。但在绝大部分情况下,Web 站点的网页可能没这么简单,这些页面并不是通过一个简单的 URL 就可访问的,可能需要用户登录而且具有相应的权限才可以访问该页面。在这种情况下,就需要涉及 Session、Cookie 的处理了,如果打算使用 HttpURLConnection 来处理这些细节,当然也是可能实现的,只是处理起来难度就大了。

为了更好地处理向 Web 站点请求,包括处理 Session、Cookie 等细节问题,Apache 开源组织提供了一个 HttpClient 项目,看它的名称就知道,它是一个简单的 HTTP 客户端(并不是浏览器),可以用于发送 HTTP 请求,接收 HTTP 响应。但不会缓存服务器的响应,不能执行 HTML 页面中嵌入的 JavaScript 代码,也不会对页面内容进行任何解析、处理。

在 Android Studio 开发环境中,已经成功地集成了 HttpClient,这意味着开发人员可以直接在 Android 应用中使用 HttpClient 来访问提交请求、接收响应。使用 HttpClient 发送请求、接收响应的步骤如下。

（1）创建 HttpClient 对象。

（2）如果需要发送 GET 请求，创建 HttpGet 对象；如果需要发送 POST 请求，创建 HttpPost 对象。

（3）如果需要发送请求参数，可调用 HttpGet、HttpPost 共同的 setParams（HttpParams params）方法来添加请求参数。对于 HttpPost 对象而言，也可调用 setEntity（HttpEntity entity）方法来设置请求参数。

（4）调用 HttpClient 对象的 execute（HttpUriquest request）发送请求。

（5）调用 HttpResponse 的 getAllHeaders（）、getHeadersString（name）等方法可获取服务器的响应头。调用 HttpResponse 的 getEntity（）方法可获取 HttpEntity 对象，该对象包装了服务器的响应内容，程序可通过该对象获取服务器的响应内容。

下面通过一个实例说明 HttpClient 的通信方式。在应用程序中，需要向指定页面发送请求，但该页面并不是一个简单的页面，只有当用户已经登录，并且用户名是 crazyit.org 时才可访问该页面。访问 Web 应用中被保护的页面，如果使用浏览器则十分简单，用户通过系统提供的登录页面登录系统，浏览器会负责维护与服务器之间的 Session，如果用户登录的用户名、密码符合要求，就可以访问被保护资源了。

为了通过 HttpClient 来访问被保护页面，程序同样需要使用 HttpClient 来登录系统，只要应用程序使用同一个 HttpClient 发送请求，HttpClient 会自动维护与服务器之间的 Session 状态。此处需要注意的是，虽然给出的实例只是访问被保护的页面，但访问其他被保护的资源也与此类似。程序只要第一次通过 HttpClient 登录系统，接下来即可通过该 HttpClient 访问被保护资源了。操作步骤如下。

第 1 步：在 Android Studio 开发环境中，新建一个 HttpClientDown 的项目。项目界面中包含两个 EditText 组件，用于输入用户名和密码。再添加"登录"和"取消"两个 Button 组件。由于本项目的界面布局较为简单，读者可以参考配套资料中的程序，此处不再赘述。

第 2 步：在 MainActivity 中实现程序功能。首先，创建了一个 HttpGet 对象。然后，调用 HttpClient 的 execute（）方法发送 get 请求。接下来，程序调用了 HttpClient 的 execute（）方法发送 POST 请求。由于程序代码较长，此处仅给出核心代码，详细程序请参考配套资料中的程序代码。

```
public void showLogin(View source)
{
    View loginDialog = getLayoutInflater().inflate(R.layout.login, null);
    new AlertDialog.Builder(MainActivity.this)
    .setTitle("登录系统").setView(loginDialog)
    .setPositiveButton("登录", (dialog, which) ->
    {
        String name=((EditText)loginDialog.findViewById(R.id.name)).getText();
        String pass=((EditText)loginDialog.findViewById(R.id.pass)).getText();
        String url = "http://192.168.1.88:8888/foo/login.jsp";
        FormBody body = new FormBody.Builder().add("name", name).add("pass",
pass).build();
        Request request = new Request.Builder().url(url).post(body).build();
        Call call = okHttpClient.newCall(request);
    });
```

```
    })).setNegativeButton("取消", null).show();
}
```

上述代码定义了用于登录的方法 showLogin()。第 1 行粗体字代码表示加载登录界面。第 2～4 行粗体字代码表示设置登录界面的标题和按钮文字。第 5 行粗体字代码表示将用户名和密码加入窗口。

此处需要注意的是,运行该程序需要 Web 应用的支持。读者可先将配套资料中的 foo 应用程序部署到 Web 服务器(如 Tomcat 服务器)中,然后再运行该应用,如图 4.6 所示。

从上述界面可以看出,程序直接向指定 Web 应用的被保护页面发送请求,此时程序无法访问被保护页面。单击页面中的"登录"按钮,系统将会显示登录对

图 4.6　访问被保护的页面

话框,在对话框中分别输入"omryitong"和"leegang",然后单击"登录"按钮,系统将会向登录页面发送 POST 请求,并将用户输入的用户名和密码作为请求参数。登录成功后,HttpClient 将会自动维护与服务器之间的连接,并维护与服务器之间的 Session 状态,再次单击程序中的"访问页面"按钮,即可看到正确的输出。

4.1.4　任务实战:实现智能家居系统网络通信功能

1. 任务描述

运用 Android Studio 开发环境和设计素材,设计并实现智能家居系统网络通信功能,具体要求如下。

(1) 基于 TCP/IP,实现智能家居客户端通信功能。

(2) 使用 URL 方式,实现播放网络视频功能。

(3) 使用 HTTP 方式,实现在 Android 设备的网页中显示网络新闻。

2. 任务分析

根据任务描述,实现基于 TCP 方式的客户端通信功能,应首先创建 TCPserver 类,然后在该类中实现连接客户端的方法(或函数),最后在 Activity 界面中,通过 Intent 方法传递网络参数信息。实现播放网络视频功能,需要网络访问权限,应首先在 AndroidManifest.xml 文件中添加访问网络的权限,然后在本地播放 MainActivity.java 文件的基础上,添加网络视频的 URI,再用 setVideoURI() 设置视频源就可以运行播放网络视频。实现在 Android 设备的网页中显示网络新闻,应首先发送网络请求,该步骤需要在 AndroidManifest.xml 文件中添加访问 Internet 的权限。然后,运用 gson 方式访问服务器的数据资源,该步骤需要在 Android Studio 开发环境中下载 gson 插件。最后,在 fragment 组件中实现资源获取显示。

3. 任务实施

根据任务分析,在智能家居项目主界面中,单击"系统连接"按钮,实现智能家居客户端连接到服务器;单击"视频播放"按钮,实现在智能家居 APP 中播放网络视频;单击"热点资

讯"按钮,在智能家居 APP 页面中显示当前智能家居行业的热点资讯及新闻,具体操作步骤如下。

(1) 添加访问网络的权限。在 Android Studio 开发环境中,打开 smarthome 项目的 AndroidManifest.xml 文件,在与<application>…</application>同级处添加用户名密码登录以及第三方应用登录所需的系统权限,如下。

```
<uses-permission android:name="android.permission.READ_EXTERNAL_STORAGE" />
<uses-permission android:name="android.permission.WRITE_EXTERNAL_STORAGE" />
<uses-permission android:name="android.permission.INTERNET" />
```

(2) 定义连接服务器的 TCPserver 类。该类为 Service 类型,在 Android Studio 开发环境中,单击菜单 File|New|Service,选择 Service 菜单项。在 TCPserver 类中,定义客户端连接服务器的方法。由于代码较长,此处仅给出客户端发送请求的方法 send(),具体代码请参考配套资料中的程序。

```
public static void send(final byte[] arr){
    new Thread(new Runnable() {
        public void run() {
            if (socket.isConnected()) {
                try {
                    output.write(arr);
                } catch (IOException e) {
                    e.printStackTrace();
                }
            }
        }
    }).start();
}
```

(3) 传递网络参数至 Activity 界面。在其他页面中,使用 Intent 类,将要发送的网络属性参数传递到 Activity 界面中,代码如下。

```
Intent intentTCP=new Intent(ListActivity.this,TCPServer.class);
intentTCP.putExtra("IP","120.48.30.130");
intentTCP.putExtra("port","8001");
startService(intentTCP);
```

至此,使用 TCP 方式与智能家居客户端通信的功能便实现了,下面实现播放网络视频功能。

(4) 添加访问 Internet 的权限。添加 Internet 权限的方法,在步骤(1)中已有阐述,此处不再赘述。

(5) 添加视频播放组件。在显示视频的 XML 文件中,添加一个 VideoView 组件,命名为"video"。该组件用于通过 Internet 播放视频文件,其 XML 代码如下。

```
<VideoView
    android:id="@+id/video"
    android:layout_width="300dp"
    android:layout_height="300dp"
```

```
        android:layout_gravity="center"
        android:layout_marginTop="40dp"/>
```

（6）实现"视频播放"按钮的监听事件。在播放视频的 Activity 文件中，定义视频组件
mVideoView 和"播放"按钮 playButton 组件。playButton 按钮的监听事件代码如下。

```
class mClick implements OnClickListener {
    @Override
    public void onClick(View v) {
        String uri2 = "https://flv2.bn.netease.com/videolib1/1811/26/OqJAZ893T/
HD/OqJAZ893T-mobile.mp4";
        mVideoView.setVideoURI(Uri.parse(uri2));
        mMediaController.setMediaPlayer(mVideoView);
        mVideoView.setMediaController(mMediaController);
        if (v == playBtn) {
            mVideoView.start();
        } else if (v == stopBtn) {
            mVideoView.stopPlayback();
        }
    }
}
```

至此，播放网络视频功能已经实现了。接下来，实现在 Android 设备中的网页显示热点
资讯的功能。

（7）修改 application 信息。在 AndroidManifest.xml 文件中，修改 application 结点的
信息，使其能够访问以 https 开头的网络图片，代码为"android:usesCleartextTraffic =
"true""。

（8）导入 gson 依赖。在 build.gradle 文件中导入相关依赖，使其能够访问 gson 格式数
据，代码如下。

```
implementation 'com.google.code.gson:gson:2.8.6'
implementation 'org.xutils:xutils:3.9.0'
```

（9）下载 gson 插件。在 Android Studio 开发环境中，使用 Settings 菜单，下载并安装
名为"GsonFormatPlus"的插件，如图 4.7 所示。

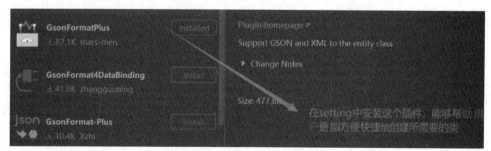

图 4.7　GsonFormatPlus 插件

（10）发送网络请求。在 Activity 文件中，以 fragment 方式，在 onActivityCreated()方
法中发送网络请求。由于代码较长，此处仅给出 onSuccess()方法，具体代码请参考配套资

料中的程序。

```
public void onSuccess(String result) {
    Gson gson = new Gson();
    MovieList movielist = gson.fromJson(result,MovieList.class);
    list1.addAll(movielist.malorie);
    myAdapter.notifyDataSetChanged();
}
```

4.1.5　任务拓展：WebService 实现天气预报功能

在智能家居项目中，可以通过 WebService，以网络方式调用国家气象局的天气服务，获取天气预报数据。在 Android SDK 中并没有提供调用 WebService 的库，因此，需要使用第三方的 SDK 来调用 WebService。

第 1 步：导入 jar 包文件。在 smarthome 项目的 libs 目录中，导入 ksoap2-android-assembly-2.6.5-jar-with-dependencies.jar 文件。该文件位于配套资料中，主要作用是连接国家气象局天气服务。

第 2 步：设计界面。显示天气预报数据的界面较为简单，只需放置一个 ImageView 组件即可，将获取到的数据转换为图片的输入流及输出流。界面设计此处不再赘述。

第 3 步：定义获取天气数据的方法。在 Activity 文件中，定义 showWeather(String city)方法。在该方法中，通过 WebServiceUtil 类，获取气象数据，代码如下。

```
private void showWeather(String city)
{
    String weatherToday = null;
    int iconToday[] = new int[2];
    SoapObject detail = WebServiceUtil.getWeatherByCity(city);
    weatherCurrent = detail.getProperty(4).toString();
    String date = detail.getProperty(7).toString();
    weatherToday = "今天:" + date.split(" ")[0];
    weatherToday = weatherToday + "\n天气:" + date.split(" ")[1];
    weatherToday = weatherToday + "\n气温:"
    + detail.getProperty(8).toString();
    weatherToday = weatherToday + "\n风力:"
    + detail.getProperty(9).toString() + "\n";
    iconToday[0] = parseIcon(detail.getProperty(10).toString());
    iconToday[1] = parseIcon(detail.getProperty(11).toString());
}
```

在上述代码中，第 1 行粗体字代码表示获取远程 WebService 返回的对象，并根据城市获取城市具体天气情况。第 2 行粗体字代码表示获取天气实况。第 3 行粗体字代码表示解析今天的天气情况。

4.2   智能家居云平台数据监测

4.2.1   智能家居云平台项目设置

1. 新建智能家居云平台项目

（1）登录开发者中心。打开新大陆物联网云平台网站 https://www.nlecloud.com，进入到物联网云服务平台的首界面。单击"登录"按钮，输入用户名、密码、验证码，进入开发者中心，如图 4.8 所示。

图 4.8   开发者中心

（2）添加智能家居项目。在开发者中心界面中，单击左上方的 ⊕新增项目 按钮，在弹出的对话框界面中，输入项目名称、行业类别、联网方案、项目简介（非必须项）。其中，项目名称为"智能家居系统"，行业类别选择"智能家居"，联网方案选择 WIFI，如图 4.9 所示。

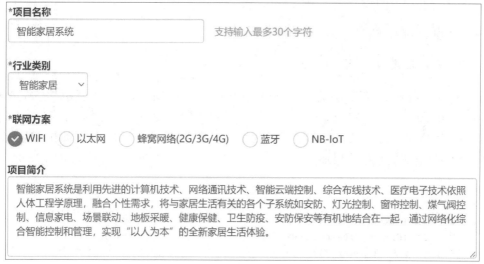

图 4.9   添加智能家居项目

2. 配置智能家居项目参数

（1）添加智能家居设备。在添加完成的智能家居项目中，单击"下一步"按钮，添加智能家居设备。在弹出的对话框中，输入设备名称、通信协议、设备标识，勾选"数据保密性"和"数据上报状态"复选框，单击"确定添加设备"按钮，如图 4.10 所示。

（2）修改设备属性。在"智能家居系统"项目中，单击"设备管理"，进入设备管理界面。再单击右侧"操作"栏目中的 ✐ 按钮，进入编辑设备属性的页面。在此页面中，可以修改设备名称、通信协议、设备标识、数据保密性、数据上报状态等信息，还可以编辑设备图片，指定

*设备名称

温湿度传感器 支持输入最多30个字符

*通信协议

✓ TCP ○ MQTT ○ CoAP ○ HTTP ○ LWM2M ○ ModbusTCP ○ TCP透传 ?

*设备标识

Temp_Hum ! 英文、数字或其组合6到30个字符 解绑被占用的设备

数据保密性

✓ 公开(访客可在浏览中阅览设备的传感器数据)

数据上报状态

✓ 马上启用（禁用会使设备无法上报感知数据）

确定添加设备 关闭

图 4.10 添加设备

当前设备所处位置（定位）。

4.2.2 温湿度数据监测

1. 新建温湿度监测的 Java 方法

在 Android Studio 开发环境中，打开帮助类 Utils.java 文件，在其中新建一个成员函数 get_temp_humi。该函数用于通过串口获取云平台中的温度与湿度数据，并通过 Serial 串口类将采集的数据显示在界面的标签中。为了便于显示，温度与湿度数据采用整数类型的格式。温湿度监测的程序代码如下。

```
public void get_temp_humi()                          //获取温湿度数据子函数
{
    HH = int(dht.readHumidity());                    //获得湿度
    TT = int(dht.readTemperature());                 //获得温度
    Serial.print("Temp: ");                          //串口显示温湿度信息
    Serial.println(TT);
    Serial.print("Humi: ");
    Serial.println(HH);
}
```

上述代码定义了名为“get_temp_humi”的获取温湿度的方法，该方法无返回值，通过 Serial 串口类将采集的数据显示在界面中。第 1 行和第 2 行粗体字代码表示定义温度和湿度变量，并强制转换为整型数据类型；第 3～6 行粗体字代码表示通过 Serial 串口类将采集的数据显示在界面的标签中。

2. 显示温湿度传感器设备数据

通过定义的 get_temp_humi()方法,将从传感器中读取到的温度和湿度数据以串口的形式发送。在 activity_data_collect 界面中,调用标签组件的 setText()方法,将温度和湿度数据显示在 tempvalue 组件和 humvalue 组件中。显示的温湿度数据通过字符串格式化函数,仅显示整数部分。代码如下。

```
tvTemperature = (TextView) findViewById(R.id.tvTemperatureValue);
tvHumidity = (TextView) findViewById(R.id.tvHumidityValue);
protected void onResponse(BaseResponseEntity<List<SensorInfo>> arg0) {
    List<SensorInfo> sensorInfos = arg0.getResultObj();
    for (SensorInfo sensorInfo : sensorInfos) {
        if (sensorInfo.getApiTag().equals(humApiTag)) {
            tvHumidity.setText(sensorInfo.getValue() + sensorInfo.getUnit());
        } else if (sensorInfo.getApiTag().equals(temApiTag)) {
            tvTemperature.setText(sensorInfo.getValue() + sensorInfo.getUnit());
        }
    }
}
```

上述代码定义了在界面中显示温度和湿度的回调方法。第 1 行和第 2 行粗体字代码表示将代码中定义的温度及湿度对象,与界面中的温度标签、湿度标签相关联;第 3 行粗体字代码表示定义温度和湿度的回调方法,其参数为列表类型;第 4 行和第 5 行粗体字代码调用 setText()方法,将温度和湿度数据显示在 tempvalue 组件和 humvalue 组件中,并将数据格式化。

4.2.3　光照度数据监测

1. 新建光照度监测的 Java 方法

在 Android Studio 开发环境中,打开帮助类 Utils.java 文件,在该文件中新建一个成员方法 get_light()。该方法用于通过串口获取云平台中的光照数据,并通过调用 Serial 串口类的 print()方法,将数据显示在界面中。为便于显示,光照度数据采用整数类型的格式。光照度监测的程序代码如下。

```
public void get_light()
{
    LL = int(light.readLight());
    Serial.print("Light: ");
    Serial.println(LL);
}
```

上述代码定义了名为“get_light”的获取光照度的方法,该方法无返回值,通过 Serial 串口类将采集的数据显示在界面中。第 1 行粗体字代码表示定义光照度变量,并强制转换为整型数据类型;第 2～3 行粗体字代码表示通过 Serial 串口类将采集的数据显示在界面的标签中。

2. 显示光照度传感器设备数据

通过定义的 get_light() 方法，将从传感器中读取到的光照度数据以串口的形式发送至接收端。在 activity_data_collect 界面中，调用标签组件的 setText() 方法，将光照度数据显示在 lightvalue 组件中。显示的光照数据通过字符串格式化函数，仅显示整数部分。代码如下。

```
private tvLight = (TextView) findViewById(R.id.tvLightValue);
@Override
protected void onResponse(BaseResponseEntity<SensorInfo> arg0) {
    SensorInfo sensorInfo=arg0.getResultObj();
    tvLight.setText(sensorInfo.getValue());
}
```

上述代码定义了在界面中显示温度和湿度的回调方法。第 1 行粗体字代码表示将代码中定义的光照度对象，与界面中的光照度标签相关联；第 2 行粗体字代码表示定义获取光照度的回调方法，其参数为列表类型；第 3 行粗体字代码调用 setText() 方法，将光照度数据显示在 lightvalue 组件中，并将数据格式化。

4.2.4 人体运动状态数据监测

1. 新建人体红外监测的 Java 方法

在 Android Studio 开发环境中，打开帮助类 Utils.java 文件，在其中新建一个成员函数 get_body。该函数用于通过串口获取云平台中的人体运动感知数据，并通过 Serial 串口类将感知到的人体运动数据显示在界面中。为了便于显示，感知人体运动的结果为"有人"或"无人"。人体红外监测的程序代码如下。

```
public int get_body()
{
    boolean body = Body.getbody();
    if(body) {
        return 1;                          //表示有人
    }else{
        return 0;                          //表示无人
    }
}
```

上述代码定义了名为"get_body"的获取人体运动状态的方法。该方法的返回值类型为整型，通过 return 语句，将结果返回给主调函数。第 1 行粗体字代码表示调用 Body 对象的 getbody() 方法获取人体运动状态，并赋值给布尔类型的变量 body；第 2 行粗体字代码通过 if 语句判断 body 变量的值。若 body 值为真，则返回数字 1，表示有人状态；若 body 值为假，则返回数字 0，表示无人状态。

2. 显示人体红外传感器设备数据

通过定义的 get_body() 方法，将从人体红外传感器中读取到的人体运动状态数据发送到物联网中心网关。在 activity_data_collect 界面中,调用标签组件的 setText()方法,将人体运动状态数据显示在 bodyvalue 组件中。显示的人体运动状态数据通过字符串格式化函数返回"有人"或"无人"结果。代码如下。

```
private tvPersonValue = (TextView) findViewById(R.id.bodyvalue);
@Override
protected void onResponse(BaseResponseEntity<SensorInfo> arg0) {
    if ("1".equals(arg0.getResultObj().getValue())) {
        str = "有人";
    } else {
        str = "无人";
    }
    tvPersonValue.setText(str);
}
```

上述代码定义了在界面中显示人体运动状态的回调方法。第 1 行粗体字代码表示将代码中定义的人体运动对象,与界面中的人体运动状态标签组件相关联;第 2 行粗体字代码表示定义人体运动状态的回调方法,其参数为列表类型;第 3 行粗体字代码通过 if 语句,判断参数中的人体运动状态数据是否为数字 1,若为数字 1,表示有人,否则表示无人;第 4 行粗体字代码调用 setText()方法,将人体运动状态数据显示在 tvPersonValue 表示的标签组件中,并将数据格式化。

4.2.5　任务实战:实现智能家居云平台数据监测功能

1. 任务描述

运用 Android Studio 开发环境和设计素材,设计并实现智能家居云平台数据监测功能,要求如下。

(1) 在数据监测界面中,可实时显示温度、湿度、光照度、二氧化碳含量、是否有烟雾、是否有火焰、人体运动状态等信息,数据不可修改。

(2) 在数据监测界面中,可选择数据刷新的时间间隔,默认为 10s。

(3) 在数据监测界面中,单击"开始监测"按钮,界面中开始显示数据;单击"停止监测"按钮,中止数据采集,再单击"开始监测"按钮后恢复。

2. 任务分析

根据任务描述,实时显示采集的环境数据,且数据不可修改,应采用 TextView 标签组件,并设置默认值。数据刷新时间采用选择的方式,可使用 Spinner 组件,并将该组件设置为下拉列表模式,添加各列表项,其值为时间间隔,范围为 1~30s。通过单击按钮的方式开始或停止数据采集,可在界面中添加两个按钮组件,并设置其监听事件。再定义线程,通过监听事件的方法发送消息,间隔一段时间获取数据。

3. 任务实施

根据任务分析,在智能家居工程项目的 activity_data_collect.xml 界面文件中,放置标签组件、Spinner 组件和按钮组件。单击"开始监测"按钮,界面中开始显示数据;单击"停止监测"按钮,中止数据采集,再单击"开始监测"按钮后恢复。具体步骤如下。

(1) 添加连接云平台的 jar 文件。在 Android Studio 开发环境中,将 nlecloudII.jar 文件复制到 libs 目录中。在该文件上右击,在弹出的快捷菜单中选择 Add as Library 选项,将 nlecloudII.jar 编译为 Android Studio 支持的库文件。

(2) 导入连接云平台的头文件。在 DataCollectActivity.java 代码文件中,首先引入 nlecloudII.jar 文件编译后的头文件。该头文件用于连接物联网云平台、采集数据、处理数据、配置云平台信息。头文件所在的包名为"cn.com.newland.nle_sdk",代码如下。

```
import cn.com.newland.nle_sdk.requestEntity.SignIn;
import cn.com.newland.nle_sdk.responseEntity.User;
import cn.com.newland.nle_sdk.responseEntity.base.BaseResponseEntity;
import cn.com.newland.nle_sdk.util.NCallBack;
import cn.com.newland.nle_sdk.util.NetWorkBusiness;
import com.nlecloud.nlecloud.R;
```

(3) 连接智能家居项目云平台。在 DataCollectActivity.java 代码文件中新建一个 signin()方法。该方法用于连接并登录智能家居云平台,在方法中,首先定义用户名和密码变量,并读取输入的用户名及密码字符串。然后,调用 NetWorkBusiness 类的构造方法,初始化对象,构造方法的参数为云平台的网址 https://api.nlecloud.com。最后,重写 onResponse()方法,在回调函数中,实现连接云平台功能。

```
private void signin() {
    String userName = mEtUserName.getText().toString().trim();
    String pwd = mEtPassWord.getText().toString().trim();
    final NetWorkBusiness netWorkBusiness = new NetWorkBusiness("", "http://api.
nlecloud.com");
    netWorkBusiness.signIn(new SignIn(userName, pwd),new NCallBack
<BaseResponseEntity<User>>(getApplicationContext()) {
        @Override
        protected void onResponse(BaseResponseEntity<User> response) {
            if(response.getStatus()==0){
                String accessToken = response.getResultObj().getAccessToken();
                DataStore.token = accessToken;
                Intent intent = new Intent(MainActivity.this, HomeActivity.class);
                Bundle bundle = new Bundle();
                intent.putExtras(bundle);
                startActivity(intent);
                finish();
            }else{
                Toast.makeText(getApplicationContext(), response.getMsg(),
Toast.LENGTH_SHORT).show();
            }
        }
    });
}
```

上述代码定义了连接智能家居云平台的方法 signin()。第 1 行粗体字代码表示调用 NetWorkBusiness 类的构造方法,通过云平台网址,初始化云平台对象。第 2 行粗体字代码表示调用 netWorkBusiness 对象的 signIn()方法,通过用户名和密码连接智能家居云平台,其参数为回调方法。第 3 行粗体字代码表示根据回调对象 response 的状态,判断登录信息是否正确,若正确,则进入智能家居数据采集界面;若不正确,则通过 Toast 消息显示错误信息。

(4) 获取智能家居云平台数据。在 DataCollectActivity.java 代码文件中,新建一个 myclick()方法。该方法根据界面中"开始监测"按钮和"停止监测"按钮的 ID,响应其单击事件。在单击事件中,设置轮询时间,即刷新数据的时间,并显示采集的数据,代码如下。

```java
public void myclick(View v) {
    switch (v.getId()) {
    case R.id.btSet:
        if(etTime.getText().toString().trim().equals("")){
            Toast.makeText(this,"设置时间不能为空!",Toast.LENGTH_SHORT).show();
        }else{
            mAppAction.setTimeSpan(Integer.parseInt(etTime.getText().toString().trim()),new ActionCallbackListener<ApiResponse<String>>() {
                @Override
                public void onSuccess(ApiResponse<String> data) {
                    Toast.makeText(this,"数据采集成功",Toast.LENGTH_SHORT).show();
                }
                @Override
                public void onFailure(String errorEven, String message) {
                    Toast.makeText(this, message, Toast.LENGTH_SHORT).show();
                }
            });
        }
        break;
    default:
        break;
    }
}
```

上述代码定义了"开始监测"按钮和"停止监测"按钮的响应事件 myclick。第 1 行粗体字代码使用 switch 语句,根据按钮的 ID,判断当前单击的按钮。第 2 行粗体字代码通过 if 条件语句,判断刷新时间设置是否正确。第 3 行和第 4 行粗体字代码重写了获取数据成功及失败的回调函数 onSuccess()方法和 onFailure()方法,通过 Toast 消息显示当前数据采集的状态。

4.2.6　任务拓展:实现云平台数据上报功能

在智能家居项目中,除了可以使用 Android Studio 开发环境采集、处理云平台数据外,还可以实现数据上报功能。例如,可以将 ZigBee 数据、Lora 数据、NB-IOT 数据实时上传至物联网云平台。在云平台中上报数据,需首先将设备连接到智能家居项目中,步骤如下。

(1) 获取 Android 设备连接密钥。将智能家居设备(传感器、网关、终端设备等)通过 TCP 接入智能家居云平台,通过数据报文与云平台交互。在云平台的开发设置中,申请设备传输密钥。此密钥是智能家居设备连接云平台的唯一标识,是需要在 Android Studio 开发环境中调用的 API Key，如图 4.11 所示。

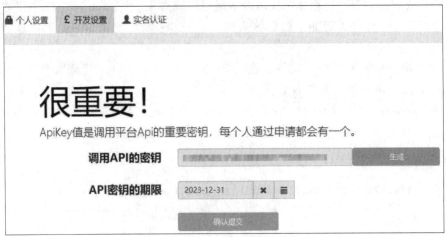

图 4.11　Android 设备连接密钥

（2）添加网络权限。在 Android Studio 开发环境中，打开 AndroidManifest.xml 文件，添加使用 Internet 的权限，该权限用于 Android 设备通过网络连接到物联网云平台，代码如下。

```
<uses-permission android:name="android.permission.INTERNET"/>
```

（3）初始化串口监听器。在 Android Studio 开发环境中，打开 DataCollectActivity.java 代码文件，在 onCreate()方法之前，定义用于访问云平台的串口方法，并在 onCreate()方法中初始化串口，代码如下。

```
SerialPortEx serialPortEx=new SerialPortEx("COM1",9600);
String value="";
@Override
protected void onCreate(Bundle savedInstanceState) {
    super.onCreate(savedInstanceState);
    setContentView(R.layout.activity_main);
    serialPortEx.Open();
    serialPortEx.setOnDataReceiveListener(new OnDataReceiveListener() {
        @Override
        public void onDataReceive(byte[] bytes, int i) {
            value=new String(bytes);
        }
    });
}
```

上述代码实现了用于连接物联网云平台的串口方法，并实例化。第 1 行粗体字代码表示初始化串口对象 serialPortEx，并设置连接端口为 COM1，波特率为 9600。第 2 行粗体字代码表示调用 serialPortEx 对象的 Open()方法，打开串口。第 3 行粗体字代码表示设置 serialPortEx 对象的接收数据的监听器方法。第 4 行粗体字代码表示接收串口发送的数据，赋值给 value 变量。

（4）上报数据。在智能家居云平台中，打开实时数据功能，实时显示采集的数据。在串口监听器中,对数据做部分处理,随后再接收串口数据。在第(3)步定义的监听器中,上报接收到的数据,代码如下。

```
serialPortEx.setOnDataReceiveListener(new OnDataReceiveListener() {
    @Override
    public void onDataReceive(byte[] bytes, int i) {
        //数据接收函数
        receive=new byte[i];
        System.arraycopy(bytes,0,receive,0,i);
        value=new String(receive);                  //去除多余数据
        System.out.println("串口接收数据:"+value);
        report(value);                              //调用上报数据函数
    }
});
```

上述代码重写了 onDataReceive()方法,实现了采集数据上报功能。第 1 行粗体字代码表示重写 onDataReceive()方法,其参数为字节类型的数组。第 2 行粗体字代码表示从字节数组中获取数据,赋值给 receive 变量。第 3 行粗体字代码表示去除 receive 变量中的冗余数据,并将结果赋值给 value 变量。第 4 行粗体字代码表示调用 report()方法,将 value 变量中的数据上报至智能家居云平台。

4.3　智能家居 ZigBee 数据监测

4.3.1　智能家居 ZigBee 无线传感网

1. 智能家居设备 ZigBee 组网

在智能家居系统中,ZigBee 网络初始化由网络协调器发起。在组建网络前,需要判断本结点还没与其他网络连接。如果结点已经与其他网络连接时,此结点只能作为该网络的子结点。一个 ZigBee 网络中有且仅有一个 ZigBee 协调器,一旦网络建立好了,协调器就退化成路由器的角色,甚至是可以去掉协调器的,这一切得益于 ZigBee 网络的分布式特性。ZigBee 组网流程如图 4.12 所示。

2. Android Studio 连接 ZigBee 设备

Android Studio 开发环境连接 ZigBee 设备的步骤如下。

第 1 步:从串口接收指令信息。根据指令信息连接对应的 ZigBee 设备,此时,ZigBee 设备的工作模式应设置为协调器模式,可使用相关的编程工具对其改编。

第 2 步:建立 Android 服务端。在 Android 系统中建立一个基于 TCP 的服务端,用于 Android 客户端连接。当有连接传入时,即可发送控制指令控制客户端运行。

第 3 步:定义 ZigBee 设备对象。在 MainActivity.java 代码文件中,定义各类智能家居系统中的 ZigBee 设备对象,并以 Handler 线程访问。以下代码为通过发送消息启动服务器,并连接设备对象。

```
ZigBee.addLast("zigbee", new ProtocolCodecFilter(new TextLineCodecFactory()));
```

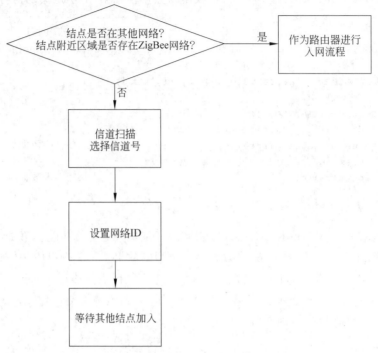

图 4.12 .ZigBee 组网流程图

```
ZigBee.setHandler(new SimpleMinaServerHandler());
int port = 5555;
try {
    ZigBee.bind(new InetSocketAddress(port));
    Toast.makeText(MainActivity.this, "服务器启动完毕", Toast.LENGTH_SHORT).show();
}
catch (IOException e) {
    e.printStackTrace();
}
```

上述代码中，第 1 行粗体字代码表示定义连接 ZigBee 设备的协议；第 2 行粗体字代码表示设备 ZigBee 对象的 Handler 消息传递机制；第 3 行粗体字代码指定连接 ZigBee 设备的端口；第 4 行粗体字代码表示以 Socket 方式，将网络地址绑定到 ZigBee 设备中。

4.3.2 烟雾数据监测

1. 定义烟雾监测的 Java 方法

在 Android Studio 开发环境中，打开帮助类 Utils.java 文件，在其中新建一个成员方法 get_smoke()。该函数用于通过 ZigBee 模块，获取物联网中心网关中的烟雾数据，并将采集的数据显示在界面的标签中。为便于显示，烟雾数据表示为"有烟雾"或"无烟雾"。烟雾监测的程序代码如下。

```
public int get_smoke(){
    boolean smoke = Smoke.getsmoke();
```

```
if(smoke)
    return 1;                                    //表示有烟雾
else
    return 0;                                    //表示无烟雾
}
```

上述代码定义了名为"get_ smoke()"的获取烟雾状态的方法。该方法的返回值类型为整型,通过 return 语句,将结果返回给主调函数。第 1 行粗体字代码表示调用 Smoke 对象的 getsmoke()方法获取烟雾状态数据,并赋数据值给布尔类型的变量 smoke;第 2 行粗体字代码通过 if 语句,判断 smoke 变量的值。若 smoke 值为真,则返回数字 1,表示"有烟雾";若 smoke 值为假,则返回数字 0,表示"无烟雾"。

2. 读取烟雾传感器设备数据

通过定义的 get_smoke()方法,将从烟雾传感器中读取到的烟雾状态数据发送到物联网中心网关。在 activity_data_collect 界面中,调用标签组件的 setText()方法,将烟雾状态数据显示在 smokevalue 组件中。显示的烟雾状态数据通过字符串格式化函数返回"有烟雾"或"无烟雾"。代码如下。

```
import com.nle.mylibrary.forUse.zigbee.FourChannelValConvert;
import com.nle.mylibrary.forUse.zigbee.Zigbee;
if ("socket".equals(Util.MODE)) {
    zigbee = new Zigbee(DataBusFactory.newSocketDataBus("192.168.0.200", 950));
} else {
    zigbee = new Zigbee(DataBusFactory.newSerialDataBus(2, 38400));
}
```

上述代码定义了通过 ZigBee 方式获取烟雾数据的方法。第 1 行和第 2 行粗体字代码表示引入 ZigBee 相关的头文件,用于连接 ZigBee 模块。第 3 行粗体字代码表示通过指定IP 地址和波特率,连接 ZigBee 模块。

4.3.3　火焰数据监测

1. 新建火焰监测的 Java 方法

在 Android Studio 开发环境中,打开帮助类 Utils.java 文件,在其中新建一个成员方法 get_fire()。该函数用于通过 ZigBee 模块,获取物联网中心网关中的火焰数据,并将采集的数据显示在界面的标签中。为便于显示,烟雾数据表示为"有火焰"或"无火焰"。火焰监测的程序代码如下。

```
public int get_fire(){
    boolean fire = Fire.getfire ();
    if(fire)
        return 1;                                //表示有火焰
    else
        return 0;                                //表示无火焰
}
```

上述代码定义了名为"get_fire()"的获取火焰状态的方法。该方法的返回值类型为整型，通过 return 语句，将结果返回给主调函数。第 1 行粗体字代码表示调用 Fire 对象的 getfire()方法获取火焰状态数据，并赋数据值给布尔类型的变量 fire；第 2 行粗体字代码通过 if 语句，判断 fire 变量的值。若 fire 值为真，则返回数字 1，表示"有火焰"；若 fire 值为假，则返回数字 0，表示"无火焰"。

2. 读取火焰传感器设备数据

通过定义的 get_fire()方法，将从火焰传感器中读取到的火焰状态数据发送到物联网中心网关。在 activity_data_collect 界面中，调用标签组件的 setText()方法，将火焰状态数据显示在 firevalue 组件中。显示的火焰状态数据通过字符串格式化函数返回"有火焰"或"无火焰"。代码如下。

```
private TextView tvFire = findViewById(R.id.firevalue);
if ("socket".equals(Util.MODE)) {
    zigbee = new Zigbee(DataBusFactory.newSocketDataBus("192.168.0.200", 950));
    tvFire.setText(zigbee.getFire() + "");
}
```

上述代码定义了获取火焰状态的方法。第 1 行粗体字代码表示定义 TextView 类型的对象 tvFire，并与界面中的 firevalue 组件相关联。第 2 行粗体字代码调用 ZigBee 类的构造方法 newSocketDataBus()连接 ZigBee 网络，参数为 IP 地址和端口号。第 3 行粗体字代码表示调用 ZigBee 对象的 getFire()方法获取火焰状态数据，并通过 setText()方法显示在 tvFire 表示的标签组件中。

4.3.4 二氧化碳数据监测

1. 新建二氧化碳监测的 Java 方法

在 Android Studio 开发环境中，打开帮助类 Utils.java 文件，在其中新建一个成员函数 get_CO2。该函数用于通过串口获取云平台中的二氧化碳数据，并通过 Serial 串口类将采集的数据显示在界面的标签中。为便于显示，二氧化碳数据采用浮点数类型的格式。二氧化碳监测的程序代码如下。

```
public void get_CO2()
{
    CO2 = float(Co2.getco2);
    Serial.print("CO2: ");
    Serial.println(CO2);
}
```

上述代码定义了名为"get_CO2"的获取二氧化碳含量的方法，该方法无返回值，通过 Serial 串口类将采集的数据显示在界面中。第 1 行粗体字代码表示定义二氧化碳变量，并强制转换为浮点数类型；第 2～3 行粗体字代码表示通过 Serial 串口类将采集的数据显示在界面的标签中。

2. 读取二氧化碳传感器设备数据

通过定义的 get_co2()方法,将从二氧化碳传感器中读取到的二氧化碳状态数据发送到物联网中心网关。在 activity_data_collect 界面中,调用标签组件的 setText()方法,将二氧化碳状态数据显示在 co2value 组件中。显示的二氧化碳状态数据通过字符串格式化函数,显示其百分比。代码如下。

```
private TextView tv4CO2 = findViewById(R.id.tv4CO2);
if ("socket".equals(Util.MODE)) {
    zigbee = new Zigbee(DataBusFactory.newSocketDataBus("192.168.0.200", 950));
    tv4CO2.setText(FourChannelValConvert.getCO2(vals[0]) + "");
}
```

上述代码定义了获取二氧化碳状态的方法。第 1 行粗体字代码表示定义 TextView 类型的对象 tv4CO2,并与界面中的 co2value 组件相关联。第 2 行粗体字代码调用 ZigBee 类的构造方法 newSocketDataBus 连接 ZigBee 网络,参数为 IP 地址和端口号。第 3 行粗体字代码表示调用 ZigBee 对象的 getCO2()方法获取二氧化碳状态数据,并通过 setText()方法显示在 tv4CO2 表示的标签组件中。

4.3.5　任务实战:智能家居 ZigBee 无线传感网数据采集

1. 任务描述

运用 Android Studio 开发环境和设计素材,设计并实现智能家居 ZigBee 数据监测功能,要求如下。

(1) 在数据监测界面中,实时显示烟雾状态,显示结果为"有烟雾"或"无烟雾"。

(2) 在数据监测界面中,实时显示火焰状态,显示结果为"有火焰"或"无火焰"。

(3) 在数据监测界面中,实时显示二氧化碳含量数据,显示结果为百分比数据。

2. 任务分析

根据任务描述,烟雾、火焰、二氧化碳数据显示均采用 TextView 标签组件,在 DataCollect.java 文件中,调用其 setText()方法,将采集的数据显示在标签组件中。其中,烟雾状态和火焰状态显示为"有"或"无",需要使用 if 条件语句,将接收到的整型数据类型,转换为对应的字符串("有"或"无")。

3. 任务实施

根据任务分析,在智能家居工程项目的 activity_data_collect.xml 界面文件中,放置标签组件、文本框组件和按钮组件。单击"开始监测"按钮,界面中开始显示烟雾状态、火焰状态,以及二氧化碳含量的数据;单击"停止监测"按钮,中止数据采集,再单击"开始监测"按钮后恢复。具体步骤如下。

(1) 添加连接 ZigBee 的 jar 文件。在 Android Studio 开发环境中,将 hardware.jar 文件和 hardware-source 文件复制到 libs 目录中。在这两个文件上右击,在弹出的快捷菜单中选择 Add as Library 选项，将两个 jar 包文件编译为 Android Studio 支持的库文件。

（2）导入连接 ZigBee 网络的头文件。在 DataCollectActivity.java 代码文件中，首先引入由 hardware.jar 和 hardware-source 文件编译后的头文件。此类头文件用于连接 ZigBee 网络、采集数据、处理数据、配置 ZigBee 组件。头文件所在的包名为 com.nle.mylibrary，代码如下。

```
import com.nle.mylibrary.forUse.zigbee.FourChannelValConvert;
import com.nle.mylibrary.forUse.zigbee.Zigbee;
import com.nle.mylibrary.transfer.DataBusFactory;
```

（3）连接 ZigBee 网络。在 DataCollectActivity.java 代码文件中，定义一个 ZigBee 对象，该对象用于连接 ZigBee 网络。然后，调用 Util 帮助类中的 MODE 方法，该方法用于判断当前的网络连接方式，以及连接的 ZigBee 网络是否成功。程序代码如下。

```
private Zigbee zigbee;
if ("socket".equals(Util.MODE)) {
    zigbee = new Zigbee(DataBusFactory.newSocketDataBus("192.168.0.200", 950));
} else {
    zigbee = new Zigbee(DataBusFactory.newSerialDataBus(2, 38400));
}
```

上述代码定义了连接 ZigBee 网络的方法。第 1 行粗体字代码表示定义 ZigBee 类的对象 zigbee，该对象用于和 ZigBee 组件通信。第 2 行粗体字代码表示调用 Util 帮助类中的 MODE 方法，通过 if 条件语句判断当前的 ZigBee 网络连接方式。第 3 行粗体字代码表示由 IP 地址和网络端口号连接至 ZigBee 网络。第 4 行粗体字代码表示由 ZigBee 端口号和波特率连接至 ZigBee 网络，其中波特率为 38400，表示传感器。

（4）获取 ZigBee 传感器数据。在 DataCollectActivity.java 代码文件的 onCreate() 方法中，定义烟雾、火焰、二氧化碳 3 个标签组件，并与界面中对应的组件相关联。然后，调用各标签组件的 setText() 方法，在其参数中调用 zigbee 对象的 getXXX() 方法，获取烟雾、火焰、二氧化碳的数据。程序代码如下。

```
protected void onCreate(Bundle savedInstanceState) {
    super.onCreate(savedInstanceState);
    setContentView(R.layout.activity_data_collect);
    tvSmoke = findViewById(R.id.tvSmoke);
    tvFire = findViewById(R.id.tvFire);
    tv4CO2 = findViewById(R.id.tv4CO2);
    tvSmoke.setText(zigbee.getSmoke() + "");
    tv4CO2.setText(FourChannelValConvert.getCO2(vals[0]) + "");
    tvFire.setText(zigbee.getFire() + "");
}
```

上述代码定义了通过 ZigBee 传感器获取烟雾状态、火焰状态、二氧化碳含量的方法。第 1～3 行粗体字代码表示定义烟雾、火焰、二氧化碳 3 个 TextView 组件，并与界面中对应的组件相关联。第 4～6 行粗体字代码表示调用 zigbee 对象的 getXXX() 方法，获取烟雾状态、火焰状态、二氧化碳含量数据。

4.3.6　任务拓展：Android Studio 通过串口与 ZigBee 底层通信

　　ZigBee 协议实现的无线传感网络（WSN），由 ZigBee 协议的传感结点组成，完成数据采集、处理、上传，执行控制命令。Android Studio 实现的智能家居系统，由 RS232 通信、数据解析、持久化层、面向移动终端的 Web 通信等模块组成。因此，Android Studio 十分适合通过串口与 ZigBee 实现底层通信。一般来说，可以建立一个线程类，用于发送及接收 ZigBee 传感器的数据，程序代码如下。

```
private class ReadThread extends Thread {
    @Override
    public void run() {
        super.run();
        while (!isInterrupted()) {
            int size;
            try {
                byte[] buffer = new byte[512];
                if (mInputStream == null) return;
                    size = mInputStream.read(buffer);
                    if (size > 0) {
                        Thread.sleep(30);//保证接收完毕
                        size = mInputStream.read(buffer);
                        onDataReceived(buffer, size);
                    }
            } catch (IOException e) {
                e.printStackTrace();
                return;
            } catch (InterruptedException e) {
                e.printStackTrace();
            }
        }
    }
}
```

　　上述代码定义了一个名为 ReadThread 的线程，并重写了 run() 方法，实现了 ZigBee 数据的发送及接收功能。第 1 行粗体字代码表示定义一个字节类型的数组 buffer，用于存储数据。第 2 行粗体字代码以输入流的方式读取 buffer 数组中的内容。第 3 行粗体字代码调用 onDataReceived() 接收消息的监听事件。

4.4　智能家居视频监控功能

4.4.1　家居环境实时监控

1.设置视频监控的使用权限

　　智能家居系统中，通过网络摄像头实现视频监控功能。在 Android 设备中，需要使用摄像头的权限。因此，需要在 AndroidManifest.xml 文件中加入对应的权限，包括第三方摄像头权限、前置摄像头权限、后置摄像头权限，以及摄像头自动对焦的权限。视频监控所需使用的权限如下。

```
<uses-permission android:name="android.permission.CAMERA" />
<uses-permission android:name="android.hardware.camera" />
< uses - permission  android: name =" android. hardware. camera. front" android:
required="false"/>
<uses-permission android:name="android.hardware.camera.front.autofocus" />
<uses-permission android:name="android.hardware.camera.autofocus" />
<uses-permission android:name="android.hardware.camera2" />
```

上述权限代码中，第 1 行和第 2 行代码表示申请摄像头（包括内置和外置）权限；第 3 行和第 4 行代码表示申请 Android 设备前置摄像头的权限；第 5 行代码表示申请摄像头的对焦权限；第 6 行代码表示申请后置摄像头的权限。各类权限均以 uses-permission 作为关键字，申请权限的顺序可以调整。

2. 新建视频监控的 Java 方法

在 Android Studio 开发环境中，打开帮助类 Utils.java 文件，在其中新建一个成员方法 Mornit()。该函数用于通过 ZigBee 模块，获取物联网中心网关中的烟雾数据，并将采集的数据显示在界面的标签中。为便于显示，烟雾数据表示为"有烟雾"或"无烟雾"。烟雾监测的程序代码如下。

```
public Bitmap Mornit(){
    int t = 0;
    while (t < len)
    {
        t += bufferedInputStream.read(buffer, t, len - t);
    }
    bytesToImageFile(buffer, "0A.jpg");
    final Bitmap bitmap = BitmapFactory.decodeFile("sdcard/0A.jpg");
    runOnUiThread(new Runnable(){
        @Override
        public void run()
        {
            return imageView.setImageBitmap(bitmap);
        }
    });
}
```

上述代码定义了名为"Monit"的获取监控画面的方法。该方法的返回类型为 Bitmap，返回内容为当前的监控画面。第 1 行粗体字代码表示通过输入流的方式读取缓存中的视频帧，并将其赋值给变量 t。第 2 行粗体字代码表示为读取的视频帧命名，并转换为 Image 类型的图片。第 3 行粗体字代码表示将转换后的图片显示为画面图片，并返回至主调函数。

3. 连接网络摄像头

在 Android Studio 开发环境的 libs 目录中，加入配套资料中的 ipcamera.jar 文件。该文件为 Android Studio 开发环境连接网络摄像头的驱动文件包,其作用是通过 IP 地址和端口号,连接智能家居项目中的网络摄像头。打开 VideoMonitorActivity.java 文件,在与 onCreate()方法相同层级处,定义 initCameraManager()方法,该方法用于连接网络摄像头,并初始化其状态,程序代码如下。

```java
private void initCameraManager() {
    String userName = etUserName.getText().toString();
    String pwd = etPwd.getText().toString();
    String ip = etIP.getText().toString();
    String channel = etChannel.getText().toString();
    cameraManager = CameraManager.getInstance();
    cameraManager.setupInfo(textureView, userName, pwd, ip, channel);
}
```

上述代码定义了连接并初始化网络摄像头的方法 initCameraManager()。第 1 行粗体字代码表示调用 ipcamera.jar 文件中的 CameraManager 类,获取摄像头对象的实例对象 cameraManager。第 2 行粗体字代码表示调用 cameraManager 对象的 setupInfo()方法,设置连接摄像头的参数。其参数为用户名、密码、IP 地址、频道号,参数在 activity_video_monitor.xml 界面中输入。

4.4.2　视频监控方向调节

1. 调用摄像头监控方向的函数

在 Android Studio 开发环境的 libs 目录中,打开摄像头驱动文件 ipcamera.jar。该文件提供了控制摄像头相关操作的函数与方法,其作用是通过调用接口函数,控制摄像头执行相关的操作。通过调用该驱动包中的控制摄像头的方法,调整摄像头的方向。摄像头方向控制函数如下。

```java
public enum PTZ {
    Left, Right, Up, Down, Stop;
    private PTZ() {
    }
}
```

上述代码定义了一个名为 PTZ 的枚举类型的接口。该接口位于驱动包文件的 "\ipcamera.jar\nledu.com.ipcamera"中,且不可修改。第 1 行粗体字代码表示定义公有的枚举类型的接口 PTZ;第 2 行粗体字代码表示控制网络摄像头左移、右移、上移、下移,以及停止动作的枚举常量。

2. 实现调整视频监控方向

在 VideoMonitorActivity.java 文件中,在与 onCreate()方法同层级之处,重写摄像头对象的 onTouch()方法。在该方法中,实现网络摄像头左移、右移、上移、下移,以及停止动作,程序代码如下。

```java
@Override
```

```
public boolean onTouch(View arg0, MotionEvent arg1) {
    int action = arg1.getAction();
    PTZ ptz = null;
    if (action == MotionEvent.ACTION_CANCEL || action == MotionEvent.ACTION_
UP) {
        ptz = PTZ.Stop;
    } else if (action == MotionEvent.ACTION_DOWN) {
        int viewId = arg0.getId();
        switch (viewId) {
            case R.id.up:
                ptz = PTZ.Up;
                break;
            case R.id.down:
                ptz = PTZ.Down;
                break;
            case R.id.left:
                ptz = PTZ.Left;
                break;
            case R.id.right:
                ptz = PTZ.Right;
                break;
        }
    }
    cameraManager.controlDir(ptz);
    return false;
}
```

上述代码重写了摄像头对象的 onTouch()方法，实现了调整摄像头方向的方法。第 1 行粗体字代码表示调用 ipcamera.jar 文件中的 PTZ 类，定义 ptz 对象，并初始化为空，即无动作。第 2 行粗体字代码判断界面中 4 个方向按钮是否处于抬起状态或取消状态，若是，则停止摄像头移动。第 3~6 行粗体字代码表示调用 PTZ 类中的 Up、Down、Left、Right 四个枚举常量，控制摄像头执行上移、下移、左移、右移 4 个动作。第 7 行粗体字代码调用 cameraManager 的 controlDir()方法执行控制摄像头的操作。

4.4.3　监控视频抓拍

1. 新建视频抓拍的 Java 方法

在 Android Studio 开发环境的 libs 目录中，打开摄像头驱动文件"ipcamera.jar\nledu. com.ipcamera\CameraManager"。该文件为摄像头类文件，提供了操作摄像头的函数与方法。在 CameraManager 类中新建 capture()方法，用于将摄像头拍摄的视频保存为图片，程序代码如下。

```
public void capture(final String filePath, final String fileName) {
    if (this.textureView != null) {
        (new Thread() {
            public void run() {
                Bitmap bitmap = CameraManager.this.textureView.getBitmap();
                try {
```

```
        File file = new File(filePath + "/" + fileName);
        FileOutputStream fos = new FileOutputStream(file);
        bitmap.compress(CompressFormat.JPEG, 100, fos);
        fos.close();
    } catch (Exception var4) {
        var4.printStackTrace();
    }
    }
}).start();
    }
}
```

上述代码定义了一个名为 capture 的将视频保存为图片的方法,并通过新建一个 Thread 线程,处理保存图片的消息。第 1 行粗体字代码表示定义将视频保存为图片的方法,其参数为图片文件的名称和保存路径。第 2 行粗体字代码表示调用 CameraManager 类的 textureView 对象的 getBitmap()方法,定义 Bitmap 类型的对象 bitmap。第 3 行粗体字代码表示定义输出文件流类型的对象 fos,并实例化。第 4 行粗体字代码表示调用 bitmap 对象的 compress()方法,将 fos 文件流对象保存为 JPEG 压缩格式的图片。

2. 视频抓拍截图保存

在 VideoMonitorActivity.java 文件中,在与 onCreate()方法同层级之处,新建一个 capture()方法。该方法对应 activity_video_monitor.xml 文件中的按钮组件 savepicbtn(截图按钮)的属性 android:onClick="capture"。capture()方法的程序代码如下。

```
private CameraManager cameraManager;
public void capture(View view) {
    cameraManager.capture(Environment.getExternalStorageDirectory().getPath(),
    "abc.png");
}
```

上述代码定义了获取视频图片的方法 capture()。粗体字代码部分表示调用 cameraManager 对象的 capture()方法,将获取的图像保存为 png 类型的图片。该方法包含两个参数,第 1 个参数表示获取图片保存的路径,第 2 个参数表示保存图片的文件名。

4.4.4　任务实战:实现智能家居视频控制功能

1. 任务描述

运用 Android Studio 开发环境和设计素材,设计并实现智能家居视频监控功能,要求如下。

(1)在界面中,上部显示视频监控的画面,下部显示控制摄像头的相关操作。

(2)输入网络摄像头的 IP 地址、用户名、密码、频道号,单击"播放"按钮,显示监控画面,单击"停止"按钮,停止视频监控,停留在当前画面。

(3)在界面中,单击向上、向下、向左、向右 4 个按钮,可控制摄像头上移、下移、左移、右移。

(4)在界面中,单击"截图"按钮,可将当前画面保存在 Android 设备中。

2. 任务分析

根据任务描述，在 activity_video_monitor.xml 文件中，显示视频监控画面使用 textureView 组件，控制摄像头操作使用 Button 组件，输入连接摄像头信息使用 EditText 组件。在 VideoMonitorActivity.java 文件中，连接网络摄像头，需调用初始化摄像头的方法 initCameraManager()；打开网络摄像头需调用 open(View view)方法；停止并释放摄像头对象需调用 release(View view)方法；控制摄像头方向需重写 onTouch()方法，使用 switch…case 语句判断摄像头移动的方向；将监控视频保存为图片需调用 capture()方法。

3. 任务实施

根据任务分析，在智能家居工程项目的 activity_video_monitor.xml 界面文件中，放置标签组件、TextureView 组件、文本框组件和按钮组件。设置 IP 地址、用户名、密码、频道号，单击"播放"按钮，界面中开始显示监控画面；单击"停止"按钮，中止视频监控；单击方向按钮，调整监控方向。具体步骤如下。

（1）导入摄像头的头文件。首先，在 Android Studio 开发环境中，将连接摄像头的驱动文件 ipcamera.jar 复制到 libs 目录中，并将其转换为 Android Studio 支持的库文件。然后，在 VideoMonitorActivity.java 文件中，导入 ipcamera.jar 文件中的头文件，程序代码如下。

```
import nledu.com.ipcamera.CameraManager;
import nledu.com.ipcamera.PTZ;
```

上述两个头文件位于"ipcamera.jar\nledu.com.ipcamera\"目录下。其中，CameraManager 为摄像头管理类，用于执行控制摄像头的相关操作；PTZ 为枚举类型的摄像头方向类，用于控制摄像头的方向。

（2）定义视频监控组件。在 VideoMonitorActivity.java 文件的 onCreate()方法之前，定义视频组件、视频层组件、摄像头组件、连接摄像头信息的组件，代码如下。

```
private View layer;
private TextureView textureView;
private CameraManager cameraManager;
private EditText etUserName;
private EditText etPwd;
private EditText etIP;
private EditText etChannel;
```

上述代码中，第 1 行代码为视频层组件；第 2 行代码为视频画面组件；第 3 行代码为摄像头组件；第 4～7 行代码为连接摄像头的信息组件。

（3）实现连接摄像头功能。在 VideoMonitorActivity.java 文件的 onCreate()方法中，调用已定义的 initCameraManager()方法，连接并初始化摄像头。

```
protected void onCreate(Bundle savedInstanceState) {
    super.onCreate(savedInstanceState);
    setContentView(R.layout.activity_main);
    initCameraManager();
}
```

上述代码实现了初始化并连接网络摄像头的功能。粗体字部分代码表示,在 onCreate ()方法中,调用 initCameraManager()方法,根据摄像头参数信息,通过网络方式连接到网络摄像头。

(4) 实现打开或关闭摄像头功能。在 VideoMonitorActivity.java 文件的 onCreate()方法的外部,定义 open()和 release()方法。这两个方法分别对应 activity_video_monitor.xml 界面文件中的"播放"按钮和"停止"按钮所定义的 onClick 属性。播放功能及停止功能的程序代码如下。

```
public void open(View view) {
    layer.setVisibility(View.GONE);
    initCameraManager();
    cameraManager.openCamera();
}
public void release(View view) {
    if (cameraManager != null) {
        cameraManager.releaseCamera();
    }
    layer.setVisibility(View.VISIBLE);
}
```

上述代码定义了 open(View view)和 release(View view)两个按钮的单击事件,实现了播放及停止功能。第 1 行粗体字代码表示首先将摄像头画面层组件设置为不可视;第 2 行粗体字代码调用 cameraManager 对象的 openCamera()方法,显示摄像头画面;第 3 行粗体字代码表示调用 cameraManager 对象的 releaseCamera()方法,停止播放并释放所占资源;第 4 行粗体字代码表示将摄像头画面层设置为可视。

4.4.5 任务拓展:实现 Android 远程控制摄像头功能

在智能家居系统中,除了可以在局域网范围内通过 IP 地址、用户名、密码、频道号 4 个参数连接摄像头外,还可以通过 Internet 方式,在云平台中连接并控制网络摄像头。实现远程控制摄像头的步骤如下。

(1) 在云平台中添加摄像头设备。在智能家居云平台项目中,添加一个网络摄像头设备。设备类型为"720 高清网络摄像机",标识名、IP 地址、登录名、密码 4 项信息可根据实际情况设定,如图 4.13 所示。

摄像头					⊕
名称	标识名	设备类型	IP/PORT	登录名/密码	操作
720高清网络摄像机	smartcamera	720高清网络摄像机	192.168.1.100:80	admin/123456	API ⚙

图 4.13 添加摄像头设备

(2) 动态申请权限。在 VideoMonitorActivity.java 文件中,动态申请 READ_EXTERNAL_STORAGE 权限和 WRITE_EXTERNAL_STORAGE 权限。该两个权限在智能家居 APP 运行过程中将动态申请使用,代码如下。

```
public static boolean isGrantExternalRW(Activity activity) {
```

```
      if (Build.VERSION.SDK_INT >= Build.VERSION_CODES.M && activity.checkSelfPermission(
      Manifest.permission.WRITE_EXTERNAL_STORAGE) != PackageManager.PERMISSION_
GRANTED) {
            activity.requestPermissions(new String[]{
            Manifest.permission.READ_EXTERNAL_STORAGE,
            Manifest.permission.WRITE_EXTERNAL_STORAGE
            }, 1);
            return false;
      }
      return true;
}
```

上述代码定义了动态申请权限的方法 isGrantExternalRW()，该方法的返回值为布尔类型，参数为 Activity 对象。第 1 行和第 2 行粗体字代码表示判断当前 Android APP 版本是否符合要求，且外部存储的权限是否已经申请。第 3 行和第 4 行粗体字代码表示申请读写外部存储器的权限。

（3）连接云平台摄像头。在 VideoMonitorActivity.java 文件的 onCreate()方法中，通过物联网中心网关的串口获取云平台中的摄像头数据。在 onDataReceive()方法中，接收摄像头采集的图像数据，并通过 report()方法上报至云平台。调用云平台客户端的 client()方法，连接到摄像头对象。程序代码如下。

```
serialPortEx.setOnDataReceiveListener(new OnDataReceiveListener() {
      @Override
      public void onDataReceive(byte[] bytes, int i) {
            receive=new byte[i];
            System.arraycopy(bytes,0,receive,0,i);
            value=new String(receive);                    //去除多余数据
            report(value);                                 //调用上报数据函数
      }
});
client();                                                  //调用连接函数连接至云平台
```

上述代码通过串口对象 serialPortEx 实现连接云平台中摄像头的方法。第 1 行粗体字代码表示调用 serialPortEx 对象的接收数据的监听事件 OnDataReceiveListener；第 2 行粗体字代码表示重写 onDataReceive()方法用以接收摄像头采集的数据；第 3 行粗体字代码表示调用云平台的 report()方法上报数据；第 4 行粗体字代码表示调用云平台客户端的 client()方法连接至云平台中的摄像头。

4.5　项目总结与评价

4.5.1　项目总结

本项目首先阐述了运用 Android Studio 和智能家居云平台，实现数据监测功能，包括温湿度数据监测、光照度数据监测和人体运动状态数据监测 3 项环境监测功能。然后运用 Android Studio 开发环境和 ZigBee 无线传感技术，实现了烟雾数据监测、火焰数据监测，以及二氧化碳数据监测功能。最后阐述了 Android Studio 开发环境连接网络摄像头的方法，包括实时监控、方向调节、视频抓拍 3 项功能。

本项目的知识点与技能点总结如下。

（1）在 smarthome 项目的 Util 帮助类中，定义用于环境数据监测的 Java 方法，包括：get_Temp_Hum()方法、get_light()方法、get_body()方法、get_smoke()方法、get_fire()方法、get_co2()方法，以及 monitor()方法。所定义的方法在 DataCollectActivity.java 文件和 VideoMonitorActivity.java 文件中调用。

（2）智能家居系统采集数据包括智能家居项目云平台和 ZigBee 无线传感网两种方式。云平台方式需要首先登录 www.nlecloud.com 网站；然后，在"开发者中心"模块中，建立智能家居项目，添加物联网中心网关、传感器、执行器、摄像头等物联网设备；接下来获取 Android 开发的密钥，加入 Android Studio 框架程序，调用云平台的接口 API，实现数据采集功能。ZigBee 方式采集数据需要首先配置 ZigBee 模块，烧写传感器代码；然后将 ZigBee 模块与传感器、协调器、继电器等组成无线传感网络；接下来在回调函数中，通过 IP 地址和端口号，连接至 ZigBee 网络，调用 ZigBee 对象的相关方法，实现数据采集功能。

（3）实现智能家居系统的视频监控功能，可采用局域网方式或智能家居云平台方式连接网络摄像头。这两种方式均需要将摄像头和物联网中心网关连接在同一个网段（路由器）中，通过 TCP/IP 获取数据。在局域网方式中，通过摄像头所在网络的 IP 地址，以及登录网络摄像头的用户名、密码、频道号，连接至摄像头，实现显示监控画面、调整监控方向、打开或关闭摄像头、抓拍图像等功能。云平台方式实现视频监控功能，需调用云平台提供的连接摄像头的 API 函数，上报摄像头的状态数据，实现视频监控功能。

4.5.2   项目评价

本项目包括"智能家居云平台数据监测功能""智能家居 ZigBee 无线传感网数据采集""智能家居视频监控功能"3 个实战任务。各任务点的评价指标及分值见表 4.1，任务共计 20 分。读者可以对照项目评价表，检验本项目的完成情况。

表 4.1   智能家居环境数据监测任务完成度评价表

实 战 任 务	评 价 指 标	分值	得分
智能家居云平台数据监测功能	智能家居云平台参数，错误 1 项扣 0.1 分，扣完为止	1.0	
	温湿度数据，正确得 0.5 分，错误扣 0.5 分	1.0	
	光照度数据，正确得 0.5 分，错误扣 0.5 分	1.0	
	人体运动状态数据，正确得 0.5 分，错误扣 0.5 分	1.0	
智能家居 ZigBee 无线传感网数据采集	Android Studio 连接 ZigBee，正确得 0.5 分，错误扣 0.5 分	2.0	
	烟雾数据，正确得 0.5 分，错误扣 0.5 分	2.0	
	火焰数据，正确得 0.5 分，错误扣 0.5 分	2.0	
	二氧化碳数据，正确得 0.5 分，错误扣 0.5 分	2.0	

续表

实 战 任 务	评 价 指 标	分值	得分
智能家居视频监控功能	Android Studio 连接摄像头，正确得 0.5 分，错误扣 0.5 分	2.0	
	实时监控画面，正确得 0.5 分，错误扣 0.5 分	2.0	
	调整监控方向，正确得 0.5 分，错误扣 0.5 分	2.0	
	监控画面抓拍，正确得 0.5 分，错误扣 0.5 分	2.0	

智能家居设备控制功能的设计与实现

【项目概述】

本项目主要运用 Android Studio 开发环境、智能家居终端设备,以及 MySQL 数据库管理系统软件,实现智能家居多媒体效果处理、设置智能家居系统参数,以及控制智能家居设备运行的功能。其中,多媒体效果处理包括图形、动画、音频处理;参数设置功能包括波特率设置、连接端口设置、运行阈值设置、登录参数设置、数据库服务器参数设置;设备控制功能包括智能风扇控制、智能灯光控制、LED 显示屏控制、报警灯控制。本项目的学习思维导图如图 5.1 所示。

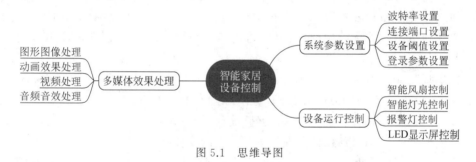

图 5.1　思维导图

【学习目标】

本项目的总体目标是,运用 Android Studio 开发环境实现智能家居系统多媒体效果处理、参数设置与设备运行控制功能。通过引用硬件设备接口的 API 方法,设置波特率、连接端口、运行阈值、登录参数、数据库服务器参数,并写入 MySQL 数据库管理系统。通过串口方式、蓝牙方式、云平台方式,实现控制智能家居设备的功能。本项目的知识、能力、素质三维目标如下。

1. 知识目标

(1)掌握 Android Studio 处理图形、图像、动画、音频的方法。

(2)掌握 Android Studio 设置设备波特率、连接端口、运行阈值、参数的方法。

(3)掌握 Android Studio 控制风扇、智能灯光、LED 显示屏的方法。

2. 能力目标

（1）能运用 Android Studio 处理图形、图像、动画、音频等效果。

（2）能运用 Android Studio 设置设备波特率、连接端口、运行阈值、运行参数。

（3）能运用 Android Studio 控制风扇、智能灯光、LED 显示屏等设备运行。

3. 素质目标

（1）注重细节的意识。

（2）勇于创新的精神。

5.1 智能家居系统多媒体效果处理

5.1.1 图形与图像处理

1. 使用 Matrix 控制图形变换

智能家居系统除了功能完善之外，还需要体验良好的界面设计。Android Studio 开发环境提供了更高级的图形特效支持，这些图形特效支持可以让开发者开发出更"绚丽"的 UI 界面。Matrix 是 Android 提供的一个矩阵工具类，它本身并不能对图像或组件进行变换，但它可与其他 API 结合来控制图形、组件的变换。使用 Matrix 控制图像或组件变换的步骤如下。

（1）获取 Matrix 对象，该 Matrix 对象既可新创建也可直接获取其他对象内封装的 Matrix。例如，Transformation 对象内部就封装了 Matrix 的对象。

（2）调用 Matrix 的方法进行平移、旋转、缩放、倾斜等。

（3）将程序对 Matrix 所做的变换应用到指定图像或组件。

从上述介绍可以看出，Matrix 不仅可用于控制图形的平移、旋转、缩放、倾斜变换等操作，也可以控制 View 组件进行平移、旋转和缩放等。Matrix 提供了如下方法来控制平移、旋转和缩放。

- setTranslate(float dx，float dy)方法。该方法用于控制 Matrix 进行平移。
- setSkew(float kox，float ky，float px，float py)方法。该方法用于控制 Matrix 以 pr、py 为轴心进行倾斜。kr、ky 为 X、Y 方向上的倾斜距离。
- setSkew(float kox，float ky)方法。该方法用于控制 Matrx 进行倾斜。kox，ky 为 X、Y 方向上的倾斜距离。
- setRotate(float degrees)方法。该方法用于控制 Matrix 进行旋转，degrees 控制旋转的角度。
- setRotate(float degrees，float px，float py)方法。该方法用于设置以 px、py 为轴心进行旋转，degrees 控制旋转的角度。
- setScale(float sx，float sy)方法。该方法用于设置 Matrix 进行缩放，sx、sy 控制 X、Y 方向上的缩放比例。
- setScale(float sx，float sy，float px，float py)方法。该方法用于设置 Matrix 以

px、py 为轴心进行缩放,sx、sy 控制 X、Y 方向上的缩放比例。

一旦对 Matrix 进行了变换,接下来就可应用该 Matrix 对图形进行控制了。在 Android Studio 开发环境中,Canvas 类提供了一个 drawBitmap(Bitmap bitmap, Matrix matrix, Paint paint)方法,调用该方法就可以在绘制 bitmap 时应用 Matrix 上的变换。

例如,以下程序开发了一个自定义 View,该自定义 View 可以检测到用户的键盘事件,当用户单击手机的方向键时,该自定义 View 会用 Matrix 对绘制的图形进行旋转、倾斜变换。程序实现步骤如下。

第 1 步:在 Android Studio 开发环境中,新建一个工程项目,命名为"matrixtest"。在项目中新建一个 Java 类文件,命名为"MyView.java"。该类用于实现 Matrix 对绘制的图形进行旋转、倾斜变换。

第 2 步:实现 Matrix 对绘制的图形进行旋转、倾斜变换。在 MyView.java 文件中,定义图片资源,在 MyView 类的构造方法中初始化图片资源,并重写 onDraw()方法,实现 Matrix 对绘制的图形进行旋转、倾斜变换。由于代码较长,此处仅给出 onDraw()方法,具体代码请参考配套资料中的程序代码。

```
@Override
public void onDraw(Canvas canvas){
    super.onDraw(canvas);
    bmMatrix.reset();
    if (!isScale)
        bmMatrix.setSkew(sx, 0f);
    else
        bmMatrix.setScale(scale, scale);
    Bitmap bitmap2 = Bitmap.createBitmap(bitmap,0, 0, bmWidth, bmHeight,
bmMatrix, true);
    canvas.drawBitmap(bitmap2, bmMatrix, null);
}
```

上述代码中,第 1 行粗体字代码表示重置 Matrix;第 2 行粗体字代码表示倾斜 Matrix;第 3 行粗体字代码表示缩放 Matrix;第 4 行粗体字代码表示根据原始位图和 Matrix 创建新图片;第 5 行粗体字代码表示在 Canvas 对象上绘制新位图。

第 3 步:将 MyView 类在 MainActivity 中显示。在 matrixtest 项目中,打开 MainActivity. java 文件,定义方向键按钮的响应监听事件,实现按钮单击功能。由于代码较长,此处仅给出关键代码,具体代码请参考配套资料中的程序代码。

```
bn.setOnClickListener(view -> {
    switch (getIndex(bnArray, bn.getText()))
    {
        case 0:
            mv.isScale = false;
            mv.sx += 0.1f;
            mv.postInvalidate();
            break;
        case 1:
            mv.isScale = false;
            mv.sx -= 0.1f;
```

```
        mv.postInvalidate();
        break;
    case 2:
        mv.isScale = true;
        if (mv.scale < 2.0) mv.scale += 0.1f;
        mv.postInvalidate();
        break;
    case 3:
        mv.isScale = true;
        if (mv.scale > 0.5) mv.scale -= 0.1f;
        mv.postInvalidate();
        break;
    }
});
```

上述代码运用 switch…case 语句实现了方向键控制及图片缩放功能。其中，条件 case 0 表示向左倾斜，条件 case 1 表示向右倾斜，条件 case 2 表示图片放大，条件 case 3 表示图片缩小。运行该程序，可以看到如图 5.2 所示的效果。

图 5.2　Matrix 控制图片方向和大小

2. 使用 drawBitmapMesh()方法处理图像

在 Android Studio 开发环境中，Canvas 类提供了一个 drawBitmapMesh（Bitmap bitmap，int meshWidth，int meshHeight，float verts，int veroffset，int colors，int colorOffset，Paint paint）方法，该方法可以对智能家居系统中的图片进行扭曲处理。这个方法的使用非常灵活，如果用好这个方法，开发者可以在智能家居应用的界面中开发出"水波荡漾""风吹旗帜"等各种扭曲效果。drawBitmapMesh()方法关键参数的说明如下。

- bitmap：用于指定需要扭曲的源位图。
- meshWidth：用于控制在水平方向上把该源位图划分成多少格。
- meshHeight：用于控制在垂直方向上把该源位图划分成多少格。
- verts：是一个长度为(meshWidth+1)×(meshHeight+1)×2 的数组，它记录了扭曲后的位图各顶点位置，即网格线的交点位置。虽然它是个二维数组，实际上它记录的数据是形如(x0,y0)，(x1,y1)，…，(xn,yn)格式的数据，这些数组元素控制对 bitmap 位图的扭曲效果。
- veroffset：用于控制 verts 数组中从第几个数组元素开始才对 bitmap 进行扭曲，并且忽略 veroffset 之前数据的扭曲效果。

从上述介绍可以看出，drawBitmapMesh()方法对源位图扭曲时最关键的参数是

meshWidth、meshHeight、verts 三个参数。当程序希望调用 drawBitmapMesh()方法对位图进行扭曲时,关键是计算 verts 数组的值,该数组的值记录了扭曲后的位图上各顶点的坐标。

对于初学者而言,往往对 drawBitmapMesh()方法感到困惑。如果读者有 Photoshop 图形处理的经验,可以借鉴 Photoshop 的扭曲"滤镜"效果。Android Studio 开发环境提供的 drawBitmapMesh()方法带给开发者一种非常灵活的控制。在实际开发中,Android 系统将提供更多方法,这些方法可以更好地模拟 Photoshop 的各种"滤镜"效果。

下面的示例程序将会通过 drawBitmapMesh()方法来控制图片的扭曲,当用户触摸图片中的指定点时,该图片看起来就像是被用户按下去一样。为了实现这个效果,程序要在用户触摸图片的指定点时,动态地改变 verts 数组里每个元素的位置,以及控制扭曲后每个顶点的坐标。也就是说,程序计算图片上每个顶点与触摸点的距离,顶点与触摸点的距离越小,该顶点向触摸点移动的距离越大。程序步骤如下。

第 1 步:在 Android Studio 开发环境中,新建一个工程项目,命名为"meshtest"。该项目比较简单,只需包含 MainActivity.java 代码文件和 activity_main.xml 界面文件即可。

第 2 步:实现图片扭曲效果。打开 MainActivity.java 代码文件,首先定义图片的 verts 数组;然后在构造方法中初始化图片资源;接下来自定义 wrap()方法,计算 verts 数组里各元素的值;最后重写 onDraw()方法,实现图片扭曲。由于代码较长,此处仅给出自定义 wrap()方法。

```java
private void warp(float cx, float cy){
    for (int i = 0; i < COUNT * 2; i += 2) {
        float dx = cx - orig[i];
        float dy = cy - orig[i + 1];
        float dd = dx * dx + dy * dy;
        float d = (float) Math.sqrt(dd);
        float pull = 200000 / (dd * d);
        if (pull >= 1) {
            verts[i] = cx;
            verts[i + 1] = cy;
        } else {
            verts[i] = orig[i] + dx * pull;
            verts[i + 1] = orig[i + 1] + dy * pull;
        }
    }
    invalidate();
}
```

上述代码中,第 1 行粗体字代码表示计算每个坐标点与当前点(cx,cy)之间的距离;第 2 行粗体字代码表示计算扭曲度,距离当前点(cx,cy)越远,扭曲度越小;第 3 行和第 4 行粗体字代码表示对 verts 数组(保存 bitmap 上 21×21 个点经过扭曲后的坐标)重新赋值;第 5 行和第 6 行粗体字代码表示控制各顶点向触摸事件发生点偏移;第 7 行粗体字代码表示通知 View 组件重绘。程序运行效果如图 5.3 所示。

图 5.3　图片扭曲效果

3. 使用 Shader 对象填充图形图像

前面介绍 Paint 时提到该 Shader 包含一个 setShader(Shader s)方法，该方法用于控制画笔的渲染效果。在 Android 系统中，不仅可以使用颜色来填充图形（包括前面介绍的矩形、椭圆、圆形等各种几何图形），也可以使用 Shader 对象指定的渲染效果来填充图形。Shader 本身是一个抽象类，提供了如下实现类。

- BitmapShader 类。该类使用位图平铺的渲染效果。
- LinearGradient 类。该类使用线性渐变来填充图形。
- RadialGradient 类。该类使用圆形渐变来填充图形。
- SweepGradient 类。该类使用角度渐变来填充图形。
- ComposeShader 类。该类使用组合渲染效果来填充图形。

如果使用文字来描述这些渲染效果，就显得十分晦涩难懂。但如果读者有使用 Flash 软件的经验，应该对位图平铺、线性渐变、圆形渐变、角度渐变等名词十分熟悉，那么此处就可以对使用 Shader 对象填充图形图像有进一步的理解。因为它们与 Flash 提供的位图平铺、线性渐变、圆形渐变、角度渐变完全一样。如果读者没有 Flash 经验，也无须担心，运行下面的程序即可明白各种 Shader 对象的渲染效果。下面的程序中包含 5 个按钮，当用户单击不同按钮时系统将会设置 Paint 使用不同的 Shader，这样读者即可看到不同 Shader 的效果。

第 1 步：在 Android Studio 开发环境中，新建一个工程项目，命名为"shadertest"。在项目中新建一个 Java 类文件，命名为"MyView.java"。该类主要使用指定 Paint 对象画矩形。

第 2 步：使用 Paint 对象。打开 MyView.java 文件，首先在其构造方法中，初始化 Paint 对象；然后重写 onDraw()方法，使用指定 Paint 对象画矩形，代码如下。

```
public class MyView extends View
{
    Paint paint = new Paint();
    public MyView(Context context, AttributeSet set)
    {
        super(context, set);
        paint.setColor(Color.RED);
    }
    @Override
    public void onDraw(Canvas canvas)
    {
        super.onDraw(canvas);
        canvas.drawRect(0f, 0f, getWidth(), getHeight(), paint);
    }
}
```

上述代码中，第 1 行粗体字代码表示 MyView 类的构造方法，包含两个参数。第 2 行粗体字代码表示调用 paint 对象的 setColor()方法，将画笔设置为红色。第 3 行粗体字代码表示重写 onDraw()方法，参数为 Canvas 对象。第 4 行粗体字代码表示调用 canvas 对象的

drawRect()方法,使用指定 Paint 对象画矩形。

第 3 步:实现 Shader 对象填充图像功能。打开 MainActivity.java 文件,首先定义颜色数组,并初始化;然后在 onCreate()方法中实例化 Shader 对象;接下来定义 5 个按钮的监听事件;最后实现 5 个按钮对应的 Shader 对象填充效果的功能。由于代码较长,此处仅给出按钮的监听事件代码。

```java
View.OnClickListener listener = source -> {
    switch (source.getId())
    {
        case R.id.bn1: myView.paint.setShader(shaders[0]); break;
        case R.id.bn2: myView.paint.setShader(shaders[1]); break;
        case R.id.bn3: myView.paint.setShader(shaders[2]); break;
        case R.id.bn4: myView.paint.setShader(shaders[3]); break;
        case R.id.bn5: myView.paint.setShader(shaders[4]); break;
    }
    //重绘界面
    myView.invalidate();
};
```

上述代码使用 switch…case 语句,通过 case 条件分支,判断各按钮对应的单击事件。第 1~5 行粗体字代码表示 5 个按钮的监听事件。运行程序,效果如图 5.4 所示。

图 5.4　Shader 对象填充图形效果

5.1.2　动画效果处理

1. 逐帧动画效果处理

逐帧(Frame)是最容易理解的动画,它将动画过程的每张静态图片都收集起来,然后由 Android 系统来控制依次显示这些静态图片,然后利用人眼“视觉暂留”的原理,给用户造成“动画”的错觉。也就是说,逐帧动画的原理与放电影的原理是完全一样的。前面介绍定义 Android 资源时已经介绍了动画资源,事实上逐帧动画通常也是采用 XML 资源文件进行定义的。定义逐帧动画非常简单,只要在<animation-list…/>元素中使用<item…/>子元素定义动画的全部帧,并指定各帧的持续时间即可。定义逐帧动画的语法格式如下。

```xml
<? xml version="1.0" encoding="utf-8"?>
<animation-list xmlns:android="http://schemas.android.com/apk/res/android"
    android:oneshot="true"|"false">
    <item android:drawable="@drawable/pic_name1" android:duration="integer" />
    <item android:drawable="@drawable/pic_name2" android:duration="integer" />
    <item android:drawable="@drawable/pic_name3" android:duration="integer" />
    <item android:drawable="@drawable/pic_name4" android:duration="integer" />
</animation-list>
```

其中，android:oneshot 属性控制该动画播放次数，等于 true 时则不会循环播放，否则循环播放。标签定义各个帧显示的图片，显示顺序依照定义顺序。然后把 AnimationDrawable 对象设置为 View 的背景即可。Android 下所有的资源文件均要放在\res 目录下，对于动画帧的资源需要当成一个 Drawable，所以需要把它放在\res\Drawable 目录下。

使用 Java 代码创建帧动画的方式：通过创建 AnimationDrawable 对象，然后调用 addFrame(Drawable frame,int duration)方法向动画中添加帧，它可以设置添加动画帧的 Drawable 和持续时间，每调用一次，就会向<animation-list…/>元素中添加一个<item…/>子元素。

下面通过一个示例程序，说明逐帧动画的用法。在该示例中，包含两个按钮，单击"开始播放"按钮，开始播放功夫熊猫的动画；单击"停止播放"按钮，动画停止。程序步骤如下。

第 1 步：在 Android Studio 开发环境中，新建一个工程项目，命名为"fatpo"。首先在界面布局文件中放置一个 ImageView 组件，然后在 drawable 目录中定义逐帧动画资源 fat_po.xml，代码如下。

```
<?xml version="1.0" encoding="utf-8"?>
<animation-list xmlns:android="http://schemas.android.com/apk/res/android"
    android:oneshot="false">
    <item android:drawable="@drawable/fat_po_f01" android:duration="60" />
    <item android:drawable="@drawable/fat_po_f02" android:duration="60" />
    <item android:drawable="@drawable/fat_po_f03" android:duration="60" />
    <!--以下省略多个 item 的定义 -->
</animation-list>
```

上述代码中的 3 行粗体字部分表示定义 3 个逐帧动画的图片资源，接下来就可以在程序中使用 ImageView 来显示该动画。需要指出的是，AnimationDrawable 代表的动画默认是不播放的，必须在程序中启动动画播放才可以。AnimationDrawable 提供了如下两个方法来开始、停止动画。

- start()方法。该方法用于开始播放动画。
- stop()方法。该方法用于停止播放动画。

第 2 步：实现逐帧动画播放。打开 MainActivity.java 文件，在 onCreate()方法中，实现"播放"按钮和"停止"按钮的单击事件，代码如下。

```
Button play = findViewById(R.id.play);
Button stop = findViewById(R.id.stop);
ImageView imageView = findViewById(R.id.anim);
AnimationDrawable anim = (AnimationDrawable) imageView.getBackground();
play.setOnClickListener(view -> anim.start());
stop.setOnClickListener(view -> anim.stop());
```

上述代码中，第 1 行粗体字代码表示获取 AnimationDrawable 动画对象；第 2 行粗体字代码表示开始播放动画；第 3 行粗体字代码表示停止播放动画。运行程序，可以看到如图 5.5 所示的效果。

图 5.5　逐帧动画效果

2. 补间动画效果处理

1）补间动画的概念

在 Android 系统中,补间动画(Tween)与帧动画不同,帧动画是通过连续播放图片来模拟动画效果,而补间动画开发者只需指定动画开始以及动画结束的关键帧,而动画变化的中间帧则由系统计算并补齐,这也是"补间动画"名称的由来。对于补间动画而言,开发者无须"逐一"定义过程中的每一帧,而只需要定义动画的开始和结束的关键帧,并指定动画的持续时间即可。

2）补间动画的分类

在 Android 系统中,补间动画分为 AlphaAnimation、ScaleAnimation、TranslateAnimation、RotateAnimation、AnimationSet 五类,各类说明如下。

（1）AlphaAnimation 动画。该动画表示透明度渐变效果,创建时允许指定开始以及结束透明度,还有动画的持续时间,透明度的变化范围为(0,1),0 是完全透明,1 是完全不透明;对应<alpha/>标签。

（2）ScaleAnimation 动画。该动画表示缩放渐变效果,创建时需要指定开始以及结束的缩放比,以及缩放参考点,还有动画的持续时间;对应<scale/>标签。

（3）TranslateAnimation 动画。该动画表示位移渐变效果,创建时指定起始以及结束位置,并指定动画的持续时间即可;对应<translate/>标签。

（4）RotateAnimation 动画。该动画表示旋转渐变效果,创建时指定动画起始以及结束的旋转角度,以及动画持续时间和旋转的轴心;对应<rotate/>标签。

（5）AnimationSet 动画。该动画表示组合渐变,就是前面多种渐变的组合,对应<set/>标签。

3）Interpolator 动画接口

在补间动画中,Interpolator 动画接口用于控制动画的变化速度,可以理解成动画渲染器。当然也可以自己实现 Interpolator 接口,自行控制动画的变化速度,而 Android 系统中已经提供了九个可供选择的实现类。

- LinearInterpolator:动画以均匀的速度改变。
- AccelerateInterpolator:在动画开始的地方改变速度较慢,然后开始加速。
- AccelerateDecelerateInterpolator:在动画开始、结束的地方改变速度较慢,中间时加速。
- CycleInterpolator:动画循环播放特定次数,变化速度按正弦曲线改变:Math.sin(2

$$* \text{mCycles} * \text{Math.PI} * \text{input}).$$

- DecelerateInterpolator：在动画开始的地方改变速度较快，然后开始减速。
- AnticipateInterpolator：反向，先向相反方向改变一段再加速播放。
- AnticipateOvershootInterpolator：开始的时候向后然后向前甩一定值后返回最后的值。
- BounceInterpolator：跳跃，快到目的值时值会跳跃，如目的值 100，后面的值可能依次为 85,77,70,80,90,100。
- OvershootInterpolator：回弹，最后超出目的值然后缓慢改变到目的值。

下面通过一个实例，说明补间动画的使用方法。该实例包含两个动画资源，第 1 个动画资源控制图片以旋转的方式缩小，第 2 个动画资源将第 1 个动画效果恢复到初始状态。程序步骤如下。

第 1 步：在 Android Studio 开发环境中，新建一个工程项目，命名为"tweentest"。在该项目的 res 目录下，新建一个 anim 文件夹，在此文件夹中，新建 anim.xml 和 reverse.xml 两个动画资源文件，分别用于控制图片缩小，以及恢复图片状态。由于文件代码较长，请参考配套资源，此处不再赘述。

第 2 步：界面设计。首先，将配套资料中的 flower 图片复制到项目的 drawable 目录下；然后，在 strings.xml 文件中添加一个字符串资源：＜string name＝"play"＞播放动画＜/string＞；最后，在界面上添加一个 Button 组件和一个 ImageView 组件。其中，Button 组件用于播放动画，ImageView 组件用于显示动画，代码如下。

```
<Button
    android:id="@+id/bn"
    android:layout_width="wrap_content"
    android:layout_height="wrap_content"
    android:text="@string/play" />
<ImageView
    android:id="@+id/flower"
    android:layout_width="wrap_content"
    android:layout_height="wrap_content"
    android:scaleType="fitCenter"
    android:src="@drawable/flower" />
```

第 3 步：实现补间动画功能。打开 MainActivity.java 文件，首先，定义按钮组件和动画资源；然后，在 onCreate()方法之前，定义 Handler()方法，用于单击按钮后发送线程消息；最后，在 onCreate()方法中发送消息到 Handler 对象，实现间隔一段时间依次启动两个动画资源。程序代码较长，此处仅给出按钮组件的监听事件，具体代码请参考配套资料中的程序。

```
Button bn = findViewById(R.id.bn);
bn.setOnClickListener(view -> {
    flower.startAnimation(anim);
    new Timer().schedule(new TimerTask()
    {
        @Override public void run()
        {
```

```
        handler.sendEmptyMessage(0x123);
    }
}, 3000);
});
```

上述代码中,第1行和第2行粗体字代码表示,采用定时器方式间隔3s发送1次消息。运行本项目,补间动画效果如图5.6所示。

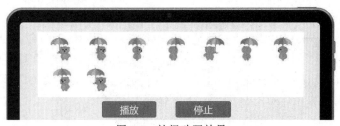

图5.6 补间动画效果

3. 使用 SurfaceView 处理动画效果

1) 为何要使用 SurfaceView

Android 中提供了 View 进行绘图处理,View 可以满足大部分的绘图需求。View 是通过刷新来重绘视图,系统通过发出 VSSYNC 信号来进行屏幕的重绘,刷新的时间间隔是16ms。如果可以在16ms 以内将绘制工作完成,则没有任何问题,如果绘制过程逻辑很复杂,并且界面更新非常频繁,就会造成界面的卡顿,影响用户体验,为此,Android 提供了SurfaceView 来解决这一问题。

2) SurfaceView 的特点

与 View 绘图处理不同,SurfaceView 采用双缓冲技术。当一个动画需要优先显示时,Android 系统试图改变它的优先级,但此时前面的任务还未执行完毕,SurfaceView 组件又请求重新绘制,屏幕就会不停地闪烁。而双缓冲技术是把要处理的图片在内存中处理好之后,再将其显示在屏幕上。双缓冲主要是为了解决反复局部刷屏带来的闪烁。把要绘制的图形先保存到一个内存区域里,然后整体性、一次性地输出。

3) SurfaceView 的使用

SurfaceView 一般会与 SurfaceHolder 结合使用。SurfaceHolder 用于在与之关联的SurfaceView 组件中绘制图形,调用 SurfaceView 的 getHolder( )方法即可获取SurfaceView 关联的 SurfaceHolder 组件。SurfaceHolder 提供了如下方法来获取 Canvas对象。

- Canvas lockCanvas( )方法。该方法用于锁定整个 SurfaceView 对象,获取该Surface 上的 Canvas。
- Canvas lockCanvas(Rect dirty) 方法。该方法用于锁定 SurfaceView 上 Rect 划分的区域,获取该 Surface 上的 Canvas。

当在同一个 SurfaceView 组件中调用上述两个方法时,两个方法所返回的是同一个Canvas 对象。但当程序调用第二个方法获取指定区域的 Canvas 时,SurfaceView 将只对Rect 所"圈"出来的区域进行更新,通过这种方式可以提高画面的更新速度。

当通过 lockCanvas()获取指定了 SurfaceView 组件中的 Canvas 之后，接下来程序就可以调用 Canvas 进行绘图了，Canvas 绘图完成后通过如下方法来释放绘图，提交所绘制的图形。需要指出的是，当调用 SurfaceHolder 的 unlockCanvasAndPost()方法之后，该方法之前所绘制的图形还处于缓冲之中，下一次 lockCanvas()方法锁定的区域可能会覆盖它。

下面通过一个实例，说明 SurfaceView 组件的绘图机制。该实例实现了钓鱼动画效果，演示了后面的 Surface 图层如何覆盖前面的图层。程序操作步骤如下。

第 1 步：在 Android Studio 开发环境中，新建一个工程项目，命名为"fish"。在该项目中，新建一个 Java 类文件，命名为 FishView.java。该文件用于实现钓鱼动画效果。

第 2 步：界面设计。将 FishView.java 文件作为 Activity 界面，添加到 activity_main.xml 文件中，代码如下。

```
<LinearLayout xmlns:android="http://schemas.android.com/apk/res/android"
    android:layout_width="match_parent"
    android:layout_height="match_parent"
    android:orientation="vertical">
    <org.crazyit.image.FishView
        android:layout_width="match_parent"
        android:layout_height="match_parent" />
</LinearLayout>
```

上述代码中，3 行粗体字部分代码表示将 FishView 组件作为界面的一部分，添加到界面组件中。

4）实现 FishView 界面的功能

在 Android Studio 开发环境中，打开 SurfaceView.java 组件，首先定义组件和资源动画，然后在构造方法中实例化 SurfaceHolder 对象，最后使用线程方式更新鱼的位置，实现动画功能。由于代码较长，此处仅给出绘制鱼（图片）的方法，具体代码请参考配套资料中的程序。

```
SurfaceHolder surfaceHolder = FishView.this.getHolder();
while (!done){
    Canvas canvas = surfaceHolder.lockCanvas();
    canvas.drawBitmap(back, 0f, 0f, null);
    if (fishX < -100){
        fishX = initX;
        fishY = initY;
        fishAngle = new Random().nextInt(60);
    }
    if (fishY < -100){
        fishX = initX;
        fishY = initY;
        fishAngle = new Random().nextInt(60);
    }
    matrix.reset();
    matrix.setRotate(fishAngle);
    fishX -= fishSpeed * Math.cos(Math.toRadians(fishAngle));
```

```
fishY -= fishSpeed * Math.sin(Math.toRadians(fishAngle));
matrix.postTranslate(fishX , fishY);
canvas.drawBitmap(fishs[fishIndex++ % fishs.length], matrix, null);
surfaceHolder.unlockCanvasAndPost(canvas);
try{
    Thread.sleep(60);
}
catch (InterruptedException e){e.printStackTrace();}
}
```

上述代码中,第 1 行粗体字代码表示定义 SurfaceHolder 类型的对象;第 2 行粗体字代码使用 while 循环语句表示重复绘图循环,直到线程停止;第 3 行和第 4 行的 if 条件语句表示如果鱼"游出"屏幕之外,重新初始化鱼的位置;第 5~9 行粗体字代码表示使用 Matrix 来控制鱼的旋转角度和位置;第 10 行粗体字代码表示解锁 Canvas,并渲染当前图像。运行程序,鱼动画效果如图 5.7 所示。

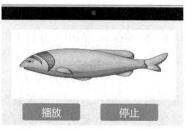

图 5.7　SurfaceView 动画机制

5.1.3　视频及音频效果处理

1. 使用 MediaRecorder 录制音频

1) MediaRecorder 类和 AudioRecord 类比较

Android Studio 开发环境为音频录制提供了两个类: MediaRecorder 和 AudioRecord。MediaRecorder 类的优点是使用简单,集成了录音、编码、压缩等,直接录制到文件,支持 3gp、aac、amr 等少量的录音音频格式。缺点是无法实时处理音频,输出的音频格式不是很多,例如,不能输出为 MP3 格式文件。

AudioRecord 类的优点是能录制到缓冲区,能够实现边录边播(AudioRecord ＋ AudioTrack)以及对音频的实时处理(如 QQ 电话)。缺点是输出是 PCM 格式的原始采集数据,如果直接保存成音频文件,不能够被播放器播放,所以必须用代码实现数据编码以及压缩。

2) MediaRecorder 类的常用方法

Android Studio 开发环境提供的 MediaRecorder 类的常用方法如下。

- MediaRecorder()方法。该方法为 MediaRecorder 类的构造方法。
- void setAudioSource(int audio_source)方法。该方法用于设置要录制的音频源,一般取 MediaRecorder.AudioSource.MIC 的值。
- void setAudioEncoder(int audio_encoder)方法。该方法用于设置编码,一般取 MediaRecorder.AudioEncoder.AMR_NB 或 DEFAULT 的值
- void setOutputFormat(int output_format)方法。该方法用于设置输出格式,一般取 MediaRecorder.OutputFormat.THREE_GPP 或 RAW_AMR 的值
- void setOutputFile(String path)方法。该方法用于设置生成的输出文件。
- void setMaxDuration(int max_duration_ms)方法。该方法用于设置最大录制毫

秒数。

- void setMaxFileSize(long max_filesize_bytes)方法。该方法用于设置最大录制文件字节数。
- void prepare()方法。该方法表示准备录制。
- void start()方法。该方法表示开始录制。
- void stop()方法。该方法表示停止录制。
- void reset()方法。该方法表示恢复到初始状态，可以重新配置和开始录音。
- void release()方法。该方法表示释放资源。

3）使用 MediaRecorder 类的步骤

使用 MediaRecorder 录音的基本步骤是：首先，创建 MediaRecorder 对象、设置参数；然后准备、开始录制；最后停止录制、释放资源。停止录制后也可以通过重置，开始下一次录音。下面编写一个使用 MediaRecorder 录音的例子，将音频录制到一个文件。录制完成后，还要使用 MediaPlayer 播放录制的音频，以测试是否录制成功。程序步骤如下。

第 1 步：界面设计。本实例的界面包含一个 EditText 组件，用于保存音频文件；四个 Button 按钮组件，用于开始录制、停止录制、开始播放、停止播放。界面设计较为简单，此处不再赘述。

第 2 步：实现音频录制功能。在 MainActivity.java 文件中，实现"开始录制""停止录制""开始播放""停止播放"4 个按钮的单击事件。由于代码较长，此处仅给出"开始录制"按钮的监听事件。

```java
recorder = new MediaRecorder();
Button btnRecord = new Button(this);
btnRecord.setText("开始录制");
btnRecord.setOnClickListener(new View.OnClickListener(){
    @Override
    public void onClick(View arg0) {
        recorder.reset();
        recorder.setAudioSource(MediaRecorder.AudioSource.MIC);
        recorder.setOutputFormat(MediaRecorder.OutputFormat.THREE_GPP);
        recorder.setAudioEncoder(MediaRecorder.AudioEncoder.AMR_NB);
        recorder.setOutputFile(soundFile.getPath());
        try {
            recorder.prepare();
            recorder.start();
        } catch (IOException e) {
            e.printStackTrace();
        }
    }
});
```

上述代码中，第 1 行粗体字代码表示定义 MediaRecorder 类的对象 recorder；第 2 行和第 3 行粗体字代码表示定义"开始录制"按钮组件；第 4～7 行粗体字代码调用 recorder 对象的相关方法，设置录制音频的属性及保存路径；第 8～9 行粗体字代码表示开始录制音频。程序运行如图 5.8 所示。

图 5.8　使用 MediaRecorder 录制音频

2. 使用 MediaPlayer 播放音频及视频

Android 提供了简单的 API 来播放音频、视频，当程序控制 MediaPlayer 对象装载音频完成之后，程序可以调用 MediaPlayer 的如下五个方法进行播放控制。

- start()方法。该方法用于开始或恢复播放。
- stop()方法。该方法用于停止播放。
- pause()方法。该方法用于暂停播放。
- static MediaPlayer create(Context context，Uri uri)方法。该方法用于从指定 Uri 来装载音频文件，并返回新创建的 MediaPlayer 对象。
- static MediaPlayer create(Context context，int resid)方法。该方法用于从 resid 资源 ID 对应的资源文件中装载音频文件，并返回新创建的 MediaPlayer 对象。

上述方法用起来非常方便，但这些方法均返回新创建的 MediaPlayer 对象，如果程序需要使用 MediaPlayer 循环播放多个音频文件，使用其静态 create()方法就不合适了。此时可通过 MediaPlayer 的 setDataSource()方法来装载指定的音频文件。MediaPlayer 提供了如下方法来指定装载相应的音频文件。

- void setDataSource(String path)方法。该方法用于指定装载 path 路径所代表的文件。
- void setDataSource(FileDescriptor fd，long offset，long length)方法。该方法用于指定装载 fd 所代表的文件中从 offset 开始、长度为 length 的文件内容。
- void setDataSource(FileDescriptor fd)方法。该方法用于指定装载 fd 所代表的文件。
- void setDataSource(Context context，Uni uri)方法。该方法用于指定装载 uri 所代表的文件。

执行上面所示的 setDataSource()方法之后，MediaPlayer 组件并未真正去装载音频文件，还需要调用 MediaPlayer 的 prepare()方法去准备音频，所谓"准备"，就是让 MediaPlayer 真正装载音频文件。

除此之外，MediaPlayer 组件还提供了一些绑定事件监听器的方法，用于监听 MediaPlayer 播放过程中所发生的特定事件，绑定事件监听器的方法如下。

- setOnCompletionListener(MediaPlayer.OnCompletionListener listener)方法。该方法为 MediaPlayer 的播放完成事件绑定事件监听器。
- setOnErrorListener(MediaPlayer.OnErrorListener listener)方法。该方法为 MediaPlayer 的播放错误事件绑定事件监听器。

- setOnPreparedListener(MediaPlayer.OnPreparedListener listener)方法。该方法当 MediaPlayer 调用 prepare()方法时触发该监听器。
- setOnSeekCompleteListener(MediaPlayer.OnSeekCompleteListener listener)方法。该方法当 MediaPlayer 调用 seek()方法时触发该监听器。

因此可以在创建一个 MediaPlayer 对象之后，通过为该 MediaPlayer 绑定监听器来监听相应的事件。下面通过一个实例，说明 MediaPlayer 组件播放音频及视频的方法，步骤如下。

第 1 步：在 Android Studio 开发环境中，新建一个工程项目，命名为 mediaplayertest。在工程的 res 目录中，新建一个 raw 文件夹，将配套资料中的 beautiful.mp3 文件复制到此文件夹中。

第 2 步：界面设计。本项目的界面较为简单，仅包含一个 TextView 组件，此处不再赘述。

第 3 步：实现播放功能。打开 MainActivity.java 文件，首先定义 MediaPlayer 组件及资源；然后设置 MediaPlayer 组件的各属性；接下来重写 onDraw()方法设置播放背景；最后调用 MediaPlayer 组件的 start()方法播放 raw 文件夹中的 beautiful.mp3 文件。由于代码较长，此处仅给出播放按钮的关键代码。

```
mediaPlayer.prepareAsync();
player.setOnPreparedListener(mediaPlayer -> {
    mediaPlayer.start();
});
```

3. 使用 SoundPool 播放音效及视频

如果应用程序经常需要播放密集、短促的音效，这时采用 MediaPlayer 就显得有些不合适了。MediaPlayer 存在如下缺点。

- 资源占用量较高、延迟时间较长。
- 不支持多个音频同时播放。

因此，Android 系统提供了 SoundPool 组件用于播放音效。SoundPool 使用音效池的概念来管理多个短促的音效，可以同时加载 20 个音效，在程序中按音效的 ID 进行播放。SoundPool 主要用于播放一些较短的声音片段，与 MediaPlayer 相比，SoundPool 的优势在于 CPU 资源占用量低和反应延迟小。另外，SoundPool 还支持自行设置声音的品质、音量、播放比率等参数。SoundPool 提供了一个构造器，该构造器可以指定它总共支持多少个声音、声音的品质等，构造器方法如下。

SoundPool(int maxStreams, int streamType, int srcQuality)方法。该方法第一个参数指定支持多少个声音，第二个参数指定声音类型，第三个参数指定声音品质。

一旦得到了 SoundPool 对象之后，接下来就可调用 SoundPool 的多个重载的 load()方法来加载声音了，SoundPool 提供了如下 4 个 load()方法。

- int load(Context context, int resId, int priority)方法。该方法表示从 resId 所对应的资源加载声音。
- int load(FileDescriptor fd, long offset, long length, int priority)方法。该方法表

示加载 fd 所对应的文件的 offset 开始、长度为 length 的声音。

- int load(AssetFileDescriptor atd，int priorty)方法。该方法表示从 afd 所对应的文件中加载声音。
- int load(String path，int priority)方法。该方法表示从 path 对应的文件去加载声音。

上面 4 个方法中都有一个 priority 参数，该参数目前还没有任何作用，Android 官方建议将该参数设为 1，保持和未来的兼容性。下面通过一个实例说明如何使用 SoundPool 播放音效。本实例中包含 3 个按钮，单击不同的按钮播放不同的音效，步骤如下。

第 1 步：在 Android Studio 开发环境中，新建一个工程项目，命名为 soundpooltest。在工程的 res 目录中，新建一个 raw 文件夹，将配套资料中的 arrow.mp3、bomb.mp3、shot.mp3 文件复制到此文件夹中。

第 2 步：界面设计。本项目的界面较为简单，仅包含 3 个 Button 组件，此处不再赘述。

第 3 步：实现播放功能。打开 MainActivity.java 文件，首先定义按钮组件及 SoundPool 对象；然后设置音效的类型；接下来使用 HashMap 来管理音频流；最后实现单击按钮的监听事件。由于代码较长，此处给出单击按钮的关键代码，具体代码请参考配套资料中的程序。

```java
View.OnClickListener listener = source -> {
    switch (source.getId())
    {
        case R.id.bomb:
            soundPool.play(soundMap.get(1), 1f, 1f, 0, 0, 1f);
            break;
        case R.id.shot:
            soundPool.play(soundMap.get(2), 1f, 1f, 0, 0, 1f);
            break;
        case R.id.arrow:
            soundPool.play(soundMap.get(3), 1f, 1f, 0, 0, 1f);
            break;
    }
};
```

上述代码中，四行粗体字代码表示运用 switch…case 语句，判断哪个按钮被单击。至此，使用 SoundPool 播放音频及视频的实例程序就设计完成了。

5.1.4　任务实战：实现设备控制动画功能

1. 任务描述

运用 Android Studio 开发环境和动画设计素材，在设备控制界面中实现以下功能，如图 5.9～图 5.12 所示。

(1) 单击"打开"按钮，播放打开风扇的动画；单击"关闭"按钮，动画停止播放。

(2) 单击"打开 LED 灯"按钮，播放开灯动画；单击"关闭 LED 灯"按钮，播放关灯动画。

(3) 单击"开门"按钮，播放开门动画；单击"关门"按钮，播放关门动画。

(4) 单击"打开报警灯"按钮，播放报警灯闪烁的动画；单击"关闭报警灯"按钮，动画停止播放。

图 5.9　风扇控制

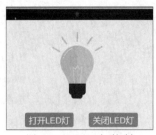

图 5.10　LED 灯控制

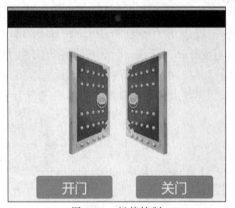

图 5.11　门禁控制

图 5.12　报警灯控制

2. 任务分析

根据任务描述，首先将动画素材放置在 anim 目录或 drawable 目录中。若素材为图片类型，则将其放置在 drawable 目录中。然后，在 res 目录中新建一个 XML 文件，编写动画效果代码，设置动画属性。最后，在 Activity 文件中，实现按钮的监听事件，在其中启用动画或停止播放动画。

3. 任务实施

根据任务描述，实现智能家居设备控制动画效果的操作步骤如下。

（1）添加动画资源。将配套资料中的"fan.gif""lamp.gif""gate.gif""alarm"四个 gif 动画文件添加到 drawable 目录中。这四个动画文件作为动画资源，将被按钮的单击事件引用。

（2）添加 ImageView 组件。在设备控制界面的 XML 文件中，添加一个 ImageView 组件，代码如下。

```
<ImageView
    android:id="@+id/img_gif"
    android:layout_width="wrap_content"
    android:layout_height="wrap_content"
    android:layout_marginLeft="85dp"
```

```
    android:layout_marginTop="15dp"
    android:scaleType="fitXY" />
```

（3）实现播放动画的功能。打开设备控制的 Activity 文件，为 ImageView 组件添加以下逻辑代码。

```
ImageView img_gif = findViewById (R.id.img_gif);
if (Build.VERSION.SDK_INT >= Build.VERSION_CODES.P) {
    try {
        ImageDecoder.Source source = ImageDecoder.createSource (getResources (),
R.drawable.test1);
        Drawable drawable = ImageDecoder.decodeDrawable (source);
        img_gif.setImageDrawable (drawable);
        if (drawable instanceof Animatable) {
            Animatable animatable = (Animatable) img_gif.getDrawable ();
            animatable.start ();
        }
    } catch (Exception e) {
        e.printStackTrace ();
    }
}
```

上述代码中，第 1 行粗体字代码表示若系统版本为 Android 9.0 以上，则利用新增的 AnimatedImageDrawable 显示 GIF 动画；第 2 行粗体字代码表示利用 Android 9.0 新增的 ImageDecoder 读取 GIF 动画；第 3 行粗体字代码表示从数据源中解码得到 GIF 图形数据；第 4 行粗体字代码表示设置图像视图的图形为 GIF 图片；第 5 行粗体字代码为 if 条件语句，表示如果是动画图形，则开始播放动画。

5.1.5　任务拓展：实现智能家居系统启动页面动画

在智能家居系统的启动界面中，加入动画效果，可以提升美观度和体验感，增强系统的完整性。与通常的 GIF 类型的动画不同的是，启动页面中加入的动画效果采用 Lottie 方式，需要经过 JSON 格式处理，然后在对应的 Activity 文件中调用。实现智能家居系统启动页面动画的步骤如下。

（1）加入动画依赖。在 APP 的 build.gradle 文件中加入动画 Lottie 的依赖，代码如下。

```
implementation'com.airbnb.android:lottie:3.7.0'
```

（2）新建动画资源。在 res 目录中，新建一个 raw 包，将启动界面的动画资源文件复制到 raw 包中。

（3）新建启动界面。在 Android Studio 开发环境中，新建一个空白的 Activity，命名为 splash，作为启动界面。在 Android Manifest.xml 文件中，将启动项设置为 splash 对应的 Activity。该界面无须添加组件，可将默认的组件删除，然后将 Lottie 动画组件添加到界面中，代码如下。

```
<com.airbnb.lottie.LottieAnimationView
    android:id="@+id/lottie"
    android:layout_width="400dp"
```

```
android:layout_height="400dp"
android:layout_centerInParent="true"
app:lottie_autoPlay="true"
android:elevation="5dp"
app:lottie_rawRes="@raw/delivery" />
```

（4）实现启动界面动画效果。在 Java 代码文件中，首先定义 Lottie 组件；然后在 onCreate()方法中，采用 Handler 方式，间隔一定时间显示界面动画，实现动态效果的启动界面。代码如下。

```
LottieAnimationView lottie;
lottie = findViewById(R.id.lottie);
appname.animate().translationY(-1400).setDuration(2700).setStartDelay(0);
lottie.animate().translationX(200).setDuration(2000).setStartDelay(2900);
new Handler().postDelayed(new Runnable() {
    @Override
    public void run() {
        Intent i = new Intent(getApplicationContext(),MainActivity.class);
        startActivity(i);
    }
},3000);
```

上述代码采用 Handler 对象的 postDelayed()方法，将启动界面持续显示时间设置为 3s。第 1 行粗体字代码表示定义 Lottie 动画组件；第 2 行和第 3 行粗体字代码表示计算动画开始位置和开始时间；第 4 行和第 5 行粗体字代码表示采用 Intent()方法，跳转到启动界面，实现动画效果。

5.2　智能家居系统参数设置

5.2.1　设备运行波特率设置

1. 定义波特率设置的 Java 方法

在 Android Studio 开发环境的帮助类 Utils.java 文件中，新建一个成员方法 set_Baud (int baud)。该方法用于设置智能家居项目中各传感器设备的波特率。在智能家居项目中，传感器波特率的数值通常为 9600kb/s、19 200kb/s 或 38 400kb/s，故该方法的参数为整型数据。定义波特率方法的代码如下。

```
public void set_Baud(int baud){
    DbHelper dbHelper = new DbHelper();
    Connection conn = dbHelper.getConnection("192.168.0.1","3306","123456");
    dbHelper.insert(tableBaud,baud);
}
```

上述代码定义了名为"set_Baud"的设置智能家居设备波特率的方法。该方法包含一个整数类型的参数 baud，用于接收主调函数传递的波特率数值。第 1 行粗体字代码表示通过 DbHelper 类定义 dbHelper 对象，并初始化；第 2 行粗体字代码调用 dbHelper 对象的

getConnection()方法,通过 IP 地址、端口号、登录密码连接到智能家居数据库;第 3 行粗体字代码表示调用 dbHelper 对象的 insert()方法,将波特率数值插入数据库中,包含两个参数,第 1 个参数为数据表的名称,第 2 个参数为波特率数值。

2. 实现波特率设置功能

在 Android Studio 开发环境中,打开 SetupActivity.java 文件,在 onCreate()方法中,定义 3 个 RadioButton 类型的对象,并与 activity_setup.xml 界面中的 3 个 RadioButton 组件相关联。然后判断各 RadioButton 组件是否被选中。若选中,则调用 Utils 类中的 set_Baud()方法,其参数为各 RadioButton 组件的文本值。以波特率为 38 400 的 RadioButton 组件被选中为例,程序代码如下。

```
RadioButton b1 = findViewById(R.id.baud1);
RadioButton b2 = findViewById(R.id.baud2);
RadioButton b3 = findViewById(R.id.baud3);
if(b1.isChecked()){
    Util util = new Util();
    util.set_Baud(b1.getText().toString());
}
```

上述代码实现了设置智能家居设备波特率的功能。第 1 行粗体字代码表示定义一个 RadioButton 类型的组件对象 b1,并与 activity_setup.xml 界面中对应的 RadioButton 组件相关联。第 2 行粗体字代码表示使用 if 语句判断 b1 组件是否被选中。第 3 行粗体字代码表示若 b1 组件被选中,则调用 util 对象的 set_Baud()方法设置波特率,其参数为 b1 组件的文本值。

5.2.2 设备连接端口设置

1. 定义设备连接端口的 Java 方法

在 Android Studio 开发环境的帮助类 Utils.java 文件中,新建一个成员方法 set_Port (String port)。该方法用于设置智能家居项目中各传感器设备的连接端口。在智能家居项目中,设备的连接端口通常为 com1～com6,故该方法的参数为字符串类型的数据。定义连接端口设置方法的代码如下。

```
public void set_Port(String port){
    DbHelper dbHelper = new DbHelper();
    Connection conn = dbHelper.getConnection("192.168.0.1","3306","123456");
    dbHelper.insert(tablePort,port);
}
```

上述代码定义了名为"set_Port"的设置智能家居设备连接端口的方法。该方法包含一个字符串类型的参数 port,用于接收主调函数传递的连接端口的值。粗体字代码表示调用 dbHelper 对象的 insert()方法,将连接端口的文本值插入数据库中名为"tablePort"的数据表中,第 2 个参数为连接端口。

2. 实现设备连接端口设置功能

实现智能家居设备连接端口设置，需要在 Activity 文件中调用上述新建的 set_Port()
方法。打开 SetupActivity.java 文件，将设置按钮的响应事件作为主调函数，将界面中各设
备组件的端口字符串作为参数，传递到 set_Port()方法中。通过该方法，将端口数值插入到
数据库中用于参数设置的数据表中。由于代码较长，此处仅给出按钮监听事件部分的代码，
具体代码请参考配套资料中的程序。

```java
Spinner thcom = findViewById(R.id.tempcom);
@Override
public void onClick(View v) {
    String portno = thcom.getText().toString().trim();
    Utils util = new Utils();
    util.set_Port(portno);
}
```

上述代码在设置按钮的 onClick 单击事件中调用设备端口设置的方法。第 1 行粗体字
代码表示获取界面中表示端口编号的字符串；第 2 行粗体字代码表示定义 Utils 类型的对
象 util；第 3 行粗体字代码表示调用 Utils 类中的 set_Port()方法，通过传递参数 portno，将
字符串的数值写入数据库中。

5.2.3 设备运行阈值设置

1. 定义阈值设定的 Java 方法

在 Android Studio 开发环境的帮助类 Utils.java 文件中，新建一个成员方法 set_value
(String devname，Float value)。该方法用于设置智能家居项目中各终端设备的运行的阈
值。当传感器采集的数据超出阈值范围时，各终端设备将自动打开或关闭。定义阈值设定
方法的代码如下。

```java
public set_value(String devname, Float value){
    DbHelper dbHelper = new DbHelper();
    Connection conn = dbHelper.getConnection("192.168.0.1","3306","123456");
    dbHelper.insert(devvalues.devname, value);
}
```

上述代码定义了名为"set_value"的设置智能家居设备阈值的方法。该方法包含一个字
符串类型的参数 devname，以及浮点类型的参数 value，用于设置阈值。粗体字代码表示调
用 dbHelper 对象的 insert()方法，将两个参数的数据值插入数据库中名为"devValues"的数
据表中。

2. 设定智能家居设备阈值

实现智能家居终端设备阈值设置，需要在 Activity 文件中调用 set_value（String
devname，Float value)方法。打开 SetupActivity.java 文件，将设置按钮的响应事件作为主
调函数，将界面中各设备组件的端口字符串作为参数，传递到 set_value()方法中。通过该

方法，将端口数值插入到数据库中用于阈值设置的数据表中。由于代码较长，此处仅给出设置按钮的单击事件部分的代码。

```
TextView devname = findViewById(R.id.devName);
EditText devvalue = findViewById(R.id.devValue);
@Override
public void onClick(View v) {
    String name = devname.getText().toString().trim();
    Float value = devvalue.getText().toFloat();
    Utils util = new Utils();
    util. set_value(name,value);
}
```

上述代码在设置按钮的 onClick 单击事件中调用设备运行阈值设定的方法。第 1 行粗体字代码表示获取界面中表示设备名称的字符串；第 2 行粗体字代码表示获取界面中表示设备阈值的浮点型数据；第 3 行粗体字代码表示定义 Utils 类型的对象 util；第 4 行粗体字代码表示调用 Utils 类中的 set_value() 方法，通过传递参数 name 和 value，将数值写入数据库中。

5.2.4　系统登录参数设置

1. 定义系统登录参数的 Java 方法

在 Android Studio 开发环境的帮助类 Utils.java 文件中，新建一个成员方法 set_login(String type，Boolean isAllowed)。该方法用于设置智能家居系统的登录方式，包括用户名密码方式、手机号方式、QQ 登录方式、微信登录方式。其中，参数 type 表示登录方式，为字符串类型；参数 isAllowed 表示该方式是否允许登录，为布尔类型。定义系统登录参数的代码如下。

```
public set_login(String type, Boolean isAllowed){
    DbHelper dbHelper = new DbHelper();
    Connection conn = dbHelper.getConnection("192.168.0.1","3306","123456");
    dbHelper.insert(userLogin,type, isAllowed);
}
```

上述代码定义了名为"set_login"的设置智能家居系统登录方式的成员方法。该方法包含一个字符串类型的参数 type，以及布尔类型的参数 isAllowed，分别用于指定登录方式，以及该登录方式是否允许。粗体字代码表示调用 dbHelper 对象的 insert() 方法，将两个参数的数据值插入数据库中名为"userLogin"的数据表中。

2. 设置系统登录参数

实现智能家居终端设备阈值设置，需要在 Activity 文件中调用 set_login(String type，Boolean isAllowed)方法。打开 SetupActivity.java 文件，将设置按钮的响应事件作为主调函数，将界面中各设备组件的端口字符串作为参数，传递到 set_login()方法中。通过该方法，将登录方式数值插入到数据库中用于设置用户登录的数据表中。由于代码较长，此处仅给出设置按钮的单击事件部分的代码。

```
TextView logintype = findViewById(R.id.loginType);
CheckedBox isallowed = findViewById(R.id.isAllowed);
@Override
public void onClick(View v) {
    String logintype = logintype.getText().toString().trim();
    if(isAllowed.checked){
        Utils util = new Utils();
        util.set_login(logintype, isallowed);
    }
}
```

上述代码在设置按钮的 onClick 单击事件中调用系统参数设定的方法。第 1 行粗体字代码表示获取登录方式的字符串；第 2 行粗体字代码表示定义 Utils 类型的对象 util；第 3 行粗体字代码表示调用 Utils 类中的 set_login( )方法，通过传递参数 logintype 和 isallowed，将数值写入数据库中。

5.2.5　任务实战：实现智能家居设备阈值设定功能

1. 任务描述

运用 Android Studio 开发环境和设计素材，在参数设置界面中实现以下功能。

（1）根据选择的设备运行的波特率，将波特率的数值写入到数据库中。

（2）根据选择的设备端口数值，设置终端设备的连接端口。

（3）根据输入的设备阈值，设置终端设备的运行阈值，自动控制设备打开或关闭。

（4）根据选择的系统登录方式，设置智能家居系统登录方式，包括用户名密码登录，以及手机号、QQ、微信等第三方登录方式。

2. 任务分析

根据任务描述，设置智能家居设备运行阈值需使用 Utils 工具类。其中，设置波特率需调用 set_Baud( )方法；设置设备端口需要调用 set_Port( )方法；设置设备阈值需要调用 set_Value( )方法；设置系统登录方式需要调用 set_Login( )方法。以上各方法的返回值由主调函数解析后输出。

3. 任务实施

实现智能家居设备运行阈值功能，首先需要在 Utils 工具类中定义各设置方法，然后在 SetupActivity.java 文件中调用各类方法，实现阈值设置功能。操作步骤如下。

第 1 步：定义工具类的成员函数。打开工具类文件 Utils.java，在其中添加 set_Baud、set_Port、set_Value、set_Login 四个成员函数。这四个成员函数的定义之前已有阐述，此处不再赘述。

第 2 步：调用成员函数。打开界面文件 setup_activity.xml，定义其中的"确定设置"按钮的单击事件。在单击事件中，调用工具类中的用于设置系统参数的成员函数，代码如下。

```
okbtn.setOnClickListener(new View.OnClickListener() {
    @Override
```

```
public void onClick(View v) {
    try {
        Utils util = new Utils();
        util.set_Baud(portBaud);
        util.set_Port (devname,portNo);
        util.set_Value(devname,devvalue);
        util.set_Login (logintype,isallowed);
    } catch (Exception e) {
        e.printStackTrace();
    }
}
});
```

上述代码中的 4 行粗体字代码表示分别调用工具类中的设置系统参数的成员函数。运行程序,单击"确定设置"按钮,将看到如图 5.13 所示的效果。

图 5.13　系统参数设置

5.2.6　任务拓展：实现 Android 读写寄存器的功能

在智能家居系统中,当读取系统参数(例如设备阈值)时,对网络的依赖程度比较高,消耗的资源比较多。此时,可以采用直接读写智能家居设备中的寄存器数据的方法,在判断设备阈值时,从寄存器中读取数据;设置系统参数时,将数据写入寄存器。

(1) 定义数据结点。智能家居的硬件模块提供每次单个寄存器的读写,设备驱动提供了结点的使用方式,其路径为\sys\rk818\rk818_test。

(2) C 文件代码。结点代码须在 rk818.c 文件中定义存储数据的数组,代码如下。

```
static struct rk818_attribute rk818_attrs[] = {
    __ATTR(rk818_test,S_IRUGO | S_IWUSR,rk818_test_show,rk818_test_store),
};
```

上述代码定义了一个结构类型的数组 rk818_attrs[],包含 4 个元素,为结点数据。

(3) 读取及写入数据。采用 echo 指令,在数据结点中,向寄存器写入或读取数据。

读取数据代码:

echo r 0x23 > /sys/rk818/rk818_test：读取地址 0x23 的值,r 表示读。

写入数据代码:

echo w 0x23 0x7f > /sys/rk818/rk818_test：对地址 0x23 赋值为 0x7f,w 表示写。

5.3 智能家居设备控制功能

5.3.1 智能风扇控制

1. 风扇控制的 Java 方法

在 Android Studio 开发环境的帮助类 Utils.java 文件中，新建一个成员方法 fanControl（）。该方法通过判断当前的温度和湿度的含量，控制风扇打开或关闭。当温度高于阈值，或湿度超出阈值范围时，打开风扇降温或抽湿；反之则关闭风扇。风扇控制功能的 Java 代码如下。

```java
public void fanControl(View view) {
    try {
        double[] vals = zigbee.getFourEnter();
        if (vals != null) {
            tv4Tmp.setText(FourChannelValConvert.getTemperature(vals[1]) + "");
            tv4Hum.setText(FourChannelValConvert.getHumidity(vals[2]) + "");
        }
    } catch (Exception e) {
        e.printStackTrace();
    }
}
```

上述代码定义了名为"fanControl"的控制风扇运行的方法。第 1 行粗体字代码表示定义一个双精度类型的数组 vals，其值为 ZigBee 四通道电流模块采集的温度与湿度数据。第 2 行和第 3 行粗体字代码表示获取四通道电流模块的数据，其中，vals[1]表示温度数据，vals[2]表示湿度数据。

2. 实现风扇打开及关闭功能

在智能家居系统中，采用继电器控制终端设备打开或关闭。其中，风扇连接在 1 号继电器上，由 Android 程序发送开关指令，通过打开或关闭继电器，控制风扇运行，程序代码如下。

```java
public void openRelay1(View view) {
    try {
        int num = Integer.parseInt(etDoubleSerial.getText().toString());
        zigbee.ctrlDoubleRelay(num, 1, true, isSuccess -> Toast.makeText
(getApplicationContext(), isSuccess + "", Toast.LENGTH_SHORT).show());
    }
    catch (Exception e) {
        e.printStackTrace();
    }
}
```

上述代码定义了一个打开 1 号继电器的 openRelay1（）方法。第 1 行粗体字代码表示通过串口获取双精度类型的数据，并转换为整型数据。第 2 行粗体字代码表示调用 ZigBee 的

ctrlDoubleRelay()方法,包含 3 个参数,参数 1 表示连接端口号,参数 2 表示 1 号继电器,参数 3 表示连接成功,如图 5.14 所示。

图 5.14 风扇设备控制

5.3.2 智能灯光控制

1. 灯光控制的 Java 方法

在 Android Studio 开发环境的帮助类 Utils.java 文件中,新建一个成员方法 lampControl()。该方法通过光照度传感器,判断当前的光照强度,控制灯光打开或关闭。当光照强度大于阈值,关闭灯光;反之,则打开灯光。获取光照强度的 Java 代码如下。

```java
public void lampControl(View view) {
    try {
        int[] vals = zigbee.getFourEnter();
        if (vals != null) {
            tv4Light.setText(FourChannelValConvert.getLight(vals[3]) + "");
        }
    } catch (Exception e) {
        e.printStackTrace();
    }
}
```

上述代码定义了名为"lampControl"的控制灯光的方法。第 1 行粗体字代码表示定义一个整数类型的数组 vals,其值为 ZigBee 四通道电流模块采集的光照度数据。第 2 行粗体字代码表示获取光照度数据,在名为 tv4Light 的标签中显示其数值。

2. 实现灯光控制功能

与控制风扇设备类似,灯光控制同样采用继电器控制灯泡打开或关闭。与风扇连接不同的是,灯泡连接在 2 号继电器上。由 Android 程序发送开关指令,控制灯泡打开或关闭,程序代码如下。

```java
public void openRelay2(View view) {
    try {
        int num = Integer.parseInt(etDoubleSerial.getText().toString());
        zigbee.ctrlDoubleRelay(num, 2, true, isSuccess -> Toast.makeText
(getApplicationContext(), isSuccess + "", Toast.LENGTH_SHORT).show());
    }
```

```
    catch (Exception e) {
        e.printStackTrace();
    }
}
```

上述代码定义了一个打开 2 号继电器的 openRelay2()方法。第 1 行粗体字代码表示通过串口获取双精度类型的数据，并转换为整型数据。第 2 行粗体字代码表示调用 ZigBee 的 ctrlDoubleRelay()方法，包含 3 个参数，参数 1 表示连接端口号，参数 2 表示 2 号继电器，参数 3 表示连接成功，如图 5.15 所示。

图 5.15　灯光控制

5.3.3　LED 显示屏控制

1. LED 显示屏的 Java 方法

与风扇和灯泡的连接方式不同，LED 显示屏通过串口连接到串口服务器上，然后通过计算机网络控制显示屏运行。在 Android Studio 开发环境的帮助类 Utils.java 文件中，新建一个成员方法 ledControl()。该方法通过 TCP/IP，利用网络向 LED 屏幕发送文字，程序代码如下。

```
public void ledControl(View view) {
    ledScreen = new LedScreen(DataBusFactory.newSocketDataBus("192.168.0.200",
953));
    try {
        ledScreen.switchLed(true);
    } catch (Exception e) {
        e.printStackTrace();
    }
}
```

上述代码定义了 ledControl()方法，用于连接并打开 LED 屏幕设备。第 1 行粗体字代码表示初始化 LED 屏幕对象，通过 IP 地址连接到串口服务器，其中，192.168.0.200 表示串口服务器的网络地址。第 2 行粗体字代码表示调用 ledScreen 对象的 switchLed()方法打开或关闭 LED 屏幕，参数为 true 表示打开屏幕。

2. 实现 LED 屏幕的显示功能

在 Android 设备中，通过网络方式，向串口服务器发送消息，将消息文字显示在 LED 屏幕中。在 Android Studio 开发环境中,打开设备控制的 Activity 文件,定义 send()方法实现发送消息文字的功能。

```
public void send(View view) {
    String txt = etTxt.getText().toString();
    try {
        ledScreen.sendTxt(txt, PlayType.LEFT, ShowSpeed.SPEED3, 3, 100);
    } catch (Exception e) {
        e.printStackTrace();
    }
}
```

上述代码定义了向 LED 屏幕发送文字的 send() 方法。第 1 行粗体字代码表示定义一个名为 txt 的字符串变量,用于获取 etTxt 文本框中的文字内容。第 2 行粗体字代码表示调用 ledScreen 对象的 sendTxt()方法发送文字消息,该方法包含 5 个参数:参数 1 为文字内容;参数 2 为显示方向,本程序中为自左向右显示;参数 3 为显示速度;参数 4 为显示时长;参数 5 为显示时间间隔,如图 5.16 所示。

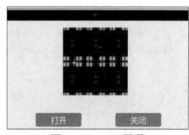

图 5.16　LED 屏幕

5.3.4　报警灯控制

1. 报警灯控制的 Java 方法

与风扇、灯泡,以及 LED 显示屏幕的连接方式不同,报警灯控制采用"ZigBee+无线网络"的方法。在智能家居系统中,ZigBee 传感器采集到数据后,与系统设定的阈值比较,若符合触发条件,则通过无线方式将数据发送到网关。网关处理数据后,发送至串口服务器,最后触发设备运行。

在 Android Studio 开发环境中,打开 Utils 类文件,在其中增加一个成员函数 alarmControl。首先,定义连接报警灯网络的对象;然后,登录到报警灯所在的网络;最后,获取触发报警灯的权限。

```
NetWorkBusiness netWorkBusiness = new NetWorkBusiness("", baseUrl);
netWorkBusiness.signIn(new SignIn(name, pwd), new NCallBack<BaseResponseEntity
<User>>(getApplicationContext()) {
    @Override
    protected void onResponse(BaseResponseEntity<User> response) {
        if (response.getStatus() == 0) {
            token = response.getResultObj().getAccessToken();
        } else {
            Toast.makeText(getApplicationContext(), response.getMsg(), Toast.
LENGTH_SHORT).show();
        }
    }
});
```

上述代码中,第 1 行粗体字代码运用 NetWorkBusiness 类,定义了连接网络的 netWorkBusiness 对象。第 2 行粗体字代码调用 netWorkBusiness 对象 signIn() 方法,通过用户名和密码方式,连接到报警灯所在的 ZigBee 网络。第 3 行粗体字代码表示登录在报警灯所在网络后,获取触发权限。

2. 实现报警灯联动控制功能

在智能家居项目中,通过传感器与报警灯设备关联,实现报警灯联动控制功能。在 Android Studio 开发环境中,打开报警灯控制的 Activity 文件,定义"打开"按钮的监听事件,代码如下。

```
if (btAlarm.getText().toString().equals("打开")) {
    netWorkBusiness.control(deviceId, alarmApiTag, 0, new NCallBack
<BaseResponseEntity>(getApplicationContext()) {
        @Override
        protected void onResponse(BaseResponseEntity response) {
            btAlarm.setText("关闭");
        }
    });
}
```

图 5.17　报警灯控制

上述代码使用 if 语句,判断报警灯处于打开或关闭状态。其中的粗体字部分代码表示,调用 netWorkBusiness 对象的 control() 方法,实现报警灯打开或关闭功能。该方法包含 4 个参数,参数 1 表示报警灯设备的 ID,此编号应与云平台中报警灯编号一致;参数 2 为报警灯状态标志,是布尔类型的参数,当其值为 true 时,表示报警灯打开,反之,表示关闭;参数 3 为报警灯当前状态,0 表示关闭,1 表示打开;参数 4 为回调函数,其中重写了 onResponse() 方法,获取回调状态,如图 5.17 所示。

5.3.5　任务实战:实现智能家居设备控制功能

1. 任务描述

运用 Android Studio 开发环境和设计素材,在设备控制界面中实现以下功能。
(1) 根据当前温湿度数据,自动打开或关闭风扇。
(2) 根据当前光照强度,自动打开或关闭 LED 灯。
(3) 根据当前烟雾及火焰状态,自动打开或关闭报警灯,并在 LED 显示屏上显示报警信息。
(4) 以上设备均可以采用手动方式打开或关闭。

2. 任务分析

根据任务描述,自动打开风扇、LED 灯、报警灯,须首先读取触发这些设备的阈值数据,然后根据设备阈值,判断当前传感器采集的数据是否在阈值范围内,以决定是否打开或关闭设备。手工打开风扇和 LED 灯,需采用串口方式发送命令;手工打开 LED 屏幕和报警灯,需采用 ZigBee＋网关的方式。

3. 任务实施

实现智能家居设备控制功能,首先需要在 Utils 工具类中定义各设备的控制方法,然后在 DevActivity.java 文件中调用各类方法,首先判断阈值,然后实现控制功能。操作步骤如下。

第 1 步:定义工具类的成员函数。打开工具类文件 Utils.java,在其中添加 fanControl、lampControl、ledScreenControl、alarmControl 四个成员函数。这四个成员函数的定义之前已有阐述,此处不再赘述。

第 2 步:实现设备自动控制功能。根据设定的设备阈值,实现自动控制功能。打开界面文件 setup_activity.xml,继续完善其中的"确定设置"按钮的单击事件。以根据温湿度自动控制风扇设备为例,实现自动控制功能的代码如下。

```
float temp = Float(tmpEdit.getText().toString());
float hum = Float(humEdit.getText().toString());
Utils util = new Utils();
float curtemp = util.getCurTemp();
float curhum = util.getCurHum();
if(temp <= curtemp || hum <= curHum){
    util.openFan();
}
```

上述代码实现了根据温湿度阈值,自动打开或关闭风扇的功能。其中,第 1 行和第 2 行粗体字代码表示定义温度和湿度变量,获取设定的阈值数据;第 3 行和第 4 行粗体字代码表示获取当前的温度和湿度数据;第 5 行粗体字代码表示通过 if 语句,比较当前温湿度数据与系统设定的阈值,打开风扇设备。

第 3 步:实现设备手动控制功能。手动控制设备运行比较简单,仍然以打开风扇为例,在 DevActivity.java 文件中,实现设备单击按钮的监听事件,代码如下。

```
Utils util = new Utils();
util.openFan();
util.closeFan();
```

上述代码中的两行粗体字代码调用了 util 对象的 openFan()及 closeFan()两个成员方法,分别表示打开及关闭风扇。

5.3.6 任务拓展:Android 客户端登录智能家居云平台

在智能家居系统中,通过使用 Android APP 登录云平台,管理用户、设备,设置系统参数,添加传感器、执行器、终端设备等。Android 客户端登录智能家居云平台的步骤如下。

第 1 步:引用连接云平台的 jar 文件。登录云平台须引用连接云平台的库文件,在 smarthome 项目中,将配套资料中的 nlecloudII.jar 文件复制到项目的 libs 目录中,并将其转换为 Android Studio 开发环境支持的库文件。在 Activity 文件中,通过 import com.

nlecloud.nlecloud 语句引用库文件。

第 2 步：实现登录云平台的方法。在 Activity 文件中，定义用于登录的 signin() 方法。该方法通过网址 http://api.nlecloud.com 连接到物联网云平台，代码如下。

```
private void signin() {
    String userName = mEtUserName.getText().toString().trim();
    String pwd = mEtPassWord.getText().toString().trim();
    final NetWorkBusiness netWorkBusiness = new NetWorkBusiness("", "http://api.
nlecloud.com");
    netWorkBusiness.signIn(new SignIn(userName, pwd),new NCallBack
<BaseResponseEntity<User>>(getApplicationContext()) {
        @Override
        protected void onResponse(BaseResponseEntity<User> response) {
            if(response.getStatus()==0){
                String accessToken = response.getResultObj().getAccessToken();
                DataStore.token = accessToken;
                Intent intent = new Intent(MainActivity.this, HomeActivity.class);
                Bundle bundle = new Bundle();
                intent.putExtras(bundle);
                startActivity(intent);
                finish();
            }else{
                Toast.makeText(getApplicationContext(), response.getMsg(),
Toast.LENGTH_SHORT).show();
            }
        }
    });
}
```

上述代码实现了 Android 客户端登录到云平台的 signin() 方法。第 1 行粗体字代码表示定义云平台对象 netWorkBusiness，并通过 http://api.nlecloud.com 连接。第 2 行粗体字代码表示调用 netWorkBusiness 的 signIn() 方法登录云平台。第 3～6 行粗体字代码表示通过验证后，跳转到登录成功页面。

第 3 步：响应"登录"按钮的单击事件。在 Activity 文件中，定义"登录"按钮的初始化监听事件 initListener，在其中调用步骤 2 中定义的 signin() 方法，代码如下。

```
public void initListener() {
    mBtnLogin.setOnClickListener(new OnClickListener() {
        @Override
        public void onClick(View v) {
            signin();
        }
    });
}
```

上述代码定义了"登录"按钮的初始化监听事件 initListener()。第 1 行粗体字代码表示"登录"按钮 mBtnLogin 的监听事件 OnClickListener；第 2 行粗体字代码表示调用 signin() 方法登录云平台。至此，Android 客户端登录到云平台的功能就实现了。

5.4　项目总结与评价

5.4.1　项目总结

本项目首先阐述了运用 Android Studio 和多媒体素材,实现图形与图像处理、动画效果处理、视频及音效处理 3 项多媒体功能。然后运用 Android Studio 开发环境、MySQL 数据库管理系统、设备硬件,实现了设置设备运行波特率、连接端口、运行阈值、登录参数 4 项功能。最后阐述了 Android 系统控制终端设备运行的方法,包括智能风扇控制、智能灯泡控制、LED 显示屏控制、报警灯控制 4 项功能。

本项目的知识点与技能点总结如下。

(1) 在 smarthome 项目的 Util 帮助类中,定义用于设置智能家居设备阈值和设备控制的 Java 方法,包括:set_Temp()方法、set_Hum()方法、set_Light()方法、set_Led()方法、fanControl()方法、lampControl()方法、ledScreenControl()方法、alarmControl()方法。所定义的方法在 SetupActivity.java 文件和 DevActivity.java 中调用。

(2) 智能家居系统设备控制包括串口方式、ZigBee 方式、云平台方式。其中,云平台方式需要首先登录 http://www.nlecloud.com 网站;然后,在"开发者中心"模块中,进入智能家居项目,执行设备;接下来获取各设备的 APITag 数据,将其加入 Android Studio 框架程序;最后调用云平台的接口 API,通过 IP 地址和端口号,连接至 ZigBee 网络,调用 ZigBee 对象的相关方法,实现设备控制功能。

(3) 使用 Mediaplayer 播放多媒体素材。在 Android 系统中,处理多媒体素材应使用 android.media.MediaPlayer 类,调用成员方法,播放保存在 apk 中或 SD 卡中的多媒体文件。步骤如下。

① 调用 MediaPlayer 的 create()方法加载指定的多媒体文件。

② 调用 MediaPlayer 的 start()、parse()、stop()等方法完成对播放状态的控制。

③ 创建 MediaPlayer 对象,并调用 MediaPlayer 对象的 setDataSource()方法加载指定的多媒体文件。

④ 调用 MediaPlayer 对象的 prepare()方法准备多媒体文件。

⑤ 调用 MediaPlayer 的 start()、parse()、stop()等方法完成对播放状态的控制。

5.4.2　项目评价

本项目包括"智能家居多媒体效果处理""智能家居系统参数设置""智能家居设备控制" 3 个实战任务。各任务点的评价指标及分值见表 5.1,任务共计 20 分。读者可以对照项目评价表,检验本项目的完成情况。

表 5.1　智能家居设备控制任务完成度评价表

实 战 任 务	评 价 指 标	分值	得分
智能家居多媒体效果处理	图形与图像处理,正确得 1 分,错误扣 1 分	1.0	
	动画效果处理,正确得 1 分,错误扣 1 分	1.0	
	视频及音效处理,正确得 2 分,错误扣 2 分	2.0	

续表

实 战 任 务	评 价 指 标	分值	得分
智能家居系统参数设置	波特率设置，正确得 2 分，错误扣 2 分	2.0	
	设备连接端口设置，正确得 2 分，错误扣 2 分	2.0	
	设备运行阈值设置，正确得 2 分，错误扣 2 分	2.0	
	系统登录参数设置，正确得 2 分，错误扣 2 分	2.0	
智能家居设备控制	风扇运行状态，正确得 2 分，错误扣 2 分	2.0	
	灯泡运行状态，正确得 2 分，错误扣 2 分	2.0	
	LED 显示屏状态，正确得 2 分，错误扣 2 分	2.0	
	报警灯状态，正确得 2 分，错误扣 2 分	2.0	

附录 A　ZigBee 库文件使用说明

在 Android Studio 开发环境中使用 ZigBeeLibrary.jar 库文件,运用 ZigBeeServiceAPI 类操作 ZigBee 设备,方法如表 A.1 所示。

表 A.1　ZigBee 库文件使用

方法功能	方法说明
获取温度	static void getTemperature(java.lang.String tag, OnTemperatureResponse valueResponse) 参数 1:tag。此回调的唯一标示符,输入同样回调会被覆盖。 参数 2:valueResponse。表示数据回调
获取湿度	static void getHum(java.lang.String tag, OnHumResponse valueResponse) 参数 1:tag。此回调的唯一标示符,输入同样回调会被覆盖。 参数 2:valueResponse。表示数据回调
人体感应	static void getPerson(java.lang.String tag, OnPersonResponse valueResponse) 参数 1:tag。此回调的唯一标示符,输入同样回调会被覆盖。 参数 2:valueResponse。表示数据回调
光照度	static void getLight(java.lang.String tag, OnLightResponse valueResponse) 参数 1:tag。此回调的唯一标示符,输入同样回调会被覆盖。 参数 2:valueResponse。表示数据回调
空气质量	static void getCo(java.lang.String tag, OnCoResponse valueResponse) 参数 1:tag。此回调的唯一标示符,输入同样回调会被覆盖。 参数 2:valueResponse。表示数据回调
可燃气体	static void getFiregas(java.lang.String tag, OnFiregasResponse valueResponse) 参数 1:tag。此回调的唯一标示符,输入同样回调会被覆盖。 参数 2:valueResponse。表示数据回调
火焰	static void getFire(java.lang.String tag, OnFireResponse valueResponse) 参数 1:tag。此回调的唯一标示符,输入同样回调会被覆盖。 参数 2:valueResponse。表示数据回调
通道 1	static void getValue1(java.lang.String tag, OnValue1Response valueResponse) 参数 1:tag。此回调的唯一标示符,输入同样回调会被覆盖。 参数 2:valueResponse。表示数据回调
通道 2	static void getValue2(java.lang.String tag, OnValue2Response valueResponse) 参数 1:tag。此回调的唯一标示符,输入同样回调会被覆盖。 参数 2:valueResponse。表示数据回调

续表

方法功能	方法说明
通道 3	static void getValue3(java.lang.String tag, OnValue3Response valueResponse) 参数 1：tag。此回调的唯一标示符，输入同样回调会被覆盖。 参数 2：valueResponse。表示数据回调
通道 4	static void getValue4(java.lang.String tag, OnValue4Response valueResponse) 参数 1：tag。此回调的唯一标示符，输入同样回调会被覆盖。 参数 2：valueResponse。表示数据回调
发送命令	Static void sendCMD(int com,char[] cmd) 参数 1：com。串口 参数 2：cmd。命令
打开串口	static void openPort(int com,int mode,int baudRate) 参数 1：com，串口号，取值 0～9。 参数 2：mode，区分是 USB 串口还是 COM 串口，0 表示 COM，1 表示 USB，2 表示是低频与超高频。 参数 3：baudRate，取值 0～9，表示波特率。0 表示 1200，1 表示 2400，2 表示 4800，3 表示 9600，4 表示 19 200，5 表示 38 400，6 表示 57 600，7 表示 115 200，8 表示 230 400，9 表示 921 600
关闭串口	static void closeUart()

附录 B　ZigBee 四模拟量库文件使用说明

在 Android Studio 开发环境中使用 ZigBeeAnalogLibrary.jar 库文件，运用 ZigBeeServiceAPI 类操作 ZigBee 设备，方法如表 B.1 所示。

表 B.1　ZigBee 四模拟量库文件使用

方法功能	方法说明
获取温度	static void getTemperature(java.lang.String tag, OnTemperatureResponse valueResponse) 参数 1：tag。此回调的唯一标示符，输入同样回调会被覆盖。 参数 2：valueResponse。表示数据回调
获取湿度	static void getHum(java.lang.String tag, OnHumResponse valueResponse) 参数 1：tag。此回调的唯一标示符，输入同样回调会被覆盖。 参数 2：valueResponse。表示数据回调
光照度	static void getLight(java.lang.String tag, OnLightResponse valueResponse) 参数 1：tag。此回调的唯一标示符，输入同样回调会被覆盖。 参数 2：valueResponse。表示数据回调
打开串口	static void openPort(int com,int mode, int baudRate) 参数 1：com，串口号，取值 0～9。 参数 2：mode，区分是 USB 串口还是 COM 串口，0 表示 COM，1 表示 USB，2 表示是低频与超高频。 参数 3：baudRate，取值 0～9，表示波特率。0 表示 1200，1 表示 2400，2 表示 4800，3 表示 9600，4 表示 19 200，5 表示 38 400，6 表示 57 600，7 表示 115 200，8 表示 230 400，9 表示 921 600
关闭串口	static void closeUart()

附录 C　Analog4150Library 库文件使用说明

在 Android Studio 开发环境中使用 Analog4150Library. jar 库文件，运用 Analog4150ServiceAPI 类操作 ADAM4150 数字量设备，方法如表 C.1 所示。

表 C.1　Analog4150Library 库文件使用方法

方法功能	方法说明
数字量数据采集方法	static void send4150() 4150 采集命令
获取人体状态	static void getPerson (java.lang.String tag，OnPersonResponse valueResponse) 参数 1：tag。此回调的唯一标示符，输入同样回调会被覆盖。 参数 2：valueResponse。表示数据回调
获取烟雾状态	static void getSmork(java.lang.String tag，OnSmorkResponse valueResponse) 参数 1：tag。此回调的唯一标示符，输入同样回调会被覆盖。 参数 2：valueResponse。表示数据回调
火焰感应状态	static void getFire(java.lang.String tag，OnFireResponse valueResponse) 参数 1：tag。此回调的唯一标示符，输入同样回调会被覆盖。 参数 2：valueResponse。表示数据回调
打开串口	static void openPort(int com，int mode，int baudRate) 参数 1：com，串口号，取值 0～9。 参数 2：mode，区分是 USB 串口还是 COM 串口，0 表示 COM，1 表示 USB，2 表示是低频与超高频。 参数 3：baudRate，取值 0～9，表示波特率。0 表示 1200，1 表示 2400，2 表示 4800，3 表示 9600，4 表示 19 200，5 表示 38 400，6 表示 57 600，7 表示 115 200，8 表示 230 400，9 表示 921 600
关闭串口	static void closeUart()

参 考 文 献

[1] 周薇,王想实,李昊. Android 嵌入式开发及实训[M]. 北京:电子工业出版社,2019.

[2] 王浩. 基于 Android 物联网技术应用[M]. 北京:北京理工大学出版社,2021.

[3] 温武,缪文南,张汛涞. 嵌入式技术与智能终端软件开发实用教程[M]. 北京:电子工业出版社,2018.

[4] 廖忠智,王华,高晓惠,等. 基于 Android 的物联网应用开发[M]. 北京:清华大学出版社,2021.

[5] 何文华,陈显祥. 面向物联网的 Android 应用开发[M]. 武汉:武汉理工大学出版社,2021.

[6] 梁立新,冯璐,赵建. 基于 Android 技术的物联网应用开发[M]. 北京:清华大学出版社,2020.

[7] 廖建尚. 面向物联网的 Android 应用开发与实践[M]. 北京:电子工业出版社,2020.

[8] 廖建尚. 面向物联网的嵌入式系统开发:基于 CC2530 和 STM32 微处理器[M]. 北京:电子工业出版社,2019.

[9] 廖忠智. 基于 Android 的物联网应用开发[M]. 北京:清华大学出版社,2021.

[10] 企想学院. Android 移动应用项目化教程[M]. 北京:中国铁道出版社,2020.